U0462811

权威·前沿·原创

皮书系列为
"十二五""十三五""十四五"时期国家重点出版物出版专项规划项目

BLUE BOOK

智库成果出版与传播平台

深圳蓝皮书

BLUE BOOK OF SHENZHEN

深圳智慧城市建设报告

（2024）

ANNUAL REPORT ON THE CONSTRUCTION OF
SMART CITY IN SHENZHEN (2024)

主　编／袁义才　刘东华
副主编／陈晓宁　朱　玮　赵迎迎

社会科学文献出版社
SOCIAL SCIENCES ACADEMIC PRESS（CHINA）

图书在版编目（CIP）数据

深圳智慧城市建设报告 . 2024 ／ 袁义才，刘东华主编 . --北京：社会科学文献出版社，2025. 2.
（深圳蓝皮书）. --ISBN 978-7-5228-4894-5

Ⅰ . F299. 276. 53

中国国家版本馆 CIP 数据核字第 2025M421D3 号

深圳蓝皮书

深圳智慧城市建设报告（2024）

主　　编／袁义才　刘东华
副 主 编／陈晓宁　朱　玮　赵迎迎

出 版 人／冀祥德
组稿编辑／张丽丽
责任编辑／郭　峰
文稿编辑／王　娇
责任印制／岳　阳

出　　版／社会科学文献出版社·生态文明分社（010）59367143
　　　　　地址：北京市北三环中路甲 29 号院华龙大厦　邮编：100029
　　　　　网址：www. ssap. com. cn
发　　行／社会科学文献出版社（010）59367028
印　　装／天津千鹤文化传播有限公司

规　　格／开　本：787mm×1092mm　1/16
　　　　　印　张：21.5　字　数：319 千字
版　　次／2025 年 2 月第 1 版　2025 年 2 月第 1 次印刷
书　　号／ISBN 978-7-5228-4894-5
定　　价／128.00 元

读者服务电话：4008918866
▲ 版权所有 翻印必究

《深圳智慧城市建设报告（2024）》
编　委　会

主　任　吴定海

副主任　范伟军　杨　建　陈少兵（常务）　罗　思

主　编　袁义才　刘东华

副主编　陈晓宁　朱　玮　赵迎迎

编　辑　陈庭翰　杨　扬　邱晓丹

撰稿人（以文章先后为序）

　　　　袁义才　刘晓静　郭　靖　杨雅莹　赵迎迎
　　　　陈　曦　陈志浩　王　淼　杨　扬　熊义刚
　　　　李　铉　李康恩　陈佳波　张　涛　佘燕玲
　　　　尹继尧　毛庆国　彭胜巍　徐怀洲　洪佳丹
　　　　丁　一　沈起宁　刘锦涛　蔡　晖　李德惠
　　　　王伟南　孙石阳　张习科　刘东华　郑承毅
　　　　古耀招　黄焕民　张秋明　杨婷婷　郑才银
　　　　陈弘毅　刘　洋　徐魏婷　梁雪辉　乐文忠
　　　　陈帮泰　刘妃妃　陈晓宁　李友艳　张国平
　　　　张诗琪　李佳峰　林燕妮　陈庭翰　郑文先
　　　　隋钰冰

主要编撰者简介

袁义才　深圳市社会科学院粤港澳大湾区研究中心主任兼国际化城市研究所所长，研究员，政协深圳市第七届委员会委员，深圳市决策咨询委员会专家。主要研究领域为区域经济、公共经济、科技管理等。主要科研成果包括公开发表论文 50 多篇，参与合作出版著作 8 部，约 150 万字，代表作有《公共经济学新论》（经济科学出版社，2007 年 7 月出版）、《公共产品的产权经济学分析》（《江汉论坛》2003 年第 6 期）、《关于民主、专制及"中国道路"的公共经济学思考》（《中国政协理论研究》2015 年第 2 期）；参与、主持了数十项国家、省、市、院级重点研究课题。主持"'一带一路'倡议背景下粤港澳大湾区城市群多层次协同发展机制研究""深圳在粤港澳大湾区、粤港澳合作、泛珠三角区域合作中的作用研究"等多项调研课题；多项成果获省、市哲学社会科学优秀成果奖。

刘东华　深圳市气象局科技与数据管理处处长，深圳市数字政府建设专家委员会成员。长期负责气象科技创新、气象产业发展管理、气象数据资源管理方面工作，组织开展气象人工智能融合创新，承担全国气象数据交易试点建设、深圳低空气象"三张网"建设、智慧城市数字孪生平台建设等工作，有力促进气象新质生产力培育发展。具备丰富的智慧城市（数字政府）信息化建设、数字政务服务、天文与气象科普服务等相关工作经验，是深圳市气象局首席数据官的数据专员，组织推出了"深圳天气"、"叫应"系统、深圳台风网、智慧气象服务中台、i 深圳气象服务专区、粤政易气象信息专区、智慧气象"安全伞"、"气象+城市生命线行业应用场景"等具有实用性、可推广、可示范的气象信息平台。多次获得国家、省、市气象科技成果奖。

陈晓宁 深圳市特区建设发展集团董事会秘书，深圳市知联会副会长，政协深圳市第七届委员会委员。擅长项目投融资、城市规划及建筑设计、信息基础设施等新基建领域的"投建管养运"。曾供职于中国建筑总公司所属西南建筑设计研究院、深圳市盐田港集团、深圳市信息基础设施投资发展有限公司等单位；同时担任深圳市规划学会/协会理事、中国城市科学研究会城市治理专业委员会委员及深圳市多功能智能杆专家委员会专家，参与编著《基于5G的信息通信基础设施规划与设计》（中国建筑工业出版社，2022年1月出版）。

朱 玮 深圳市医保局规划财务和智慧医保处副处长，深圳市数字政府建设专家委员会成员。长期致力于数字政府建设研究和实践，先后在深圳市档案局、人民政府办公厅、政务服务和数据管理局、医保局等单位从事数字政府建设工作，承担过深圳市数字档案馆系统和电子文件管理系统、市一体化协同办公平台、"i深圳"App、国家医保信息平台深圳切换上线等大型项目组织实施工作；深度参与《深圳经济特区数据条例》起草工作，承担2019年、2020年两届深圳开放数据创新应用大赛筹备、执行和管理工作。所参与的"深圳数字档案馆系统""二维码在档案机读目录信息异质备份中的应用研究"课题分别获2008年国家优秀科技成果一等奖、2015年国家优秀科技成果二等奖；《e宝在手，医保无忧——基于医保行业大模型打造面向各类用户群体的AI助手》解决方案获2024年全国智慧医保大赛三等奖。

赵迎迎 深圳市智慧城市规划设计研究院总监，广东省城市安全智能监测与智慧城市规划企业重点实验室、广东省跨域数据交换工程实验室副主任，高级工程师，注册咨询工程师。长期致力于智慧城市研究和实践，参与出版专著《新型智慧城市理论研究与深圳实践》《新型智慧城市政策、理论与实践：政策理解与分析》；深度参与国家重点研发计划"物联网智能感知终端平台系统与应用验证项目""新型智慧城市技术标准体系与标准服务平台项目"，获得相关发明专利 5 项，参与起草国家相关标准 12 项；深度参与《深圳市数字政府和智慧城市"十四五"发展规划》《深圳经济特区数据条例》《深圳市数字孪生先锋城市建设行动计划（2023）》《深圳新型智慧城市建设总体方案》等深圳市级重要文件的起草。

摘　要

　　本报告着重对深圳智慧城市和数字政府建设成就做系统的总结，对深圳市加快打造国际新型智慧城市标杆和"数字中国"城市典范做出专业研判。深圳市从提升数字底座新能级、构建智能中枢新体系、打造数字政府新优势、绘就数字社会新图景、赋能数字经济新发展、拓展数字孪生技术应用、形成数字生态新格局、创新工作推进机制等八个方面，开展智慧城市和数字政府建设，迄今为止是卓有成效的，整体水平处于全国乃至全球前列，2024年底荣获"世界智慧城市大奖"。展望未来，深圳要夯实以 BIM/CIM 为核心的全市域时空信息平台和数字孪生底座，健全数据资源治理体系，推动政务人工智能应用探索及深化智慧场景应用，推动全要素数字化转型，分步有序建设鹏城自进化智能体，加快建设数字孪生先锋城市，全力推动城市数字化发展取得新突破。

　　城市数字化转型涉及许多前沿领域的技术和应用创新。本报告包含了大模型在深圳数字政府治理场景应用、"人工智能+"助力智慧城市建设等有启发性的研究。在地区篇本报告精选了深圳前海数字孪生城市 CIM 平台建设、坪山区民生诉求系统数字化赋能城区治理等经验做法。在案例篇本报告对捷顺科技如何以数字化转型促进企业成长、前海数据如何赋能经济高质量发展、云天励飞如何开拓通用人工智能等做出专业性分析。

　　关键词： 人工智能　数字孪生城市　数字政府　智慧城市

目 录 ⟍

Ⅰ 总报告

B.1 2024年深圳智慧城市建设研究报告

…………………… 袁义才 刘晓静 郭 靖 杨雅莹 赵迎迎 / 001

Ⅱ 专题篇

B.2 数字政府建设与深圳探索

………………………… 赵迎迎 杨雅莹 刘晓静 陈 曦 / 023

B.3 深圳市"CIM+数据一体化"实施路径探索及案例分析

………………………………… 陈志浩 王 森 杨 扬 / 038

B.4 数据治理引领深圳数字政府服务供给模式变革研究

………………………… 熊义刚 李 铉 李康恩 陈佳波 / 056

B.5 数字赋能超大型城市应急管理的深圳探索

………………………………… 张 涛 佘燕玲 尹继尧 / 071

B.6 深圳市生态环境保护数字化转型发展研究报告

………………………………… 毛庆国 彭胜巍 徐怀洲 / 084

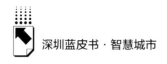
Ⅲ 行业篇

B.7 大模型在深圳数字政府治理场景应用研究报告
.... 熊义刚　李　铉　陈佳波 / 096

B.8 "人工智能+"助力智慧城市建设的深圳实践
.... 洪佳丹　丁　一　沈起宁　刘锦涛 / 117

B.9 深圳"图书馆之城"智慧化建设研究报告
.... 蔡　晖　李德惠　王伟南 / 134

B.10 气象科技赋能深圳低空经济创新发展的需求、机遇、
挑战、策略 .... 孙石阳　张习科　丁　一　刘东华 / 153

Ⅳ 地区篇

B.11 深圳前海数字孪生城市 CIM 平台建设研究报告
.... 郑承毅　古耀招　黄焕民 / 169

B.12 深圳市光明区基层治理数字化研究报告
.... 张秋明　杨婷婷　郑才银　陈弘毅 / 186

B.13 深圳市坪山区民生诉求系统数字化赋能城区治理研究
.... 刘　洋　徐魏婷　梁雪辉 / 205

B.14 深圳市龙岗区政府数字化转型的现状、问题与展望
.... 乐文忠　陈帮泰　刘妃妃 / 221

Ⅴ 案例篇

B.15 捷顺科技数字化转型路径及影响因素分析
.... 陈晓宁　袁义才　李友艳 / 234

B.16　前海数据赋能经济高质量发展的案例分析

　　　　 ·············· 张国平　袁义才　张诗琪 / 250

B.17　深圳国资投资入股软通智慧的案例分析

　　　　 ·············· 李佳峰　杨　扬　林燕妮 / 264

B.18　云天励飞人工智能发展模式及其影响因素分析

　　　　 ·············· 陈庭翰　郑文先　隋钰冰 / 280

B.19　深圳数字化改革大事记（2010~2024）············· / 293

Abstract ··· / 306

Contents ··· / 308

皮书数据库阅读**使用指南**

总 报 告

B.1
2024年深圳智慧城市建设研究报告

袁义才　刘晓静　郭　靖　杨雅莹　赵迎迎*

摘　要：　随着数字中国顶层设计发布、国家数据局成立，我国智慧城市建设进入了深化发展的新阶段。深圳市积极推进以数字孪生、鹏城自进化智能体为代表的"数字中国"城市典范建设，在智慧城市数字基础设施、数据资源体系、数字经济、数字政治、数字文化、数字社会、数字生态文明、数字技术创新体系、数字安全屏障、数字治理生态以及国际数字合作等方面取得了系列成果，并在2024年全球智慧城市大会中斩获"世界智慧城市大奖"，成为国际知名的智慧城市标杆。对照国家最新战略要求，深圳智慧城市建设

* 作者简介：袁义才，博士，深圳市社会科学院粤港澳大湾区研究中心主任兼国际化城市研究所所长，研究员，主要研究方向为区域经济、公共经济、科技管理；刘晓静，硕士，深圳市智慧城市科技发展集团有限公司智慧城市研究院高级规划咨询师，高级工程师，主要研究方向为智慧城市和数字政府顶层设计、标准化；郭靖，博士，深圳大学政府管理学院助理教授，全球特大型城市治理研究院特邀研究员，主要研究方向为城市经济与城市治理；杨雅莹，深圳市智慧城市科技发展集团有限公司智慧城市研究院规划咨询师，主要研究方向为智慧城市和数字政府顶层规划与政策；赵迎迎，博士，深圳市智慧城市规划设计研究院总监，高级工程师，主要研究方向为智慧城市和数字政府顶层设计。

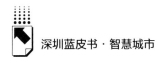

面临新形势和新挑战，需要推进适数化制度创新，推进数据要素市场化配置改革，加快"五位一体"数字化提质增效，打造数字孪生先锋城市典范，构建数字化协同发展新格局，全力推动深圳智慧城市建设高质量发展。

关键词： 数字中国　智慧城市　全域数字化转型　数据要素

为积极贯彻落实党中央、国务院关于建设网络强国、数字中国重大战略部署，深圳市委、市政府全面推进智慧城市和数字政府建设有关政策落地实施。面对新形势下城市高质量发展和人民日益增长的需求带来的挑战，深圳市有序推动数字孪生城市和鹏城自进化智能体建设，加快打造国际新型智慧城市标杆和"数字中国"城市典范。2024年，深圳市从64个国家和地区的429个申报城市中脱颖而出，荣获全球智慧城市大会唯一的"世界智慧城市大奖"，成为全球顶尖的智慧城市，充分彰显了深圳在数字化、智慧化建设方面的卓越实力。

一　数字中国建设进入深化发展新阶段

城市是推进数字中国建设的综合载体，推进城市数字化转型、智慧化发展，是面向未来构筑城市竞争新优势的关键之举，也是推动城市治理体系和治理能力现代化的必然要求。

自提出建设智慧城市以来，我国智慧城市经历了试点探索、规范统筹、规模工程实践、深化发展等多个阶段。2023年，我国进入全面贯彻落实党的二十大精神的开局之年，也进入了深入实施数字中国战略的重要之年，中共中央、国务院重磅发布了《数字中国建设整体布局规划》。同年10月，国家数据局正式挂牌成立，负责统筹推进数字中国、数字经济、数字社会规划和建设，协调推进智慧城市建设。自此，全国一体、协同推进智慧城市建设的工作格局得到强化，我国智慧城市建设进入了深化发展的新阶段。

2024 年 5 月，国家数据局等发布《关于深化智慧城市发展 推进城市全域数字化转型的指导意见》，文件一是提出以数据融通、开发利用贯穿城市全域数字化转型建设始终，充分发挥数据的基础资源和创新引擎作用，强调了数据驱动城市数字化转型的整体趋势。二是提出整体性重塑智慧城市技术架构、系统性变革城市管理流程、一体化推动产城深度融合，强调了城市全域数字化转型要整体、系统、协同，同时要注重建设过程中的变革。三是提出适数化改革，强调要加强与城市数字化转型相适应的配套体制机制、法规制度、标准规范等的建设。在数据方面，国家陆续发布了《"数据要素×"三年行动计划（2024—2026 年）》《关于加快公共数据资源开发利用的意见》《国家数据标准体系建设指南》《可信数据空间发展行动计划（2024—2028年）》等政策文件，针对《国家数据基础设施建设指引（征求意见稿）》《关于促进企业数据资源开发利用的意见》《关于促进数据产业高质量发展的指导意见》等文件征求意见，到 2024 年底前还围绕数据产权、跨境流通、收益分配、安全治理、数字经济高质量发展等方面发布制度文件。

2024 年 7 月，党的二十届三中全会通过《中共中央关于进一步全面深化改革 推进中国式现代化的决定》（以下简称《决定》），文件提出多个改革方向。具体来看，一是要推进城市发展模式改革，深化城市建设、运营、治理的体制机制变革；二是要推进协同发展机制改革，建立超大特大城市智慧高效治理新体系、都市圈同城化发展体制机制；三是要推进数据相关体系、制度、基础设施改革，强调了数据基础设施、数据共享、数据要素市场化相关体制机制建设。结合智慧城市建设情况，《决定》为未来我国智慧城市的建设指明了改革方向，新一轮的发展将以数据资源、数据要素市场建设为核心，在此过程中倒逼城市管理政府体制机制改革、创新制度规范与业务流程，实现智慧城市建设运营模式的升级再造。

二 深圳智慧城市建设现状及主要成就

近年来，深圳市深入学习贯彻习近平总书记关于网络强国的重要思想和数字中国的重要论述，按照数字中国建设"2522"整体布局规划，基于"1314+N"数字化治理体系架构，围绕夯实数字基础设施和数据资源体系"两大基础"、推进数字技术与经济、政治、文化、社会、生态文明建设"五位一体"深度融合、强化数字技术创新体系和数字安全屏障"两大能力"、优化数字化发展国内国际"两个环境"四大方面，一体化推进数字孪生先锋城市建设，形成了智慧城市和数字政府"一盘棋"的工作格局。

（一）夯实数字基础设施和数据资源体系"两大基础"

1. 扎实打造数字孪生底座和智能中枢

着力打造极速宽带先锋城市。围绕"双千兆、全光网、1毫秒、万物联"的目标，在全国率先完成5G独立组网，累计建成5G基站7.7万个，升级5G-A基站2.3万个，千兆以上光纤宽带家庭用户占比达30.4%，500Mbps及以上用户占比达66.5%，多项千兆城市指标居全国大中城市首位。实施"百万用户宽带提速升级"和"工业园区网络升级改造"行动，基本实现"全光网"城市建设目标。在政务网络方面，自建政务光缆总长度超过6000千米，实现市、区、街道、社区四级全覆盖；推进政务网络统建统管，加快政务办公网、政务公共网统一整合，打造全市政务网络"一张网"。

布局一体化算力体系。谋划"三地四中心"城市大数据中心体系布局，构建"通算+超算+智算"算力体系。通算方面，已建算力5.69 EFLOPS，在建算力4.14 EFLOPS。超算方面，深圳超算一期超级算力规模1.27P，二期预计2025年完工，建成后持续计算峰值将不低于2E。智算方面，依托鹏城实验室打造鹏城云脑，"鹏城云脑Ⅰ""鹏城云脑Ⅱ"共计智能算力1116P。预计"鹏城云脑Ⅲ"建成后可提供智能算力16E。"深圳市智慧城市算力统筹调度平台"已揭牌，实现数千P算力运营调度。

优化数字政府"一朵云"。采用"租建并举"模式建设一体化政务云管理平台，开展市政务云二期项目建设工作，以购买服务方式建设深圳市鲲鹏政务云，为各单位信息系统提供信创基础环境。发布《深圳市政务云服务申请规范》和《深圳市政务云服务结算指引》，规范指引政务云的服务申请流程和服务结算过程，健全全市一体化政务云管理体系。

建设完善以 BIM/CIM 为核心的全市域数字孪生底座。深圳加快建设数字孪生先锋城市，建设市区协同、统分结合的全市域统一时空信息平台（CIM 平台），成体系推进 BIM 平台、物联感知平台、区块链平台、政务人工智能平台、一体化数据资源平台等业务和共性平台建设，加强这些平台与 CIM 平台和各区各部门业务应用系统的协同。其中，CIM 平台汇聚全市重要建筑物 BIM 模型、基础时空数据，以及人口、法人等基础数据，发布了覆盖全市 1997 平方千米的电子地图、遥感影像、实景三维模型数据，关联汇集了包含土地、建（构）筑物、房屋、实有人口等数据，形成城市精细化数据底板。

持续增强中枢服务能力。建设完善数据中枢，构建深圳市统一公共数据资源目录体系，实现全市政务信息系统和公共数据资源"一本账"管理；深圳市共享平台发布资源目录数达 1.9 万个，共享数据总量达 199.4 亿条，日均交换量达 2400.0 万条；市数据开放平台的开放数据总量达 18.0 亿条，涵盖教育科技、卫生健康等 14 个领域，平台注册用户数超 13.0 万人次，数据接口累计被调用 1.7 亿多次。统筹构建能力中枢，依托深圳市统一身份认证平台，实现对公众用户及政务用户访问各业务系统的可信统一身份认证、统一用户管理，全市可网办事项在省政务服务网实现 100% 单点登录。创新打造业务中枢，依托民生诉求综合服务平台，推动数字赋能与职责清单深度融合，重塑诉求服务业务流程和管理机制、工作模式；依托全市一体化政务服务平台建设"一件事"服务子平台，包括统一门户、统一事项、统一申办受理、统一电子证照等功能模块，一体化服务能力不断提升。

2. 探索实施数据要素市场化配置改革

建立健全数据要素市场规则体系。组建深圳市数据治理委员会（市公共数据专业委员会），推行首席数据官制度，保障数据治理统筹工作顺利开展。出台《深圳经济特区数据条例》《深圳经济特区数字经济产业促进条例》《深圳经济特区人工智能产业促进条例》，为促进数字经济发展提供有力支撑和政策法规保障。深化深圳公共数据供给侧结构性改革，编制《深圳市公共数据开放管理办法》等系列规章制度，组织《公共数据分类分级指南》《公共数据安全体系建设指南》《公共数据质量管理规范》等标准起草。

高质量建设数据要素集聚发展区。获批成为广东省首批数据要素集聚发展区之一，启动广东（深圳）数据要素集聚发展区建设，推动"一核三区"联动发展。推进数据流通交易，在数据产权、跨境流通、收益分配、安全治理等方面形成了一批全国首创性成果，深圳数据交易所数据交易数量、金额及跨境交易数量、金额等指标在全国数据交易所中实现"四项第一"。深圳前海数据服务有限公司等7家企业获批广东省首批数据经纪人。前海"数据海关"试点稳步推进，数据跨境传输（出境）的数据分类分级标准研究取得初步成果。在全国率先开展数据生产要素统计核算，形成一套统计报表制度及一套统计核算方法。

积极推动公共数据开发利用。在征信领域试点开展公共数据授权运营，主动匹配企业需求和银行信贷产品，打造中小微企业"一站式"融资服务体系，服务企业以优惠利率融资超2300亿元。在南山区试点推行信用就医，有效融合公共数据和社会数据，推行"先诊治、后缴费"服务模式。在宝安区试点建设集诉求、政策、金融等服务于一体的"亲清政企服务直达平台"，为6700余家企业提供诉求直达服务，涉及拨付金额29亿元。充分发挥"数据要素×"作用，举办"先锋杯"数字孪生创新应用大赛、2023数字孪生先锋城市创新大会、深圳开放数据应用创新大赛（SODiC），展示分享数字孪生最新理论、技术和应用，营造良好数字生态环境。

（二）推进数字技术与经济、政治、文化、社会、生态文明建设"五位一体"深度融合

1. 推动数字经济提速发展

数字经济产业规模优势明显。2023年深圳地区生产总值为3.46万亿元，其中，数字经济产业增加值超万亿元，占GDP比重超过30%。全市现

有大数据相关企业 1300 余家，已形成龙头企业示范引领、大中小企业集聚协同发展的产业格局。软件与信息服务产业集群不断壮大，2023 年增加值为 3202.01 亿元，增速达到 23.80%，在 20 个产业集群中体量第一、增速第二。智能制造加快发展，截至 2023 年，深圳累计获评 4 家国家级示范工厂、15 个试点示范优秀场景，4 个工业互联网平台上榜工信部"双跨"平台，宝安区连续两年获评全国唯一五星级国家新型工业化产业示范基地（工业互联网）。

积极推进两化融合。数字产业化方面，推动落实软件与信息服务、网络与通信、半导体与集成电路、智能传感器、超高清视频显示、智能终端、数字创意和人工智能等 8 个产业集群发展培育行动计划，打造世界一流数字产业集群。同时加快建设极速宽带先锋城市、人工智能先锋城市，积极做大做强数字产业化规模。产业数字化方面，按"龙头企业示范引领、中小企业上云上平台、数转服务商孵化培育、人工智能深度赋能"思路，构建"普惠+标杆+公共服务+供给"的政策工具包，深入推动制造业数字化转型，加强数实融合，推动产业数字化。

大力发展新兴产业。重点围绕"20+8"战略性新兴产业和未来产业集群，建设数字经济发展高地。人工智能产业方面，在全国率先出台《深圳经济特区人工智能产业促进条例》，印发《深圳市加快打造人工智能先锋城市行动方案》，打造国家新一代人工智能创新发展试验区和国家人工智能创新应用先导区。低空经济发展方面，率先建设低空智能融合基础设施（SILAS 系统），支撑"异构、高密度、高频次、高复杂性"低空飞行和大规模商业化应用，累计开通低空物流航线 207 条，载货无人机飞行量达 25.5 万架次。智能网联汽车产业方面，探索全市域、全空间、全车型、全场景的车路云一体化商业运营模式，开放测试示范道路和高快速路超 1000 千米，开通载人、无人配送车示范线路近 60 条，深圳正成为国内核心城区场景应用最丰富的城市。

优化数字经济产业布局。基于 CIM 平台，深圳将经济运行数据与空间数据相融合，实现多尺度、空间化、精细化的经济运行态势感知研判、指挥调度。关联土地、资金、人才、企业等经济要素数据，为产业空间选址、人才流动、企业迁移分析提供数据支撑，助力相关工作场景更加智能、高效。

打造战略性新兴产业集群分析、"四上"企业分析等应用，推动企业成群、产业成链。

2. 全面深化数字政治改革

深化政务服务"一网通办"。出台《深圳市优化政务服务深化"高效办成一件事"助力高质量发展行动方案（2024—2026年）》，以"高效办成一件事"为牵引，持续推进完善以线上为主、线下为辅的政务服务全覆盖，实现全市政务服务事项99.99%"最多跑一次"、90.12%"不见面审批"，行政许可事项99.31%"零跑动办理"、91.64%"全流程网办"，持续深化"秒系列""免证办""全市域通办"系列改革，在全国重点城市一体化政务服务能力评估中实现"六连冠"。打造以"i深圳"为主渠道的掌上服务平台，深圳市95%的个人政务服务事项和70%的法人政务服务事项实现掌上办，基本实现港澳台居民和外国人高频服务"一站式"办理。

深化政府治理"一网统管"。打造"深治慧"平台，通过大、中、小屏为用户提供多渠道、多场景的数字化、可视化决策指挥应用服务体系，建设经济运行、生态环境、住房建设等15个领域专题，实现各领域基本情况和运行状态"一图全面感知"。研究构建符合深圳特点的多维度城市运行指标体系，按照"人、企、城、政"四大类别建设全市统一的指标库，落实"一数一源""一指标一方案"的动态管理机制。打造"@深圳—民意速办"一体化平台，优化诉求收集方式，编制民生诉求职责清单，大力整治"形式办结"，推进民生诉求"一线应答"，市民总体满意率达99.96%，该平台得到中央改革办、国务院办公厅专刊推介，国家发改委等7部委将其列入创新举措和典型经验进行推广。

深化政府运行"一网协同"。以"集约化建设+平台化运营"为理念，建立跨层级、跨部门、跨业务的一体化协同办公体系，通过一体化协同办公平台，联动党委、政府和人大、政协部门，提升协同工作效能。通过"深政易"平台，面向公务人员提供统一即时通信、流程协同和应用接入的总门户，开通用户已超27万人，党政机关使用覆盖率达100%，居全省各地市第一位，基本实现"只进一扇门，能办所有事"。深圳市OA系统上线"决策督办"模块，实现市政府决策事项台账管理、持续督办、完成销号，以及落实情况集中化、可视化、动态化展现。

深化公共数据"一网共享"。全力打破"数据孤岛"，数据共享平台纵向对接国家和广东省，横向联通各区、各部门，归集全市人口、法人、房屋等六大基础库约 283 亿条数据，实现城市治理要素与行业数据关联。在国内率先上线开放数据"字段搜索"功能，实现开放数据精准查找，向社会开放数据，灾害性天气预警、降雨量实时信息、经营异常名录、城市道路信息等被高频使用，数据接口的累计调用量均在 150 万次以上。

3. 繁荣自信自强数字文化

加大数字文化服务供给力度。有序推进数字图书馆、数字博物馆、数字美术馆、数字文化馆建设，提升公共文化数字化水平。深圳图书馆部署第五代"图书馆之城"中心管理系统，完善"云上深图"建设，为市民读者提供 90 余个数字资源库服务，丰富云阅读体验。"一键预约"平台接入包括学校场馆在内的全市 1801 个体育场馆 7665 片场地，实现"一站式"数字公共体育场馆预约，服务超 3080 万人次。深圳博物馆已完成全馆所有常设展览、专题展览的数字化采集工作，并制作了虚拟展厅在网上展出，采集了 2 万余件文物的二维影像、120 余件文物的三维影像，有效促进了数字化文物保护的传播教育。推进"关山月美术馆数字博物馆"建设，构建国内较为完整的一套数字美术馆体系。"公园深圳"服务微门户集公园导览、停车预约、公园购票、体育场馆预约、书吧预约等功能于一体，并根据公园实际匹配特色标签，帮助市民快速、准确查询 1200 多个公园服务信息。

4. 打造普惠便捷数字社会

完善数字公共服务体系。数字教育方面，强化基础设施覆盖，建设智慧教育平台，全市数字教育覆盖率超 50%，多媒体教室实现全覆盖，高质量建设 25 所教育部教育信息化"双区"深圳智慧教育示范学校。智慧医疗方面，建设深圳市级全民健康信息平台，基本实现全市 75 家公立医院、93 家社会办医院、1600 余家诊所、全部社康机构和公共卫生机构的信息互联与业务协同，为人民群众提供全方位、全周期的健康服务。智慧住建方面，建设深圳市统一的公共住房基础信息平台，汇集全市各类公共住房数据，实现覆盖公共住房全过程业务体系和全生命周期闭环式信息化管理。智慧人社方面，开展"人社场景式"服务模式，建设人才一体化综合服务平台，实现46项人才相关事项"一网通办"。智慧气象方面，"深圳天气"新媒体矩阵得到广大市民高度认可，"深圳天气"微博号、微信号、抖音号在2023气象新媒体大会上均斩获"全国十佳"称号。

拓展智慧便民服务惠及大众。出行服务方面，推进深圳市经营性停车场数据信息接入CIM平台，依托CIM平台推进全市文化体育设施和公共停车场"一键预约"全覆盖，市民出行停车更舒心。养老服务方面，搭建全市统一的智慧化养老服务管理平台，凝聚政府、市场、社会三方力量，夯实政府保障基本、居家社区联动、机构专业照护三种服务模式，上线老年人居家适老化改造、养老机构从业人员补贴、探访关爱等板块；推出深圳版电子优待证，实现其与"鹏城老兵"App有机融合，不断丰富电子优待证功能。社区服务方面，依托"深圳先锋"小程序发布群众"急难愁盼"需求，各级党组织、广大党员、社会各界和人民群众踊跃参与"我为群众办实事"志愿活动，形成全市党群互帮互助的良好局面。娱乐购物方面，搭建"深圳智慧商圈消费地图"信息化平台，上线重点商圈（步行街）、深圳购物季、深圳特色首店等内容，组织开展"新春欢乐购""乐购深圳"等系列数字人民币促消费活动，以数字化提升民生幸福指数。

5. 构建绿色数字生态文明

建设全球数字能源先锋城市。抢抓新能源汽车和新型储能等产业风口，打造"一杯咖啡充满电"的超充之城，已建成480千瓦以上超充站550座，率先实现超充站、超充枪数量超过加油站、加油枪。"i深圳"App新能源车充电专区为市民提供新能源汽车充电统一入口、扫码充电、智能推荐、一键导航等综合性一站式服务。建成并运行全球首个光储充放一张网和虚拟电厂管理平台2.0，实时可调负荷达50万千瓦等。全市从事储能相关经营业务的储能企业超过7000家，在储能领域推出多项重大创新成果。

打造绿色智慧的"CIM+生态文明"。依托CIM平台开展城市导览、水资源治理、环境监测、环卫一体化等领域场景应用，切实提升生态智慧化监管能力。打造基于CIM平台的山海连城智慧导览数字体验应用，为公众体验"绿美宜居深圳"生态与游憩空间提供平台。推进数字孪生河湾流域建设，打造水旱灾害防御、水量平衡分析、水环境达标等重点领域应用，有效支撑"六水共治"。构建工地噪声污染非现场执法、危险废弃物视频远程执法、水质净化厂精细化管控等智慧生态应用场景，实现"远程喊停""无事不扰"。打造环卫全链条监管场景，推动垃圾分类管理和垃圾收运全过程监管数据有效采集、分析。探索建筑垃圾跨区域平衡处置，推动生态文明建设取得新成效。

打造精细智能的"CIM+城市治理"。创新网格管理模式，推行"CIM+网格"管理，开展基于CIM平台的市、区、街道、社区数据融合及业务联动工作，推动深圳城市治理精细化发展。运用CIM平台和人工智能技术探索社区治理、环境卫生、公园绿化、市容秩序、灯光照明、城管执法等领域数字孪生应用，构建自动发现、及时干预、高效处理的城市管理新模式。构建深圳市风险感知立体网络，对燃气管网、供排水管网、综合交通、危化品等城市生命线工程进行全方位、立体化监测预警，推进能监测、善预警、智决策的城市生命线安全韧性发展。利用BIM/CIM技术推动城市生命线、突发事件救援、事故预防处置等深圳城市安全应急多跨协同场景建设，保障城市安全应急即时响应、智慧调度。

（三）强化数字技术创新体系和数字安全屏障"两大能力"

1.构筑自立自强数字技术创新体系

增强数字核心技术策源能力。加快核心工业软件、显卡（GPU）、存储芯片、人工智能芯片、智能传感器芯片、车规级芯片等研发制造实现突破。积极增强全栈自主人工智能大模型技术供给能力，积极支持企业开展人工智能芯片研发，并适配多种深度学习框架，打造自主可控的智能算力全栈技术和产品，支持通用大模型和行业大模型研发和应用。加快数字孪生核心技术攻关，坚持应用导向，加快布局实施科技重大专项，围绕泛在感知与数字化建模、多源异构数据融合与管理、共性技术与支撑平台、仿真推演与孪生互动等方向开展核心技术攻关，开展国产数据库时空数据管理能力建设等科技攻关项目，推动基础数据库软件在更多应用场景实现关键技术突破。

推动科技成果示范应用与试点推广。加快推进数字孪生城市建设所需软硬件和底层技术国产化适配，探索利用鹏城云脑为城市级仿真推演和人工智能应用提供海量图形渲染及 AI 算力支撑。积极推广自主知识产权基础软硬件产品，推动国产 BIM 软件产业发展，常态化开展 BIM 软件测评，培育国产 BIM 软件，引导勘察设计单位率先使用国产 BIM 软件。开展区级数字孪生城市全景应用建设试点，推动 BIM/CIM 关键技术集成落地，实现多维一体的集约示范。在深圳福田区福保街道建设数字孪生街道，在南山区粤海街道后海片区、沙河街道深超总片区等区域建设数字孪生片区。

赋能产业转型和高质量发展。成立数字孪生城市产业协会，设立城市数字化技术创新中心，建设一批技术创新实验室和产品测试验证实验室。高标准举办 BIM/CIM 生态大会、应用大赛、高端论坛，培育数字孪生产业生态。加快推动深圳数字孪生技术与更多产业相结合，为数字能源、智慧交通、智能建造、数字医疗、新一代物流等新产业、新业态提供赋能支撑，助推更多产业数字化转型和高质量发展。

2. 筑牢可信可控数字安全屏障

健全数字政府安全管理体制。牵头编制《深圳市数字政府网络安全规划（2023—2025 年）》，创新提出"0755"模式；在全省率先编制印发《深圳市数字政府网络安全和数据安全事件应急预案》，填补了数据安全事件应急处置领域的空白；优化网络安全绩效评估指标，为全省数字政府建设贡献了深圳样本。

深化全市安全攻防能力建设。2022～2023 年，深圳连续举办"深蓝"数字政府网络安全攻防演练，形成可复制、可借鉴、可推广的"深圳攻防"经验；2024 年，深圳首次牵头会同东莞、潮州、揭阳组织开展"深蓝·莞盾—2024"数字政府网络安全联合攻防演练，对重要网络信息系统开展为期5天的全面检验，及时发现并有效排除13类网络安全隐患。

强化日常安全隐患排查工作。建成全国首个与国家监测平台联动的城市级网络安全态势感知和应急处置平台，平台监测范围已覆盖1062家党政机关及企事业单位，共计259万条资产数据。同时平台将海量多源数据进行多维关联建模分析，实现对0day漏洞、APT攻击等复杂隐蔽的高级威胁进行深度分析，实现全市数字政府网络安全事件零发现。

（四）优化数字化发展国内国际"两个环境"

1.建设公平规范数字治理生态

探索适应数字化发展的法律制度。深圳于2021年7月6日率先出台《深圳经济特区数据条例》，是国内首部数据领域基础性、综合性地方性法规，为国家和其他省市数据立法工作提供了重要参考。在此基础上，深圳持续推进数据立法工作，围绕数据产权、跨境流通、收益分配、安全治理等方面，加快研究数据要素市场基础制度配套政策，开展了"数据要素×"行动计划、数据要素市场体系规划、公共数据授权运营相关工作方案等研究工作。深圳在数字经济领域已出台《深圳经济特区数字经济产业促进条例》《深圳经济特区人工智能产业促进条例》等系列文件，为数字经济持续健康发展奠定法律基础。

建立健全标准规范体系。积极筹划在深圳市数据治理委员会下设立市智慧城市和数字政府标准化技术委员会，强化深圳市数字政府和智慧城市领域标准化工作统筹。谋划建立深圳市智慧城市和数字政府建设标准化体系，在国内率先探索构建超大城市级智慧城市和数字政府标准体系框架，制定标准需求清单和标准体系建设路线图，有序推进《数字政府和智慧城市总体架构》《公共数据空间化技术规范》《建筑信息模型融合全市域统一时空信息平台技术规范》等13项地方标准编制。

推动政务信息化项目建设管理模式改革。落实《深圳市市级政务信息化项目管理办法》，起草制定政务信息化项目立项审核和全生命周期管理系列制度文件，积极探索清单审核和方案审核两阶段审核立项模式，强化项目立项审批与验收管理。建立以中长期规划和年度重点任务为依据的项目生成

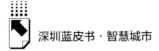

机制，实行按年度立项及分级分类管理，项目审核质效和集约化程度得到提高。

2. 深化开放共赢国际数字合作

积极拓展对外交流合作。深圳市深入贯彻落实习近平总书记关于友城工作的重要指示精神，以"深圳所能""深圳所长"服务"国家所需"，探索具有中国特色、深圳风采的友城工作新思路，友城总数量为95个，覆盖五大洲59个国家，在科技创新、港口物流、智慧城市等领域取得了丰硕的交流合作成果。深圳推动与"一带一路"共建国家合作，积极参与建立中新数字政策对话机制，以前海为试点与新加坡开展数据跨境流动合作，推动"数字身份认证项目—新加坡入境人员实名身份认证服务"落地。深圳和巴塞罗那等正在倡议发起"世界创新城市合作组织"，与国际创新城市和机构携手，在全球范围建立全方位、多维度的创新合作网络，推动优势互补、合作共赢。

三　深圳智慧城市建设存在的问题分析

近年来，数字化浪潮席卷全球，以大数据、人工智能为代表的新一代信息技术在带来新机遇、新能力的同时，也对全球各行各业提出全新挑战。国家对数字化、智能化的顶层设计不断加强，密集出台各类政策规划。国家组建国家数据局后，进一步加大数据工作的统筹推进力度，深化数据基础制度改革、数据资源整合共享和开发利用实践探索等工作。而伴随着2024年国际形势演变，新一轮的数字化转型与技术产业革命将对深圳发展提出全新要求。我们应该看到，深圳智慧城市建设在取得阶段性成效的同时，对标国家和广东省相关要求，以及城市发展和市民需求，仍存在以下几个方面的问题和不足。

（一）智慧城市建设整体性、体系性、协同性仍不够

在建设范围上，目前已由智慧城市和数字政府建设拓展至数字深圳的全

面建设，需要统筹数字经济、数字政治、数字社会等各领域全面协同发展，原有组织领导机制需要做出相应调整以适应新形势要求。在领导机制上，存在市、区两级智慧城市和数字政府建设领导机制，两级之间并未形成统一调度机制。在建设模式上，纵向看，市、区两级分别规划、建设，缺乏整体统筹机制，条块之间的有效协同不足；横向看，仍以部门为主开展数字化的规划、建设和运维，缺乏跨部门的协同建设和应用机制。在管理制度上，市、区两级项目管理流程、管理规范等存在较大差异。全市智慧城市建设仍未形成整体、体系、协同的工作格局。

（二）以数据工作为核心的全要素改革配置仍显不足

尽管深圳市已出台《深圳经济特区数据条例》，但数据产权、跨境流通、收益分配、安全治理等制度还不健全，不能满足数据要素市场发展需求。数据资源体系管理还不健全，公共数据资源掌握全面度、及时度还不够，社会数据缺乏有效资源调查和登记机制。以供需对接为核心的公共数据开放制度不完善、有效公共数据开发利用动力不足，授权运营机制亟须建立，国垂、省垂系统数据回流难，未形成需求导向、充分供应、机制管用、运转有效的公共数据开发利用机制。可信数据流通基础设施支撑不足，跨层级、跨地域、跨主体的可信数据流通设施尚不健全，无法满足不同市场主体之间数据高效安全流通和融合利用的需求。

（三）全领域数字化建设创新性与便利性还有待提升

"1314+N"的数字化发展架构体系有待完善，数字化公共支撑能力建设有待加强，多门户运行体系有待整合。各区各部门数字化发展水平参差不齐，数字政府建设的整体性、一体化水平较高，但数字经济、数字文化、数字生态文明等领域的建设深度与广度有待拓展。数字孪生、"数据要素×"、"AI+"应用不足，依托统一数字底座开展业务协同、数据治理和行业一体化建设的场景应用不充分，缺乏通过虚拟仿真方式推演、预测、验证的应用场景。

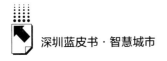

（四）前沿信息技术的原创性与应用适用性亟待强化

自主可控的安全技术创新能力不足，在科技创新要求与全球竞争形势下，高性能 CPU、GPU、操作系统、BIM/CIM 软件等基础软硬件的国产化率不高，如何同时兼顾城市应用发展与平台系统安全仍亟待落实。随着城市治理业务的不断深入，数据量呈爆发式增长，跨业务、跨场景协同的需求日益增强，对感知设施、云、网、数据中心等信息基础设施的支撑能力提出更高要求，城市信息模型与实际支撑城市全域"数字孪生"可视化和空间数据分析之间仍存在差距。

（五）更加开放、共享、包容的数字化合作有待拓展

深圳在数字科技、数字经济、智慧城市、数据要素、数字基础设施等领域的前瞻性谋划能力不够，缺乏一批全球性标杆项目，与世界各国、中国香港和中国澳门的数字合作还存在法律法规、技术标准、数据跨境等方面的制约。结合深圳产业优势，在产能输出、数字化出海、发展"总部+飞地"数字经济模式等方面还未深入推进，为国家提供可先行示范的深圳经验不足。

四 推进深圳智慧城市建设的对策建议

按照数字中国建设整体布局规划，推进适数化制度创新，推进数据要素市场化配置改革，加快"五位一体"数字化提质增效，打造数字孪生先锋城市典范，构建数字化协同发展新格局，全力推动深圳智慧城市建设高质量发展。

（一）以适数化改革为契机，有序推进适数化制度创新

加强整体统筹，建立健全智慧城市建设管理体制机制。按照"规划引领、标准先行、项目主导、法规保障"的发展思路，进一步优化更新深圳智慧城市和数字政府建设的顶层设计架构，高标准做好智慧城市建设谋划。完善法律法规制度规范体系，围绕中国式现代化全面深化改革，在数字经

济、数据要素、数字基础设施、人工智能等重点及新兴领域开展立法工作，推进适数化制度创新。开展"一体化规划—项目—资金"管理模式改革，推动项目立项审批机制从"单一项目审核模式"向"整体研判审核模式"转变，实行"切块预算管理，项目一次审核"机制，优化完善项目全周期的制度化、标准化和数字化管理。夯实需求管理责任，强化行业牵头部门的统筹和把关作用，提升跨部门应用的协同能力。加强全市数字资源"一本账"管理、系统建设质量管理、应用推广管理，建立应用系统常态化后评价机制，推动运营运维从"单点式"向"整体式"转变。

推进政企合作，协同打造城市数字化建设运营产业生态。建立"政府数据管理部门+平台企业+生态伙伴"新型政企合作伙伴机制。在政府层面，充分发挥深圳市智慧城市和数字政府领导小组统筹作用，建立数据治理、应用管理、技术标准等专责委员会和BIM、"一网统管"等专项小组，增强数字化发展统筹能力，加大市、区两级和各区、各部门之间的统筹协调力度。在平台企业和生态伙伴层面，在政府引领监督下，发挥深智城集团等国企、龙头企业平台的聚合作用，联合中小企业构建开放合作的数字化建设运营生态圈，推进智慧城市创新科技成果转化落地和高效运营，共同推动深圳数字化发展，助力高质量发展和先行示范区建设。

（二）以数据要素为抓手，着力推进数据要素市场化配置改革

健全数据要素法规制度体系。结合国家在数据产权、跨境流通、收益分配、安全治理等方面相关政策指引，因地制宜出台实施细则，争取试点示范。开展《深圳经济特区数据条例》实施成效评估工作，适时推进制度修订。强化数据要素高质量供给制度，面向重点领域数据资源生产存储、流通交易、开发利用、安全合规、资产入表情况开展常态化统计调查。加快统一数据登记体系建设，创新数据资产入表、流通交易、质押融资、授信等场景应用。

健全数据要素流通交易服务体系。建立以供需对接为核心的数据流通交易服务体系，以深圳数据交易所为关键依托，有效连接供应端、需求端以及

第三方专业服务机构。积极培育数据商、第三方专业服务机构等数据产业生态。着力建立数据流通全流程合规标准规范，切实健全数据流通交易各参与方合法权益保护制度，并且构建起完善的数据质量评估体系与全链条数据价值评估体系，进一步完善由市场供求关系主导的数据要素价格机制，为数据要素在更大范围内的流通交易提供坚实保障与有力支撑，有力推动数据资源转化为数据资产并创造更大价值。

促进数据要素更高水平开发利用。完善数据要素市场化配置改革的基础规则，着力健全公共数据授权运营的分类分级规则，加强不同类型和级别数据的精准管理。明确交易定价规则，确保数据交易的公平公正与合理有序；完善利益分配规则，充分调动各方参与数据开发利用的积极性；强化监督管理规则，保障数据运营安全合规。在此基础上，建立健全公共数据开发利用机制，秉持对符合无条件开放要求的数据"应开放尽开放"的原则，最大限度释放公共数据价值。积极构建涵盖公共数据、行业数据、企业数据、个人数据等多方面的新型数据空间，深入探索有条件开放和授权运营模式，为多元数据的有效整合与创新应用开辟广阔路径。全力打造数据联合创新实验室，促进政府、企业与社会的数据资源深度融合并加以开发利用，通过多方协同合作，挖掘数据潜在效能，催生更多创新成果，为推动经济社会数字化转型提供强劲动力与有力支撑。

（三）以服务人民为中心，加快"五位一体"数字化提质增效

全链条提速数字经济。推动重点行业和优势产业集群全方位、全链条数字化转型，有效整合产业链上下游资源，实现生产、流通、分配、消费各环节的高效协同。着力打造具有国际竞争力的数字产业集群。高水平建设涵盖全领域、全流程、全场景的人工智能产品矩阵。围绕低空运行数字化能力提升，推动低空运输、即时配送等低空物流新业态发展。持续构建最优企业服务体系，培育壮大数字经济企业梯队，打造较为完善的数据要素产业生态。

深化数字政府服务改革。打造主动、精准、整体式、智能化的政务服务。建立以需求为导向的"高效办成一件事"清单管理机制和常态化推

进机制，推动公共服务"一键获取"、政务办事"一键导航"，提升智慧政务便利化水平，实现企业和个人两个全生命周期所有事项"高效办成一件事"。持续深化"民生诉求"改革，依托"深政易"平台，开发民生诉求重点关注报送模块，优化提升各领域公共服务供给，加大形式办结整治力度。融合"秒批""秒报""免申即享"等智慧政务应用，精准推送高频事项，实现主动服务。深化深港澳、深新政务服务合作，提升营商环境水平。

推动数字文化服务升级。完善数字文体场馆建设，探索基于5G等新技术应用的智慧图书馆、智慧博物馆、数字文化馆、数字美术馆、云剧场等，搭建数字化文化体验的线下场景。发展体育数字化，推广智慧健身设施，高标准举办全运会体育赛事。创新数字文旅消费业态，培育文旅融合特色原创IP，打造沉浸式、虚拟化等新型体验消费场景。大力发展数字文化产业和创意文化产业，加强粤港澳数字创意产业合作。

丰富数字生活服务普惠供给。打造普惠均等的数字公共服务体系，满足市民多样化、个性化的服务需求。加快数字医院建设，完善医保数字化，提升医疗服务的可及性与质量。构建智慧校园，打造"AI+教育"标杆，发展"云上教育"。推进人社和退役军人服务数字化，提升人事管理、社会保障以及退役军人权益保障等工作效率。完善特殊群体无障碍服务体系。建设智慧社区，发展数字家庭和数字生活服务。推行MaaS、智慧停车、无人驾驶服务。加快智慧公园建设，实施"气象+"赋能行动。

坚持智慧治理和绿色发展。构建智慧高效的生态环境数字化治理体系，健全城市感知网络，实现对大气、水、声等环境要素与重点污染源的实时感知和监控，推动陆海协同治理，依托CIM平台打造智慧治理应用。打造数字能源先锋城市，围绕打造"世界一流超充之城"总体目标，夯实数字能源底座，打造光储充放检一张网平台，构建高质量充电基础设施体系，推动经济社会发展绿色转型，助力实现碳达峰碳中和。推广绿色生活和绿色消费模式。推动危废资源化利用，加快低碳智慧建筑、零碳智慧园区建设。激励群众践行绿色出行和绿色消费的低碳生活方式。

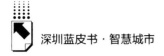
（四）以技术创新为驱动，积极打造数字孪生先锋城市典范

强化数字技术策源能力。支持核心软件、核心芯片等领域的重大原始创新和颠覆性成果研究，支持产业链上下游联合解决关键核心技术"卡脖子"问题，大力推动科研成果转化，确保在数字技术前沿领域拥有自主可控的核心竞争力。充分把握人工智能、物联网、云计算的快速迭代和融合创新发展机遇，加快数据领域关键核心技术攻关，围绕技术发展加快数据产业布局，形成数据科技与数据产业相互融合、相互促进的良性发展态势。

健全数字化基础设施体系。全面建成世界先进、模式创新的极速宽带先锋城市，打造"城市+园区+边缘"的算力总体布局，构建"一超多强总调度"智能算力体系。持续发力打造"世界一流超充之城"，推动 C-V2X 车联网络在市政道路基本覆盖，为智能交通发展奠定坚实基础。加快推进已有城市公共基础设施数字化、网络化、智能化改造。建设适应数据要素化、资源化、价值化的数据基础设施，建立全市一体化公共数据资源目录，达成全市公共数据资源"一本账"和"一数一源一标准"的长效治理，确保数据管理规范有序且高效利用。构建统分结合、一体协同的安全运营体系，强化大模型安全评估，加强工业网络安全防护和监测分析，全方位筑牢城市数字化发展的安全防线。

以数字孪生建设推动城市数字化转型。夯实一体协同数字孪生先锋底座，基于 BIM 精细化建模的 CIM 平台路线，打造覆盖地上下、室内外、动静态、海陆一体的 CIM 平台，完善包含 1 个市级平台、11 个区级平台，以及 N 个部门级、行业级、重点片区级平台的 CIM 平台架构体系；建设物联感知、区块链、政务人工智能等基础平台，提升共性服务能力。夯实数据孪生先锋底板，分阶段推进重要建筑物 BIM 模型建设，将地、楼、房、权、人等基础数据，以及应急管理、生态环境等业务数据基于 CIM 平台进行深度关联融合。建设多跨协同数字孪生先锋应用，聚焦经济运行、城市建设、民生服务、城市治理、应急安全、生态文明等领域打造"CIM＋"场景应用。

（五）以开放合作为纽带，构建数字化协同发展新格局

扩大高水平对外开放。积极推进数字领域国际合作，制定数字开放合作相关的发展战略、规划与政策。构建产业互联网国际合作平台，助推数字经济相关企业"走出去"，参与全球竞争与资源配置。推广"跨境电商+产业带"模式，深度整合产业资源与电商渠道优势，促进跨境贸易单证申报服务便利化。以提升城市国际化服务水平为重要着力点，升级优化以"i深圳"为主渠道的国际化服务，持续打造"i深圳"多语种版本。开展在数据交互、业务互通、监管互认、服务共享等方面的国际交流合作，推进电子发票、产品编码识别、数字身份互认等试点工作，重点推动企业开展数据跨境流通业务合作。

推进高质量区域协同。加强与粤港澳大湾区城市间的数字化合作，围绕港澳居民入境旅游、消费、生活、投资等方面，创新跨境公共服务应用，加快打造深港联动的"数字前海"和河套智慧园区。推进"数据海关"试点应用场景建设，构建安全高效的数据流通机制，进一步推动数据要素在区域内的优化配置与创新应用。支持深汕特别合作区建设新型智慧共生新城。加强与广东省结对帮扶市县在数字化发展领域的合作，深化"粤复用"应用超市建设，推动"一地创新、各地复用"建设模式走深走实，促进区域间数字化资源的共享与高效利用。

参考文献

《数字中国发展报告（2023年）》，https：//www.szzg.gov.cn/2024/szzg/xyzx/2024 06/P020240630600725771219.pdf。

《深圳市数字政府和智慧城市"十四五"发展规划》，https：//www.sz.gov.cn/szzsj/ attachment/0/984/984031/9867741.pdf。

《深圳市人民政府办公厅关于印发深圳市数字孪生先锋城市建设行动计划（2023）的通知》，深圳市政务服务和数据管理局网站，2023年12月15日，https：//www.sz.gov.cn/

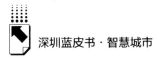
szzsj/gkmlpt/content/11/11042/mpost_11042525. html#19231。

《深圳加快数字孪生先锋城市建设 推动城市数字化转型和数字经济高质量发展》，深圳政府在线网站，2024 年 9 月 20 日，https：//www. sz. gov. cn/cn/xxgk/zfxxgj/zwdt/content/post_11563510. html。

《鹏城智能体：智慧城市和数字政府建设的新实践》，"智慧城市浅谈"百家号，2024 年 6 月 11 日，https：//baijiahao. baidu. com/s？id = 1801525067680790168&wfr = spider&for = pc。

《经验｜数说深圳智慧城市和数字政府建设这 5 年》，搜狐网，2024 年 7 月 5 日，https：//www. sohu. com/a/791038720_121123712。

《深圳市政务服务数据管理局 2023 年工作总结和 2024 年工作计划》，深圳市政务服务和数据管理局网站，2024 年 5 月 13 日，https：//www. sz. gov. cn/szzsj/gkmlpt/content/11/11286/post_11286410. html#19233。

《深圳获"世界智慧城市大奖"！》，深圳市政务服务和数据管理局网站，2024 年 11 月 12 日，https：//www. sz. gov. cn/szzsj/gkmlpt/content/11/11706/post_11706154. html#19236。

《案例分享｜深圳市"一网统管""深治慧"平台》，"智慧城市行业资讯"微信公众号，2024 年 9 月 23 日，https：//mp. weixin. qq. com/s/hpU−uIDxLPZ3J6_jMQsfGA。

《新华社报道："高效办成一件事"的深圳节奏》，"ｉ深圳"微信公众号，2024 年 10 月 17 日，https：//mp. weixin. qq. com/s/ScdXvo_8H_gLp5N7fFEzqw。

专题篇 ↗

B.2
数字政府建设与深圳探索

赵迎迎　杨雅莹　刘晓静　陈　曦*

摘　要：　近年来，国家、省、市围绕数字政府建设发布了多项政策措施。深圳市为贯彻国家、省、市要求，在数字政府建设方面先行先试，以"四个一网"为核心，探索出一条基本满足超大型城市政府数字化治理的创新路径。本报告围绕国内数字政府建设的总体要求、建设趋势、建设经验、建设成效与现存问题等进行分析，提出深圳数字政府建设发展建议，为推动深圳市政府数字化转型提质增效提供参考。

关键词：　数字政府建设　智慧政务　政务服务　数字化

---

* 作者简介：赵迎迎，博士，深圳市智慧城市科技发展集团有限公司智慧城市研究院总监，高级工程师，主要研究方向为智慧城市和数字政府顶层设计；杨雅莹，深圳市智慧城市科技发展集团有限公司智慧城市研究院规划咨询师，主要研究方向为智慧城市和数字政府顶层规划与政策；刘晓静，硕士，深圳市智慧城市科技发展集团有限公司智慧城市研究院高级规划咨询师，高级工程师，主要研究方向为智慧城市和数字政府顶层设计、标准化；陈曦，硕士，深圳市国际低碳论坛发展中心项目研究员，主要研究方向为区域经济与区域治理。

加强数字政府建设，是建设网络强国、数字中国的基础性和先导性工程，对加快转变政府职能，推进国家治理体系和治理能力现代化具有重大意义。深圳紧密衔接国家和广东省数字化发展布局，以政务服务"一网通办"、政府治理"一网统管"、政府运行"一网协同"、公共数据"一网共享"为核心，推动数字政府建设迈上新台阶。通过创新改革，深圳近 5 年在国务院办公厅电子政务办组织的全国重点城市一体化政务服务能力评估中实现 5 连冠，"@深圳—民意速办"民生诉求综合服务改革被国家发改委等 7 部委列入 22 条第二批深圳综合改革试点创新举措和典型经验之一，成为全国政府数字化管理和服务的改革示范样板。

一　我国数字政府建设总体要求

党的十九大以来，以习近平同志为核心的党中央高度重视数字政府建设的相关工作，多次就建设网络强国、数字中国等做出重要战略部署，习近平总书记强调："要全面贯彻网络强国战略，把数字技术广泛应用于政府管理服务，推动政府数字化、智能化运行，为推进国家治理体系和治理能力现代化提供有力支撑。"[①] 党的二十届三中全会审议通过的决定提出，"促进政务服务标准化、规范化、便利化""健全'高效办成一件事'重点事项清单管理机制和常态化推进机制"。

2021 年以来，一系列数字政府领域的政策措施进入全面实施的高峰期。2021 年 3 月，《中华人民共和国国民经济和社会发展第十四个五年规划和 2035 年远景目标纲要》发布，单独设立了"提高数字政府建设水平"章节，明确了数字政府建设的任务，强调要"将数字技术广泛应用于政府管理服务，推动政府治理流程再造和模式优化"。2022 年 6 月，国务院印发《关于加强数字政府建设的指导意见》，这是国家层面首次专门针对数字政府建设出台的政策文件，对全国数字政府建设进行全局部署，也为各地数字政府建

---

① 《以集约高效的平台支撑　为数字政府建设提供有力保障》，中国政府网，2022 年 8 月 26 日，https：//www.gov.cn/xinwen/2022-08/26/content_5706932.htm。

设提供指导方向。2023 年 2 月，中共中央、国务院印发了《数字中国建设整体布局规划》，提出到 2025 年"政务数字化智能化水平明显提升""数字安全保障能力全面提升""数字治理体系更加完善"。2024 年 1 月，国务院印发《关于进一步优化政务服务提升行政效能推动"高效办成一件事"的指导意见》，聚焦关键环节，从加强渠道建设、深化模式创新、强化数字赋能、推动扩面增效、夯实工作基础等五个方面提出了 16 条具体措施。

为贯彻落实国家政策，广东在《广东省数字政府改革建设"十四五"规划》中提出，到 2025 年全面建成"智领粤政、善治为民"的"广东数字政府 2.0"；在《广东省人民政府关于进一步深化数字政府改革建设的实施意见》内明确提出，从提升政府数字化履职能力、筑牢数字政府网络安全防线、优化数字政府体制机制、夯实数字政府基础支撑底座、强化数据要素赋能作用、加强数字政府引领等多方面进一步深化广东数字政府改革建设；出台《数字广东建设 2024 年工作要点》，提出充分释放数据要素价值，加快培育新质生产力，统筹推进数字政府、数字经济、数字社会、数字文化、数字生态文明建设，以全面数字化推动广东经济社会高质量发展。

《中共中央　国务院关于支持深圳建设中国特色社会主义先行示范区的意见》提出，推进"数字政府"改革建设，实现主动、精准、整体式、智能化的政府管理和服务。为深入贯彻落实国家和广东省的要求，深圳在《深圳市数字政府和智慧城市"十四五"发展规划》中提出，到 2025 年，打造国际新型智慧城市标杆和"数字中国"城市典范，成为全球数字先锋城市；到 2035 年，数字化转型驱动生产方式、生活方式和治理方式变革成效更加显著，实现数字化到智能化的飞跃，全面支撑城市治理体系和治理能力现代化，成为更具竞争力、创新力、影响力的全球数字先锋城市。

二　新时期数字政府建设趋势

（一）紧扣"高效办成一件事"，推动数字政府优化升级

"高效办成一件事"是李强总理密切关注、亲自部署的重要工作。

2024 年 1 月，国务院发布《关于进一步优化政务服务提升行政效能推动"高效办成一件事"的指导意见》，对深入推动政务服务提质增效，在更多领域、更大范围实现"高效办成一件事"做出部署。同年，国务院办公厅陆续发布两批"高效办成一件事"2024 年度重点事项清单，指导全国各地市围绕优化政务服务、提升行政效能的目标，开展数字政府整体性建设。目前，全国各地市已掀起"高效办成一件事"改革浪潮，总体趋势是通过线上线下融合发展，实现办事方式多元化、办事流程最优化、办事材料最简化、办事成本最小化，最大限度利企便民。

（二）强化公共数据开发利用，驱动数字政府提质增效

自全国开展电子政务试点与数字政府建设改革以来，各地积累了大量的政务数据，这部分数据具有权威、可靠、专业性强、高价值的特点，但在数据质量管理、数据共享与开放、数据开发利用等方面存在滞后现象。《国务院关于加强数字政府建设的指导意见》提出坚持数据赋能的基本原则，要求加强数据汇聚融合、共享开放和开发利用，提高政府决策科学化水平和管理服务效率。2024 年 9 月，中共中央办公厅、国务院办公厅重磅发布《关于加快公共数据资源开发利用的意见》，对政务数据的治理、质量管理、共享开放等提出了明确要求。在新一轮的政府数字化建设中，各地市均把推动政务数据高质量开发利用作为核心重点，拟通过体制机制改革、技术与场景创新等工作进一步探索在提升政府决策效率中的赋能作用。

（三）精深新兴技术应用探索，助力数字政府建设创新

随着新一代信息技术的崛起，大数据、人工智能、区块链等技术席卷全球，推动各领域数字化转型；而近两年大模型技术的兴起，对各行各业提升运行效率、改革决策效能具有颠覆性作用。在数字政府建设中，一方面，新兴技术的应用能够推动政府服务与治理水平的持续高效提升与优化精细，甚至倒逼政府组织架构改革；另一方面，新兴技术的应用将进一步带动城市产业的升级与转型，促进政府营商环境的优化。

三 先进省市数字政府建设经验

我国数字政府建设取得了显著成果，各地市涌现出了一批创新实践。

（一）北京市

北京市以加快建设全球数字经济标杆城市目标为统领，突出首都特色，统筹产业发展和政府治理能力现代化需要，拓展数字化手段在公共管理服务中的多场景应用，在数字服务、数字监管、数字营商等方面率先发力，建成具有首都特点的数字政府运行模式。一是以用户为中心打造政府数字服务，整合政策、事项、流程和办理渠道，形成"一次告知、一表申请、一口受理、一网通办"的服务模式。截至2023年，北京市已建立覆盖四级的网上政务服务体系，拥有3970万名在线用户，几乎所有政务服务都可在市政务服务网上办理，其中97.98%的事项支持全程在线办理，1100余项可通过移动端办理，230余项可通过自助终端就近办理，多项服务实现全国或地区通办。二是在全国率先建立了事中事后"6+4"一体化数字监管体系，采用风险监管、信用监管等多种方式，在餐饮、医疗等关键领域推行场景化监管措施，提高监管的精准性和效率。三是坚持数据赋能改革创新，在建立高位协调推动机制、业务技术双轨推进机制的基础上，建立全流程数据监测机制，由统筹部门建立"一件事"联调测试、系统上线、运维保障、办件情况等全流程数据监测指标，为场景优化提供分析决策依据。四是立足京津冀政务服务协同、北京城市副中心政务服务高质量发展、北京及雄安新区政务服务同城化等重点方向，着力推进区域通办优化协同。2024年以来，北京市围绕"高效办成一件事"，坚持需求导向，选取企业群众生产生活典型场景，陆续推出三批场景清单，在企业开办、科技创新、个人社会保障等方向集中发力。

（二）上海市

上海市近年来持续深化"一网通办"改革，打造出"智慧好办"金字招牌。在"一网通办"个人服务方面，上海市围绕个人出生、上学、就业、户籍、婚育等全生命周期办事需求，对服务事项涉及的各部门内部流程和跨层级、跨部门、跨业务协同办事流程进行重构优化。"一件事"改革、"一业一证"改革、线上帮办制度和帮办微视频、随申码应用场景等创新举措，让政务服务像网购一样方便。在"一网通办"涉企服务方面，上海市持续推动优化营商环境行动方案迭代升级至 7.0 版，为完善企业服务、简化相关流程、加强知识产权保护、确立劳动就业保障、便捷获取金融服务、规范监管执法等提供全方位服务，持续激发各类经营主体的活力。2023 年，上海全年新设经营主体 53.55 万户，同比增长 29.10%；截至 2023 年 12 月底，全市共有经营主体 341.76 万户，其中有企业 289.17 万户，每千人拥有企业 116.80 户，在全国省级行政区划中位居第一。在"一网通办"新技术应用方面，上海市通过应用大数据技术，建立"千人（企）千面"个性化政务服务模式，目前已建成市民主页，截至 2023 年 12 月底，"一人一档"共上线 106 类档案项，"一企一档"共上线 79 类档案项，"一网通办"个人、企业专属空间累计访问超过 596.09 亿次。在"一网通办"跨城服务方面，上海会同苏浙皖三省共同推进长三角"一网通办"，截至 2023 年 12 月底，累计上线 148 项服务，全程网办超过 642.63 万件，实现 37 类高频电子证照共享互认，电子亮证超过 1430.19 万次。

（三）浙江省

党的十八届三中全会以来，浙江实施"四张清单一张网"、"最多跑一次"、数字化、营商环境优化提升"一号改革工程"等重大改革，实施"一件事"集成改革，形成"最多跑一次""掌上办事、掌上办公、掌上治理"等典型政府治理模式，最大限度利企便民，提升行政效能。目前，浙江已构建"1612"体系架构，夯实"平台+大脑"智能底座，打造"改革+应用"重大成果，以数据流整合决策流、执行流、业务流，推动各领域工作体系重构、业务流程再造、体制机制重塑。2024 年以来，在国家"高效办成一件事"政策的指引下，浙江省率先推动关联性强、办理量大、企业获得感高的多个事项与营业执照"一件事"等集成办理，实现"一次办好、一次不跑"。

（四）福建省

福建省积极发挥数据作为新的生产要素的关键作用，围绕公共数据资源汇聚共享、开发利用等开展探索。在法规制度方面，出台《福建省大数据发展条例》，制定实施《福建省政务数据共享管理实施细则》《福建省公共数据资源开放开发管理办法（试行）》等。在平台建设方面，建成省、市两级公共数据汇聚共享平台，实现全省政务信息系统"应接尽接"，建成省公共数据资源统一开放平台，面向社会统一提供公共数据开放服务，建成省公共数据资源开发服务平台，采取"原始数据不出平台、结果数据不可逆算、可用不可见"方式，向企业提供全省、全目录、全口径的公共数据开发服务。

四　深圳数字政府建设成效

（一）持续优化"一网通办"，升级城市智慧化服务体系

深圳是全国最早一批全面完成"一门一网"改革的城市，近年来通过推动线上线下服务平台和渠道深度融合，构建一体化整体式服务体系。线下"一门"方面，深圳建立了市、区、街道、社区等四位一体、标准统一的线下政务服务体系，实现全市 1 个市级政务服务中心、11 个区级政务服务中心、74 个街道便民服务中心、668 个社区便民服务站全覆盖，推行政务服务事项集中进驻、综合受理、全市域通办，让企业群众办事"只进一扇门"。线上"一网"方面，深圳建立一体化政务服务平台，实现政务服务事项100%网上办，持续优化统一身份认证、统一事项管理、统一电子证照、统一电子签章、统一"好差评"等在线服务功能，让企业群众办事"只上一个网"；同时大力推行政务服务"指尖办"，持续运营"i 深圳"App，汇聚

服务超 8500 项，月活用户超过 1100 万名，"i 深圳"微信公众号订阅人数近千万，总阅读量超 6.5 亿次，相关指标稳居全国同类移动政务应用前列。

深圳也是全国首批推进数据驱动智慧政务改革的城市之一。一是在全国首创"秒批"改革，推动从基于材料分析的审批向基于数据比对的审批转变，实现"无人干预自动审批"。二是率先推出"秒报"改革，通过数据自动填充、电子材料自动推送，实现政务办事"免填免报"。三是推出申报侧"秒报"与审批侧"秒批"相融合的"秒报秒批一体化"政务服务模式。通过一系列的创新，全市已实现 375 个事项"秒批"、838 个事项"秒报"、288 个事项"秒报秒批一体化"，打造全流程智能化、高体验的政务服务。四是推出政务服务"免证办"，打造"无实体卡证城市"，在政务办事领域实现 592 类证照电子化替代，覆盖企业群众生产生活 90% 以上常用证照。五是推进政策补贴"免申即享"改革，上线"政策补贴直通车"平台，实现 780 个政策补贴事项集中汇聚、165 个政策补贴"免申即享"，打造了政策补贴精准匹配、主动推送、快速兑现的服务模式。

作为中国特色社会主义先行示范区和粤港澳大湾区的核心引擎城市，深圳持续加强跨域政务服务合作，助力区域协同发展。一是大力推进跨城通办和跨省通办，通过线上"跨城通办"专区和线下"跨城通办"专窗，支持办理广州、珠海、惠州、东莞等 11 个省内地市 1346 个政务服务事项，与哈尔滨、温州、南昌、赣州、宜春、西安、乌鲁木齐等省外城市开展跨省通办合作，共计可办理 2713 个政务服务事项。二是持续推进深港澳政务服务合作，在前海和河套建设"港澳 e 站通"，实现港澳服务"线下办"，并将"港澳 e 站通"延伸到香港，为港人港企提供包括"注册易"、"办税易"、"社保通"及深港跨境"一件事"等在内的高频政务服务快捷办理，同时"i 深圳"App 上线繁体字版港澳服务专区，支持港澳居民基于来往内地通行证或内地居住证完成在线身份认证，可提供社保、公积金、出入境、预约挂号、交通出行、住房业务等 86 项在线服务，以及城市综合资讯和投资、文体、旅游、教育、办事指南查询等 160 余项服务，港澳注册用户超 6 万人。

在优化国际化营商环境方面，深圳持续推出多语种政务服务。2023年，市、区政务服务中心实现多语种服务窗口全覆盖，"i深圳"App上线英语、阿拉伯语、日语、韩语、法语、西班牙语、德语、俄语、葡萄牙语等9种外语服务，围绕出入境、就业居留、投资创业、文体旅游、教育培训等高频涉外事项提供"一站式"掌上服务。中国发展研究基金会与普华永道联合发布的《机遇之城2023》报告显示，深圳国际营商环境已位居全国第一，目前，深圳正朝着国际新型智慧城市标杆和全球数字先锋城市目标持续迈进。

（二）持续拓展"一网统管"，完善城市精细化治理体系

2023年，深圳市发布《深圳市推进政府治理"一网统管"三年行动计划》，围绕经济调节、市场监管、社会管理、公共服务和生态环境保护等五大职能，创新管理模式，优化业务流程，打造城市级"一网统管"决策指挥平台（以下简称"'深治慧'平台"），建成"1+6+N"的"一网统管"整体架构。

一是建成以"深治慧"平台为基础的多跨治理应用体系。搭建城市运行、政务服务、指挥调度、数字孪生、科学决策五大业务中心，建立大、中、小屏应用门户，接入了328个应用系统，上线经济运行、生态环境、住房发展、基层社会治理、应急指挥等21个应用专题，建成"经济形势分析会"、城市生命线、电力充储放一张网、地下综合风险孪生一张图等多个跨部门、综合性的应用场景，全面提升城市风险防控和精细化管理水平。

二是打造城市级数字孪生应用。基于统一的城市数字孪生底座打造"多跨"应用场景，推出系列"CIM+""BIM+"数字孪生应用，重点围绕经济发展、城市建设、城市治理、民生服务、可持续发展等五大领域，打造"多跨"应用场景，上线超200项"CIM+"应用场景。

三是以城市运行指标为核心打造城市运行监测体系。围绕综合性的跨域指标和经常使用的高频指标，根据"一数一源""一指标一方案"动态管理机制，上线人、企、城、政四大类1000项城市运行重点指标；推动"指标+专题"建设，全面展示各领域基本情况和运行状态，提升"一图全面感

知、一键可知全局、一体运行联动"的智慧化管理服务能力，助力城市治理从"经验治理"向"科学治理"转变。

四是创新改革民生诉求服务。通过建设一个信息平台、编制一张职责清单、建立一套运行机制、打造一个红色引擎，建立以"@深圳—民意速办"为主渠道的民生诉求一体化平台，构建起"纵向贯通、横向协同、智能管理、民意速办"的民生诉求运行管理体系，推动民生诉求"快解决、真解决、彻底解决"，不断增强企业群众的获得感、幸福感、安全感。

（三）持续深化"一网协同"，构建政府数字化运行体系

以"集约化建设+平台化运营"为理念，建立跨层级、跨部门、跨业务的一体化协同办公体系，实现更多领域、更大范围、更深层次的党政机关一体化协同办公。目前已取得三大成果。

一是以市可信统一身份认证管理平台为"一网协同"唯一身份认证来源，打造一体化协同办公平台，联动党委、政府和人大、政协部门，实现办文、办会、督办等工作跨层级、跨部门、跨业务联动，提升协同工作效能；先后上线"深圳信息"小程序和"决策督办"模块，实现了市政府决策事项台账管理、持续督办、完成销号和落实情况集中化、可视化、动态化展现。

二是打造"深政易"平台，面向公务人员提供统一即时通信、流程协同和应用接入的总门户，开通用户超27万人，日均用户活跃率为73%，党政机关使用覆盖率达100%，累计接入应用达到310个，基本实现"只进一扇门，能办所有事"。

三是探索"人工智能+一网协同"应用创新。在一体化协同办公平台嵌入公文智能辅助写作功能，支持办公人员在拟稿时可选择依标题和提纲、依标题和关键字、依范文三种不同方式自动生成公文，实现"AI+政务办公"初探索。

（四）持续扩大"一网共享"，健全一体化数据资源体系

按照全国一体化政务大数据体系建设要求，深圳依托城市大数据中心打

造数据共享平台，纵向对接国家和广东省，横向联通各区、各部门，形成贯通国家、省、市、区四层数据通道，发布资源目录数达 1.8 万类，归集数据总量达 226 亿条，回流共享国家部委数据 220 类、省级数据资源 196 类，国家部委数据接口累计调用量达 4.3 亿次。在此过程中，深圳持续完善数据资源体系，建设人口、法人、基础地理、房屋、证照、信用等六大基础数据库，形成覆盖 2143 万人口、406 万法人、1657 万房屋、860 类 10737 万张有效电子证照和 19 亿条包含公共信用信息在内的数据资源，实现"人、法（人）、房、地、物、事"等城市治理要素与行业数据关联，有效支撑政务服务效能提升和城市治理模式创新。同时，为促进全市各部门数据有效开放与价值创造，深圳打造了全市数据开放平台，累计开放数据总量超 28 亿条，推动灾害性天气预警、降雨量实时信息、经营异常名录、城市道路信息等数据高频使用，数据接口累计调用量均在 150 万次以上，形成持续更新的公共数据开放环境。

五　深圳数字政府建设现存问题

（一）政务服务精准、主动化水平仍待提升

一是政务服务仍存在"查找繁、办理难"的情况，"找不到、看不懂、不会办"的办事痛点堵点反复出现；模式创新不足，目前深圳市政务服务仍停留在"申请—办理"的阶段。二是以企业群众需求为导向的政务服务供需对接体系有待建立，缺失企业群众问题常态化收集机制，对用户数据的分析和应用也停留在较为基础的层面，企业群众办事痛点难点与需求难以快速有效转化为政务服务改革举措。三是新技术和大数据应用仍不够，政务服务智能化水平仍待提升，政务服务人工智能应用和基于数字化的政务服务模式创新需加快推进。四是目前跨城、跨境协同办事仅覆盖极少量事项，跨区域合作的程度和范围都有待深化，国际化水平仍有待提升。

（二）政府治理整体决策指挥能力有待升级

一是"一网统管"系统对精准决策管理的支撑不够。深圳市在"一网统管"领域已建成了多个系统和平台,投入了大量的人力及资金成本,但由于系统互联互通不畅、数据资源底数不清、数据分析应用不足等,现有平台仍处于"能看不能用"的阶段,对决策制定、精准化智能化管理的赋能不足。二是民生诉求受理分拨和办理处置机制仍有待完善。面对民生诉求量的增长和复杂性的增强,"形式办结"问题尚待解决,职责清单动态调整机制、"一件事"提级办理机制、面向场景的事件分类分级机制有待完善;同时,"类案治理"机制不够健全,群众频繁投诉、平台反复分拨、部门疲于应付的被动局面未得到根本扭转。三是基于大数据、数字孪生、人工智能的治理模式尚未形成。数字孪生平台应用仍较有限,无法利用城市空间底座、数据底座、人工智能资源等开展精准治理。

(三)海量政务数据尚未发挥应有效能

一是贯穿全生命周期的数据治理机制不够完善。数据及时性、完整性、规范性有待提高,数据丰富度、鲜活度、易用性还不高,"一数一源"的数据体系尚未构建完成。二是"信息孤岛"仍大量存在。部门间"数据垄断""数据打架"等现象仍存在,各部门数据未有效汇聚并得到充分利用,现有数据资源难以满足丰富的场景应用需求。三是数据开发利用水平有待提升。由于参与数据应用场景挖掘和数据深度分析的专业力量不足,大多数单位对公共数据的开发仅停留在简单的统计分析阶段。据调研统计,深圳市市局委办单位和区级单位开展公共数据应用创新的比例均不足一半。

(四)新技术应用深度与广度仍需拓展

一是新技术应用不足。深圳市在新技术应用方面具有良好的数字产业基础,但目前人工智能、大数据等技术在数字政府领域的应用探索和亮点不足,尤其是在智能化政务服务、政务大模型等应用领域,尚未形成先进模式。二是缺乏对数字政府领域核心技术应用的持续攻关。如数字孪生、人工智能等技术在数字政府领域的应用缺乏基础性、源头性基础科研投入,对技术在该领域的持续应用升级也缺乏可迭代的投入,一次性工程现象频发。

六 深圳数字政府建设发展建议

（一）培养主动、精准、智能化的政务服务能力

以"高效办成一件事"为抓手，推动政务服务能力升级。一是拓宽"高效办成一件事"需求沟通渠道，建立健全企业群众需求应用机制，破解诉求不落地、难转化的痛点，为政策和决策制定、个性化服务、提前预警开展等提供科学依据。二是深化政务服务指尖办、免申办、就近办、视频办，推进"秒批""秒报""AI+民生诉求"等建设，强化政策和诉求精准匹配。三是推进政务服务由"被动受理"向"主动服务"转变，建立基于人工智能等技术支撑的主动服务体系，加强问题发现、需求精准匹配，实现千人千面服务，培养面向不同人群、不同场景提供个性化服务的能力。四是加强跨地域、跨层级合作，持续升级优化"i深圳"多语种版本，完善外资企业和外籍人士场景化集成服务，提升国际化服务能力。

（二）健全整体、协同、精细化的城市治理机制

构建基于"一网统管"、数字孪生的超大型城市精细化治理路径。一是持续完善"一网统管"多级联动指挥体系，强化市委、市政府、区与街道跨层级运行体系的事件处置机制协调联动，针对业务碎片化、流程不统一、工作不协同等问题，建立业务流程和应用功能定期评估优化制度机制。二是构建数据驱动、人工智能赋能的城市运行指标监测预警模式，围绕城市运行指标和市委、市政府重点任务指标开展常态化监测，智能发现异常数据，开展综合性比对分析和预测，向相关部门推送线索，辅助各级领导决策。三是强化"民意速办"体系的数据综合分析能力，推动民生诉求业务运营向业务办理与数据分析、风险发现并重发展；依托"深政易"平台，开发民生诉求重点关注报送模块，优化提升各领域公共服务供给，推动水、电、气等公用事业高频服务事项接入政务服务平台。四是深化以数字孪生为基础的城

市治理能力，加强地下、地面、低空、空中等全空间数字化治理，提高城市安全风险感知预警与防控能力，实现城市安全韧性。

（三）建立共享、开放、可赋能的数据服务能力供给体系

围绕数据"供得出""流得动""用得好"构建数据服务能力供给体系。一是探索推动数据职能改革，围绕数据采集、治理、共享等关键环节，明确各部门应履行的数据相关职能职责，探索政府部门由"三定"向"四定"转变。二是健全公共数据全生命周期治理体系，建立全市一体化公共数据资源目录，深度推进"一数一源一标准"治理，逐项明确权威数据来源，推动数据资源汇聚整合，实现全市公共数据资源"一本账"和长效治理。三是加快推进以 CIM 平台为核心的全市统一数据底座建设，开展基于数字孪生的城市数据标准体系建设，构建城市信息模型标准、数字城市语义字典、数据管理和数据接口规范等标准体系，打破"信息孤岛""数据烟囱"。四是加快公共数据资源化、要素化、市场化改革，持续深入开展"数据要素×"行动，探索城市数据空间建设，促进电信、交通、能源、征信、医疗、教育、文化等领域开放应用场景，深化公共数据授权运营，以数据资源共享开放和开发利用激发融合创新应用。

（四）培养创新、适用、可迭代的技术支撑能力

深化大数据、人工智能、数字孪生等新一代信息技术在数字政府领域应用落地。一是推进"AI+政务服务"改革，探索"AI+政务大厅"，围绕政务服务窗口受理、审批、管理等场景，规划智能导办、辅助填表、辅助预审等功能，降低企业群众办理成本，解放工作人员生产力。二是打造"深小i"政务服务助理，打造集咨询问答、政策解答、关联推荐、主动提醒、辅助申报等智能服务于一体的智能助理，围绕住房、入学等高频服务场景，推动拟人化智能语音交互办事。三是深化"AI+一网统管"建设，持续提升智能中枢支撑水平，推进基于人工智能等技术的智能分析、智能调度、智能监管、辅助决策，提升政府科学决策能力。四是深化"AI+一网协同"建设，

持续推进政务办公大模型训练，培养围绕分类办文场景下的公文模型生成能力，提升政府办件效率。

参考文献

王益民主编《数字中国 200 问》，中共中央党校出版社，2022。

《市政务服务数据管理局　市发展改革委关于印发深圳市数字政府和智慧城市"十四五"发展规划的通知》，深圳市政务服务和数据管理局网站，2022 年 6 月 8 日，http：//www.sz.gov.cn/szzsj/gkmlpt/content/9/9867/post_9867741.html#24641。

《刘佳晨在〈中国领导科学〉杂志发表署名文章：数字政府引领三位一体的数字深圳》，深圳市政务服务和数据管理局网站，2021 年 3 月 18 日，https：//www.sz.gov.cn/szzsj/gkmlpt/content/8/8637/post_8637078.html？jump＝fals#19236。

蒋威威等编著《新型智慧城市理论研究与深圳实践》，中国发展出版社，2021。

《深圳：为民服务提质增效　城市治理无微不"智"》，深圳新闻网，2024 年 6 月 23 日，https：//www.sznews.com/news/content/2024-06/23/content_31035264.htm。

B.3

深圳市"CIM+数据一体化"实施路径探索及案例分析

陈志浩　王　淼　杨　扬*

摘　要： 本报告全面阐述深圳市"CIM+数据一体化"推进的理论意义和实践价值、面临的问题分析、实施路径探索及案例分析。当前，深圳市出台系列政策规范、技术指引，各区、各部门基于"两级平台、四级应用"架构深入开展 CIM 平台和应用建设，融合接入各类业务数据，推进数字孪生先锋城市建设百花齐放。但"CIM+数据一体化"仍存在顶层机制体制方面尚未完善、平台技术架构有待进一步完善、智慧场景建设障碍较大等问题。针对以上问题，本报告对深圳市"CIM+数据一体化"下一步实施路径进行探索，多角度提出意见。最后详细介绍深圳市大鹏新区在"CIM+数据一体化"方面的实践经验，大鹏新区坚持打造以 BIM/CIM 技术为核心的数字孪生先锋城区，结合 AI、IoT 等手段，在坝光片区规建管、森林防火、山地救援、招商引资等领域形成有效应用，为各地推动"CIM+数据一体化"提供了大鹏样板。

关键词： 数字孪生　数据一体化　CIM 场景应用　数据安全

　　为加快建设数字中国，构建以数据为关键要素的数字经济，推动实体经济和数字经济融合发展，深圳市在全国先行示范，将"CIM+数据一体化"

---

* 陈志浩，深圳市大鹏新区政务服务和数据管理局党组成员，副局长，主要研究方向为计算数学、网络安全；王淼，硕士，深圳市大鹏新区政务服务和信息中心应用推进部部长，主要研究方向为情报学；杨扬，博士，深圳市社会科学院国际化城市研究所助理研究员，主要研究方向为城市管理、营销学。

作为深圳市数字城市突破的关键切入点,加快推进以数字孪生为特点的智慧城市和数字政府建设,努力打造"数字中国"城市典范。

深圳数字城市建设围绕"CIM+数据一体化",着力在经济、社会、民生、安全等方面,不断以数据、技术、场景的深度融合助力城市共建、共治、共享。

总体上,全市域统一时空信息平台(以下简称"CIM平台")在深圳数字城市建设中扮演着至关重要的角色。它以全面的数据支持和集成应用能力,为城市治理、发展和决策提供了强大的支撑。未来,随着数字技术的不断进步和应用,CIM平台有望进一步完善并推动数字城市建设迈上一个新的台阶。

为了更好地运用CIM平台及相关数字孪生技术助力数字城市建设,深圳市深入调研各部门信息化建设情况,客观评估现阶段的短板和不足,同时从实际出发,围绕"CIM+数据一体化"实施路径规划,探索下一步信息化建设的方向。

一 深圳市"CIM+数据一体化"推进的理论意义和实践价值

(一)理论意义

从行业发展趋势上看,数字孪生技术在智慧城市中与各行各业相结合已经成为一种建设趋势。在2023数字孪生先锋城市创新大会上,国际欧亚科学院院士、北京大学教授、博士生导师邬伦提到"'数字孪生'不再仅仅是一种技术,而是成为一种发展新模式、一个转型的新路径、一股推动各行业深刻变革的新动力"。

当前数字孪生技术主要应用于城市规划设计和城市管控平台领域,并逐步推广至智能制造等新领域。在未来潜在重点应用领域中,城市规划设计和城市管控仍将是主要研究内容,即通过建构一种统一的、可拓展地域的平台模式，广泛应用于国内智慧城市建设，以数字孪生技术作为平台承载现有重大项目立项、城市规划设计、城市专项管理等城市规划、建设、运行全过程。通过统一的平台模式有助于降低实际应用成本。

"CIM+数据一体化"的建设在智慧城市和数字政府建设中扮演着至关重要的角色。推进"CIM+数据一体化"建设，不仅有助于指引深圳的发展方向，还具有以下理论意义。

首先，结合深圳信息化现状，规划深圳 CIM 平台的建设方向，统筹深圳 CIM 平台的建设行动计划，将有助于确保与深圳市未来的发展规划一致，保持建设趋势的先进性，实现一体化智慧城市的可持续发展。

其次，通过梳理深圳市关于 CIM 平台的最新现状和建设趋势，识别基于 CIM 平台的数据采集和共享使用情况，有利于指导下一步的业务和数据建设，并推动深圳实现"CIM+数据一体化"的建设和应用，提高数据管理和分析的效率，优化城市运行和管理。

再次，有利于结合现有资源和特色，实现数据和能力的互联互通，通过构建 CIM 平台能力体系和丰富应用场景，为深圳智慧城市和数字政府建设提供支持，促进深圳发展的智能化和可持续性，提升居民的生活质量和城市的竞争力。

最后，建立健全联动管理和协同机制，通过数据和能力的互联互通，在 CIM 平台上构建丰富的应用场景，有利于实现不同部门和行业之间的跨界合作和联合管理，推动城市治理的一体化和跨界联动，提高城市的整体协同运行效率，提升市民服务水平。

（二）实践价值

近年来，深圳市在加快推进以数字孪生为特点的智慧城市和数字政府建设方面取得了显著进展。CIM 平台在智慧城市和数字政府建设中具有以下优势和作用。

首先，CIM 平台为城市发展提供了可靠的平台和数据支持。通过收集和整合城市各类数据，CIM 平台能够提供各种数据指标和趋势分析，为决策者提供科学依据。这不仅有助于实现城市可持续发展的目标，还能提升城市各领域的效率和质量。

其次，CIM 平台的集成应用能力对于解决城市管理中的复杂问题至关重要。通过横向集成不同领域的数据和纵向集成不同层级的数据，平台能够形成全面而细致的数据模型，为城市管理者提供全局和局部的数据关联和集成。凭借这些数据模型，决策者可以更好地理解城市系统的运行和互动规律，从而制定更有效的政策和措施。

最后，CIM 平台还能推动城市数据的共享和协同利用。在城市建设过程中，各个部门和系统产生的数据往往孤立且分散。通过建设统一数据底座，这些数据可以按照统一的数据标准进行整合，实现数据的共享和交流。这样，不同部门之间的协同合作将更加高效，城市发展的各个领域也能够更好地互相配合和联动。

由于数字技术的发展具有变化性和不确定性，需要不断优化 CIM 平台系统设计和功能架构，更好地适应不同的应用场景和需求，为智慧城市和数字政府建设提供更有效的技术支撑。

同时，深圳市为加快推进以 CIM 平台为核心的统一数据底座建设，从政策规范和技术指引方面出台多个文件，并对各区各部门提出了建设考核要求。

在政策规范方面，2021 年 12 月，《深圳市人民政府办公厅关于印发加快推进建筑信息模型（BIM）技术应用的实施意见（试行）的通知》（深府办函〔2021〕103 号）中明确要求各区存量及新增 BIM 模型需导入 CIM 平台及对 BIM 模型的数据要求。深圳市计划加快推进 CIM 平台建模及应用，后续每年持续迭代推出新版本，争取用 2~3 年时间建成全国领先的 CIM 平台及可支撑城市规划建设管理的各类智能化深度应用。

2023 年 2 月 14 日，深圳市《政府工作报告》中提出："高标准打造智慧城市。夯实以城市信息模型为核心的全市域统一时空信息平台和数字化底座，建设城市级物联感知平台，有序建设全自主可控的数字孪生城市和鹏城自进化智能体。""深化政府治理'一网统管'，拓展基于全市域统一时空信息平台的深度应用，新推出智慧化应用场景 30 个以上。"

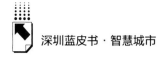

2023 年 6 月，深圳市人民政府办公厅印发《深圳市数字孪生先锋城市建设行动计划（2023）》，明确提出："按照'两级平台、四级应用'架构，打造'1+11+N'CIM 平台体系，建设 11 个区级平台，N 个部门级、行业级、重点片区级平台，实现能力统一供给、应用多级建设。"

在技术指引方面，2019 年，深圳市可视化城市空间数字平台总体设计工作高标准完成，经多位院士、专家评审，总体设计结构清晰、内容完备翔实、可操作性强，具有前瞻性和创新性，达到国际领先水平。

2022 年初，深圳市开展 CIM 平台压力测试与技术论证工作。通过对深圳 BIM/CIM 建设应用情况的全面调研和深入分析，结合必要的平台测评和压力测试，组织专家评议和论证，形成《深圳全市域时空信息平台（CIM 平台）总体技术方案》，明确了深圳市"十四五"期间 CIM 平台的建设目标、总体架构、技术路线、核心技术指标及技术方案。

深圳市发布《深圳全市域统一时空信息平台两级平台建设指引》，要求市政务服务和数据管理局作为深圳市 CIM 平台牵头单位，按照"两级平台、四级应用"总体架构持续推动 CIM 平台建设。该指引明确提出，深圳市负责一级平台建设，各区按需拓展二级平台建设。

深圳市发布《建筑信息模型数据融合全市域统一时空信息平台技术规范》，规范了建筑信息模型导入 CIM 平台的数据要求，明确了 CIM 平台提供合格的建筑信息模型成果要求。

综上所述，深圳市 CIM 平台在建设过程中已取得阶段性成果，并推行了相关的政策规范、技术指引等文件进行保障，为推动深圳数字孪生产业乃至数字经济的高质量发展带来更多可能。

综合行业发展趋势和深圳市目前的智慧城市发展战略，深圳市推进"CIM+数据一体化"的优化建设具有重要理论意义和实践价值。

二 深圳市"CIM+数据一体化"面临的问题分析

总体来看，目前深圳市基于 BIM 精细化建模的 CIM 平台建设已初具规模,对城市治理和经济运行的支撑已初见成效,但"CIM+数据一体化"仍在体制机制、技术架构、场景建设等方面存在一些不足。

(一)顶层体制机制方面尚未完善

1. CIM/BIM 标准规范未成体系

截至 2023 年,深圳市在 CIM/BIM 标准规范方面,形成了 4 项平台相关管理制度和 10 项数据和软件标准规范,大部分仍在编制和进一步审核、评审中。目前雄安新区已研究编制 15 项标准,广州市编制了 11 项 CIM 平台建设和应用标准。深圳市住建局已有标准仅包括《建筑工程规划许可分册》《市政工程规划许可分册》《BIM 数据存储标准》《BIM 审批协同标准》,"工程项目全生命周期 BIM 标准体系"以及"平台配套技术应用管理指引"尚在编纂中,但在深圳建设 CIM 平台过程中发现,相关标准存在缺失、不兼容甚至部分矛盾等现象,导致工作标准不一致、应用对接和数据融合困难等问题。如政数部门牵头的 CIM 体系与住建部门牵头的 BIM 体系,因顶层设计存在一定缺失,在融合对接中仍存在一些问题。

2. 数字孪生数据汇聚存在困难

目前深圳市已建成 CIM 平台,对 CIM 数据进行一定的分类管理,但各部门之间未形成联动有效的汇聚共享机制。

在基础地图数据方面,全市倾斜摄影数据整体现势性不高,倾斜摄影数据更新周期长、数据处理时间长,基础地图更新不及时;地下管线数据为保密数据,需要基于严格的保密解决方案实现 CIM 平台融合,共享使用流程烦琐,无法高效支撑业务场景;市、区、街道的三级空间数据更新机制不健全;未形成 BIM 汇聚共享使用的有效机制;各部门在新项目中新产生的BIM 模型,仍然分散在各行业领域,未及时有效汇聚。

一些关键重要的公共服务类数据,如水、电、气、热等民生保障数据尚未实现共享,仍存在一定的"部门墙"。

一些部门信息化程度不足,核心业务尚未实现数字化,数字化程度低,可在线共享的数据少,大量数据仍以文本、表格等离线形式存在。

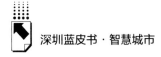

全市物联感知整体覆盖率低,感知密度不够,与雄安新区"每平方公里有 20 万个传感器"的标杆目标存在较大差距,"数字孪生、万物互联"仍有大量工作需要开展。

3. 存在市、区重复建设现象

深圳已初步形成了主—分节点"两级平台"的 CIM 架构,支撑市、区、街道、社区"四级应用"。由于目前各区、各部门主要围绕自身业务建设智慧应用,全市 CIM 建设和应用的统筹力度不足、沟通协调不到位、技术整合难度大,尚未形成跨层级、跨区域、跨系统的应用协同体系。部分应用未使用已建成的统一数据服务能力,采集的数据也未纳入市时空数据共享体系。此外,由于过度强调市、区两级财政体系,大量的市级应用未按区进行切分后授权给各区使用,存在市、区重复建设现象。

(二)平台技术架构有待进一步完善

1. 市、区存在大量异构基础平台,整合共享难

在市、区分级建设模式下,市、区存在大量异构基础平台,个别区或部门过于追求"炫酷"的渲染效果,各平台技术标准、数据支撑能力数据共享方式不同,对市、区联动共享,区、区协同联动等造成直接影响。

2. 高渲染平台开发能力差、开发成本高

高渲染平台在服务器端渲染后通过视频流方式向用户电脑端传输,开发数量受服务器限制,与大规模用户并发使用的需求仍存在较大差距,一些平台暂不支持集群;此外,高渲染服务器价格昂贵,渲染效果依赖后期对模型精修制作,但模型精修费用较高,部分高渲染平台的升级更新需重新配准平台上所有模型,平台更新代价过高。

3. 不同来源三维数据融合能力有待提升

CIM 平台作为空间信息服务于智慧城市建设的载体,一方面需承载并发布城市空间信息资源;另一方面需整合、调用各种信息资源,通过空间计算与表达的形式支撑智慧城市决策。在 CIM 平台数据集成能力方面,倾斜摄影实景、激光点云、BIM、竣工验收图件等不同来源三维数据融合能力有待

提升，电子政务与空间数据集成能力有待提高；在数据融合与分析方面，数据来源相对单一，而且仅依靠传统信息技术难以快速挖掘、提炼时空数据，亟须利用"天—空—地—海"一体化动态观测网络来强化深圳市对地理空间的观测能力，利用物理感知网络，培养空间数据与动态数据的实时融合处理能力；在共享能力方面，亟须提升平台对于室内外导航、高精度定位、物联网（IoT）及云计算等相关共性技术的融合能力，实现可视化空间平台的全面云化。

4. 与其他重要基础平台的关系有待理顺

按照目前深圳市规划架构，空间化数据基本存储于 CIM 平台，为保障访问速度等，往往本应存储在大数据平台中的大量结构化数据也存储在 CIM 平台中，这不仅造成重复存储、资源浪费，也容易导致权责不清等问题。

5. 缺少高效可用的掌上 CIM 平台

在移动互联网时代，考虑到数据安全问题，全市层面尚未建成高效可用的掌上 CIM 平台，领导决策、应急指挥仍需在指挥中心或会议室实体开展，无法有效支撑移动决策和指挥调度。

6. CIM 体系未充分融入社会 CIM 平台

目前全市 CIM 体系仅限于政务网的私有化部署体系，未考虑将高德、百度等成熟的、面向公众的、融合大量社会数据的社会 CIM 平台纳入体系内，面向公众服务的 CIM 平台支撑能力弱、场景缺乏，公众无法感受到数字孪生带来的便利和科技感。

（三）智慧场景建设障碍较大

1. 地图更新和场景建设成本居高不下

目前，基础地图更新的成本仍居高不下，在财政资金紧张的大背景下，基础地图数据无法及时有效更新，对部分时效性强的应用造成直接影响；高渲染等场景建设成本仍过高，基于高渲染场景的汇报，无法常态化开展。

2. 场景应用与空间结合度不够

目前各单位现有的信息系统普遍停留在单纯的数据看板层面，局限于数

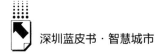

据的统计和展示，在三维空间数据的综合应用上相对薄弱，缺少基于 CIM 平台或相关 GIS 地图的空间分析，未充分发挥 CIM 平台的整体效用。

3.跨部门、跨层级超级场景应用少

不同部门和系统之间存在信息壁垒和冲突，且缺乏协调机制和有效的跨部门合作模式，导致基于 CIM 平台的跨部门、跨层级应用少，尚未充分发挥 CIM 平台作为城市级数字底座的协同联动支撑作用。

三 深圳市"CIM+数据一体化"实施路径探索

（一）完善 CIM 平台工作机制，规范数据标准及使用流程

目前深圳市已印发《深圳全市域统一时空信息平台建设应用管理规范（试用版）》，明确了平台建设、地图数据生产、BIM 模型、应用建设、CIM 平台建设等各方职责分工，以及 CIM 平台数据、应用建设运营等方面工作流程和要求。深圳市各区应根据"两级平台、四级应用"架构，出台区级管理办法，形成市、区两级管理制度体系，不断提高时空相关数据管理和共享服务水平。

针对市面上众多标准不一、效果不同的高渲染平台，尽快出台全市统一的高渲染平台的技术架构标准，对渲染效果、响应时间、数据标准、平台版本等技术参数进行统一和明确，确保高渲染平台与 CIM 平台的标准数据服务完全融合，且能在技术变革中不断进行自我进化和版本迭代，不再是封闭的平台和数据体系。

在各区域城市的智能化建设中，深圳市各政府部门对于业务数据和空间数据均有一定的需求。为了实现数据互通共享，可以利用 CIM 平台作为统一数据底板，汇聚政府部门相关数据，规范数据标准和使用流程。而 CIM 平台是针对城市数据汇聚、整合和管理的一种数据平台。CIM 平台的建设，可以实现各政府部门的数据汇聚和共享。并且可以规范各政府部门的数据标准，建立数据使用流程，加强建设统筹，推进制定 CIM 平台运行管理办法

和建设指引，形成空间信息资源交换、共享和更新的管理机制。

针对 CIM 平台的数据采集、存储、使用和服务等内容，可以启动标准规范和技术导则的编制。通过编写"CIM 平台业务数据空间数据规范制度""CIM 平台数据申请流程规范"等文件，可以指导 CIM 平台与多源异构数据一体化融合导入工作。与此同时，为了确保应用场景的应用深度，申请的数据除了以接口的方式共享外，还应当根据实际应用场景考虑其他共享方式，这将有助于提高数据的准确性和实时性，规范数据的共享和使用流程，形成双向的数据互通机制，提高数据在治理各主题场景的智能化应用中的价值。

（二）探讨数据分级加密的实施路径，推动数据共享

由于各政府部门对于"CIM+数据一体化"建设和应用的需求涵盖了政府审批、地下空间、水、电、燃气、传感器等有严格限制的公共数据，因此，建立与 CIM 平台相配套的分级加密数据管理制度和共享机制迫在眉睫。这需要制定完善的数据分级加密技术支撑措施，并设立严格的保密解决方案，以确保数据的安全性和合规性，实现敏感数据的分级共建共享，推动数据共享的发展和合理利用，进一步提升城市的智能化建设水平。借助先进技术，在保证数据安全的前提下，提升数据的价值和应用效果，为决策提供更准确的依据，为城市治理和民生服务提供更好的支持。具体建议如下。

明确数字孪生数据服务底层架构体系。尽快厘清深圳市、区两级 CIM 平台与大数据平台之间的关系，避免重复存储，推动形成由大数据平台统一存储和提供空间数据、CIM 平台发布空间数据的数字孪生数据服务架构。

制定严格的深圳市数据安全标准。建立明确的数据安全标准和规范，确保所有涉及保密数据的处理都符合法规和政策要求。这包括对数据收集、存储、传输和处理的详细规定，以及相关的权限管理。

引入先进的加密技术。采用先进的加密技术，对敏感数据进行端到端的加密，确保数据在传输和存储过程中不被窃取或篡改。同时，定期更新加密算法，以适应不断演变的安全挑战。

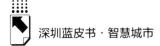

建立严格的访问控制机制。设立详细的访问权限，利用身份验证、双因素认证等手段，确保只有经过授权的人员才能够获取敏感信息。经过 MD5 加密处理用户密码，任何用户和系统管理人员以及维护人员都无法读取用户密码。禁止用户使用过于简单的密码。

实施数据监控和审计机制。建立数据监控系统，对数据访问和操作进行实时监测。通过审计机制记录数据的使用情况，及时发现潜在的安全问题，并对违规行为进行追踪和处理，同时采用日志管理方式，基于数据库生成用户操作和访问日志。

强化标准指引。按照深圳市 CIM 平台标准要求，按照"DSG（数据安全治理能力）""DSMM（数据安全能力成熟度模型）"等标准和方法论指引，从数据安全管理体系、数据安全技术体系、数据安全运营体系等维度，开展安全建设，同时按照集约化、中台化思路，考虑使用政务云提供的统一密码服务以及对应的密码等相关工具。

（三）共建 BIM 数据统筹共享新机制，促进各阶段高效协同

当前，各政府部门的 BIM 模型归口单位存在差异，主要分布在深圳市住建局、交通运输局、水务局、应急管理局等部门。为实现"一数一源，数出一门"的工作目标，需要共建深圳市 BIM 数据统筹共享新机制，确保各部门间 BIM 数据的无缝对接、实时共享，以促进设计、施工、运维等各阶段的高效协同。

首先，确立数据共享的原则，如数据标准化、安全性、完整性、时效性等，确保数据质量和安全；其次，采用如 SZIFC 等通用的 BIM 数据交换标准和数据格式规范，确保不同软件平台间数据进行格式转换后仍能互相识别和共享；再次，制定详细的操作流程和责任分工方案，明确各部门在 BIM 数据统筹共享中的职责和协作方式，生产单位在模型生产出来后需进行模型自查，审查单位需对模型进行质量检查，避免在后续落图过程才发现模型质量问题再返工，严重影响工作效率，数据服务单位对 BIM 模型格式转换后进行 CIM 平台融合和服务发布，确保工作流程的顺畅；最后，定期组织跨部门交流机

制，让相关部门共同讨论问题、交流经验，以便于更好地理解对方的需求和困难，鼓励成员分享经验和工作成果，促进部门间的沟通和理解。

（四）探索基于 CIM 平台的"应用超市"，使市级应用直达区、区级应用直达街道

深圳市在统筹推进 CIM 平台建设的同时，还需要积极探索基于 CIM 平台的"应用超市"，打通数据和应用的壁垒，使市级应用直达区、区级应用直达街道。

首先，这一框架需要整合深圳市 CIM 平台共享的和现有的各类城市数据资源，包括地理信息、城市规划、公共设施、交通网络等，形成一个全面、准确、实时的城市信息模型。通过这一数据底座，能够实现对城市运行状态的实时监控和预测，为各类应用提供数据支持。

其次，要在 CIM 平台上打造一个"应用超市"的概念，这意味着需要汇聚各类城市管理和服务应用，包括但不限于公共安全、环境保护、交通旅游等。这些应用通过统一标准在 CIM 平台上进行建设，形成超市里上架的一个个"商品"，留有标准的接口供第三方调用，实现数据的共享和互通。同时，CIM 平台还需要提供一套完善的应用管理和审核机制，确保应用的质量和安全性。

最后，实现市、区级应用直达街道的功能。平台各级应用场景在建设过程中应按照一线基层需求进行场景切分，将深圳市、区级层面的场景应用直接下沉到街道层面，街道管理人员可以通过应用申请审批后直接访问和使用这些应用，实现对辖区内的各项业务场景进行高效、精准的管理和服务。同时，CIM 平台还需要支持数据的实时更新和同步，确保街道层面能够获取最新的城市信息，真正实现"两级平台、四级应用"，让信息化建设成果真正服务于一线实战。

（五）"IoT+CIM"，提升城市感知能力

CIM 平台与 IoT 的融合是"CIM+数据一体化"建设中的关键要素，将进一步提升城市管理的智能化水平，实现更高效、可持续的城市运营。IoT

数据能够实时、准确地反映城市的状况和变化，同时 IoT 技术通过连接和集成各种设备和传感器，实现数据的实时传输和互联互通，可以实现对城市内各个领域的综合感知，例如交通、环境、能源等。

通过 CIM 平台与 IoT 的融合，相关城市管理人员可以实时且直观地了解管理区域内的各种指标和数据，更好地了解其运行状况。例如，在深圳市某办事处的车辆引导系统中，交通管理部门可以利用 CIM 平台，通过智能感知设备和 IoT 技术监测交通流量、车辆拥堵情况，并通过智能分析和决策系统实时调整信号灯的配时，优化交通流畅度，提升整体交通效率。

同时，CIM 平台与 IoT 的融合可以推动智能化服务的发展。通过智能感知设备收集的各种数据，深圳市城市相关管理人员可以及时掌握市民的需求和反馈，并通过 IoT 技术将信息传输到相关部门，实现智能化的响应和服务。例如，利用智能感知设备收集到的环境数据，可以实时监测空气质量，并向居民发送相关的健康建议和防护指南。

此外，CIM 平台与 IoT 的融合也有助于提升能源利用效率，促进环境可持续发展。通过智能感知设备和 IoT 技术收集和分析能源消耗数据，深圳市城市相关管理人员可以精确评估能源使用情况，并根据需求和情况进行智能调整和管理，实现能源的优化分配和节约使用。

应构建泛在实时、全域覆盖的物联感知体系。打造"云侧按需调度、边侧高速计算、端侧群智感知"的物联感知体系，实现"云—边—端"同步极速传输。建设深圳市城市级物联感知平台，推动物联感知终端接入和数据汇聚，实现感知数据共享共用，为城市高效运行、协同治理提供支撑。构建泛在高效的物联边缘计算供给能力，分布式部署算法、算力和存储资源，支撑高速率、高可靠和低时延的应用场景。建强城市运行状态物联感知网络，实现城市管理、交通、水务、生态环境、应急安全等领域物联感知终端接入，按需逐步推进摄像头信息融入 CIM 平台，加强城市运行状态感知。

（六）多元共治推动城市治理提档升级

辅助智慧决策，融合海量物联感知数据，实时整合人、事、物等信息，感知测量城市脉搏，监测城市运行体征，认知城市规律，辅助多主体参与城市科学决策。强化公众参与，注重人在城市中的体验与需求，为公众参与提供数字化工具，强化移动端便捷操作和人机交互，公众可基于 CIM 平台的地图评议现状拓展城市空间、反馈城市问题、分享个人生活体验等。响应群众诉求，推动城市治理向服务延伸，以数字化手段辅助解决交通拥堵、停车难、社区服务缺口、老旧小区改造等与居民生活息息相关的治理难点，拓展 CIM 平台面向政府、企业、公众等多用户的"一键直达"便捷服务，实现民生服务的普惠化与便捷化，保障民生福祉。

（七）突破算法壁垒，实现空间数据轻量化

大规模的三维模型数据往往面临挑战，包括存储空间消耗、数据传输速度和渲染性能等问题。目前深圳市 CIM 平台面临数据量巨大影响数据加载显示效率的问题，对应用场景拓展造成了阻碍。为了解决这些问题，三维模型数据轻量化是必要的技术手段，可以有效减小数据的规模，提升系统的性能与效率。三维模型数据轻量化是指通过优化三维模型的表示方式和数据压缩算法，在减小模型数据体积的同时，尽可能保持模型的细节和质量。在当前轻量化过程中，需要在几何压缩、纹理压缩和层次化表示等算法方面实现创新，以实现高效的数据存储和传输，提升渲染性能和用户体验。可探索引入高德、百度等轻量化三维地图数据，纳入深圳市 CIM 平台体系，打破三维地图数据来源单一的原有格局，形成鲶鱼效应，促进各方技术革新迭代。

（八）"AI+"数字孪生，实现治理"自动化"

AI 技术在城市规划中的应用已经展现出巨大的潜力。利用 AI 算法分析大量城市数据，可以为城市规划提供准确的科学依据。这些数据通过深度学习等技术，可以被用于预测城市未来的发展趋势，并优化规划方案。例如，通过 AI 算法对交通流量、人口分布、土地利用等方面的数据进行分析，可以为规划者提供准确的数据支撑，更好地了解城市排放、交通拥堵、土地利用等方面的情况，并且可以节省大量人力资源。以深圳市大鹏新区的沙滩监

测系统为例，借助 AI 识别沙滩游客违规行为，不仅准确度更高，也极大地降低了人员的工作负担，提升了工作效率。同时，利用大数据和算法对城市发展的各种可能性进行模拟和优化，能帮助规划者制定出更为科学和可行的规划策略。

另外，在城市规划中，AI 技术可以运用到基础设施、环境、交通等各个方面。例如，通过对城市基础设施的智能监测和分析，可以发现和预测基础设施故障，从而预防和避免类似事件再次发生。同时，利用 AI 对城市的空气质量、噪声等环境数据进行实时监测和预测，能够实现环境风险预警和管理。此外，在城市交通运输方面的智能应用，例如，交通信号控制和优化能够缓解城市拥堵，提高交通效率。

AI 算法与数字孪生技术结合。数字孪生技术可以将产品的设计、制造和测试等工作全过程模拟出来，提供真实环境下的性能评估数据，AI 算法可通过学习拥有这些数据，强化软硬件深度集成，加速产品周期迭代；同时，数字孪生技术可以通过真实模拟制造出环境，帮助企业识别和解决制造过程中的问题，AI 算法可以通过学习来对数字孪生模型与实际生产环境进行比对和差异分析，为实际生产生命周期的质量保障、预警和预测方面提供支持和保障；此外，AI 算法与数字孪生技术结合可以集成城市内各种设施和智慧化设备的数据，包括交通设施、房屋物业和自动化设备等，形成全部系统的实时可视化把控，逐步分析当前运作态势，提高城市治理效率和智能化水平。

（九）打造双碳时代的绿色低碳智慧城市样板

筑牢生态文明基底，持续完善全域数字孪生时空底座。在此基础上，进一步融合遥感影像、视频数据等信息资源，实现自然资源变化要素的自动化、批量化、快速可靠提取，探索形成自然资源全要素一体化的变化信息监测与提取技术体系，支撑资源环境承载能力和用地适应性评价、国土空间及自然资源的动态监测与综合监管。聚焦"双碳"目标，利用深圳市 CIM 平台开展碳排放数据的精细化监测、多元化分析及可视化应用，展示碳交易轨迹,支持相关政策、减排方案、碳交易方案制定,引导企业间、区域间碳交易,促进实现城市乃至区域层面的碳中和。推动产城人深度融合发展,依托CIM平台建设经济社会运行的新型生态系统,转变城市发展方式,实现绿色发展。

四 深圳市大鹏新区"CIM+数据一体化"实施案例分析

大鹏新区作为深圳市目前唯一的功能新区,围绕"CIM+数据一体化",着力在经济、社会、民生、安全等方面,不断以数据、技术、场景的深度融合助力城市共建、共治、共享。随着智慧城市建设的不断深入,大鹏新区明确了以CIM为核心,在"CIM+数据一体化"实施路径上进行了积极的探索和实践,取得了显著成效。在构建全域空间数字孪生体系的探索中形成的一些大鹏新区典型案例,可以为其他城市提供有益的借鉴,这些案例不仅展示了技术创新与应用成效,更重要的是体现了数据驱动下的城市治理模式的变革。

(一)大鹏新区坝光片区规建管应用案例

坝光片区作为全市21个重点区域之一,被列入深圳建设国家自主创新示范区范围,是深圳成片规划、成片开发的产业区域,大鹏新区依托CIM平台进行规划、建设、运管应用场景建设,助力片区科学建设合理布局。

1.规划专题应用场景

从坝光整体规划的角度,结合坝光片区规划的指标数据,在法定图则基础上叠加图形化数据,包括但不限于整个坝光的海岸线、生态控制线、水产保护区位、地质灾害区域、保护树种等图层及点位数据,实现管理部门直观地对整个坝光地块分析和整体规划;与此同时,通过对整个坝光建筑风貌的可视域分析、天际线分析、地块交通出入口分析和交通组织模拟,实现对坝光具体建筑物和交通方案的论证,辅助规划方案决策。

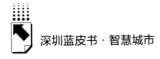
2. 建设专题应用场景

利用 CIM 平台的高逼真的渲染引擎，结合 BIM 建筑模型及倾斜模型、全景信息数据的获取，实现坝光片区新建、待建工程项目的红线信息与空间地块区位的展示，结合系统对整个大鹏新区的待拆迁房屋的布点、建设工程项目进度、督办事项等数据进行呈现，建设专题应用场景。

3. 运管专题应用场景

在 CIM 平台上对坝光片区建成建筑运营情况、交通道路监测、特种车辆监控、生态数据监控、生态无人机巡检等运营及管理内容进行空间化展示，对整个坝光片区运管进行一体化管理。

（二）大鹏新区森林防火和山地救援智慧应急应用案例

大鹏新区拥有丰富的森林资源，森林覆盖率超过 77%，同时也是整个粤港澳大湾区的旅游度假胜地，针对该特殊区情，通过基于 CIM 平台的森林防火和山地救援应用建设，实现了 CIM 技术在智慧应急领域的深度融合与创新应用，提高了应急响应的效率和准确性。

1. 森林防火场景

通过对森林防火资源，包括但不限于周边水源、储水罐、扑火把、消防站等资源点位进行综合落图，一张图了解森林防火应急资源和救援力量分布。同时通过对森林火灾监测视频等传感器进行数据接入，实现实时监测森林温湿度、烟雾、火情等信息，发生异常自动触发预警机制，在 CIM 平台上同步发送预警信息，一旦定位火源位置后，CIM 平台可以结合交通山地路线自动规划出最优的灭火路线。另外，平台可以对历史火情数据进行深入挖掘和分析，找出火情发生的规律和趋势，在地图上呈现火情热力图，为防火工作提供科学依据。

2. 山地救援场景

七娘山作为大鹏新区山地救援的高频区域，结合山体模型对山体的道路、指示牌、视频点位、休息区、4G/5G 基站等基础设施进行落图呈现，对视频、指示牌、信号薄弱点进行算法分析，为后续增补设施提供依据。同时，对常遇险区域进行救援路线规划，根据遇险历史数据，对发生的区域、点位、时间段进行标记，在地图上呈现多种救援方案。

（三）大鹏新区首个特色产业招商会应用案例

在城市发展与区域规划转型升级的压力下，大鹏新区在招商引资和区域经济发展方面，亟须创新解决方案。为此，大鹏新区以坝光片区生物家园项目为试点，打造特色生物医药产业的招商会场景应用，为投资企业提供一份"数字化的名片"，足不出户即可了解片区及生物家园的基本情况和产业政策，实现项目远程对接和促进项目成功招商落地。

1. 宏观层面

首先，通过 CIM 平台展示坝光片区及其生物家园项目的整体规划，包括片区的空间布局、功能分区、交通网络、生态环境等关键信息。投资者可以清晰地看到生物家园项目在整个片区中的位置和重要性，以及它与其他区域的关系。其次，平台对坝光片区的基础设施建设情况进行展示，包括道路、公园、人才房、文体中心等方面的设施，以及它们与生物家园项目的连接和互动，这些基础设施将为项目的运行和发展提供有力支持。最后，平台整体介绍了坝光片区未来的产业发展方向和战略，特别是生物家园项目作为片区重要的生物医药产业载体，将重点发展生命信息、生物医药等国际高端生命科学产业，平台可以呈现这些产业的发展趋势、市场潜力以及提升对投资者的吸引力。

2. 微观层面

首先，通过 CIM 平台，投资者可以深入了解生物家园项目的具体细节，包括项目建筑设计、功能布局、停车场位置、公共食堂、楼内层高、梁间距、电梯配套等方面。其次，通过 BIM 模型与招商数据的叠加，可对每栋楼已入驻公司和待招商区域进行分层详细介绍，可以通过第一人称漫游的方式展示项目各楼栋内部效果，使投资者更直观地了解项目的实际情况。最后，可以利用 CIM 平台的环境模拟功能，模拟生物家园项目在不同天气、不同时间下的环境状况，这有助于投资者了解项目在不同条件下的运营效果，为投资决策提供参考。

B.4
数据治理引领深圳数字政府服务供给模式变革研究[*]

熊义刚　李　铉　李康恩　陈佳波[**]

摘　要： 数字社会对政府服务供给提出更高要求，要把数字技术更广泛应用于政府管理服务，推动政府数字化、智能化运行。深圳作为改革开放先锋，敢于在数字政府建设上先行先试，以数据治理引领深化政府服务供给模式变革。本报告梳理总结国内重点城市以数据治理引领政府服务供给模式变革的探索案例，深入分析深圳相关先行探索在数据应用、业务范围等方面存在的问题与挑战，从数字政府改革和标准建设、数据安全、流程再造等方面提出数据治理引领深圳数字政府服务供给模式变革的建议。

关键词： 数字政府　数据治理　"免申即享"

一　数字政府服务供给模式变革的背景

（一）政府服务发展正进入数字政府阶段

改革开放40多年来，中国政府运用现代计算技术改进服务的过程可以

* 本报告为深圳市建设中国特色社会主义先行示范区研究中心重大课题"深圳数字治理研究"（SFQZD2302）阶段性成果。课题指导：南岭，博士，深圳市委市政府原副秘书长、体改办原主任。

** 熊义刚，博士，广东省国研数治研究院执行院长，主要研究方向为数字经济、数字治理、经济体制改革；李铉，广东省国研数治研究院数字经济研究所所长，主要研究方向为数字经济、数据产业、产业规划；李康恩，广东省国研数治研究院党建与社会治理研究所所长兼培训部副部长，主要研究方向为党建和社会治理；陈佳波，广东省国研数治研究院数字经济研究所研究员，主要研究方向为数字治理、数字经济。

根据重要政策节点划分为三个政策阶段："政府信息化"阶段、"电子政务"阶段和"数字政府"阶段①。近年来，在数字技术的赋能加持下，尤其是大数据、泛在智能、云计算等智能技术发展，政府信息化建设正从电子政务政府组织治理 1.0 阶段、平台驱动的政府数字化建设 2.0 阶段，向数据治理引领数字政府服务供给模式变革的 3.0 阶段迈进。数据治理极大地加快了政府数字化建设步伐，创造出数字技术与政府治理模式共同增长的新模式，推动政府管理模式革新和引领业务流程全面再造②。例如政府大数据分析及治理可以揭示经济发展趋势和潜在机会，为企业提供有价值的信息，促进经济创新和增长③。在数字中国战略规划下，数字政府建设核心目标是推进治理现代化，在顶层设计上依循数据范式，在政策上将数据治理纳入议题范围，在业务架构上趋向平台化模式，在技术上正向智能化升级④。

（二）数据牵引的政府服务供给模式变革是大势所趋

当前国内公共服务领域存在的主要问题是政府服务与公众需求难以精准匹配，政府服务模式处于"等候式"被动状态，即政府制定的各类事项的流程标准，需要由企业和居民按图索骥、自行申报，申报通过后享受各类服务。这种模式致使企业办事成本居高不下，人民群众获得感不强。为解决以往政府信息化建设中存在的被动等候等问题，数字政府改革方向是朝主动供给公共服务模式转变。该模式基于大数据治理，具有主动性、无感化、"免申即享"等特点，这同时也是数字化政府背景下政府服务供给模式变革的新方向。结合全国案例和参考朱勤皓等人的梳理，以"免申即享"为代表的"政策找人"服务模式包含五个步骤。第一步，精准绘制用户画像。基于大数据汇聚的信息，模拟个人和家庭基本情况，绘制用户画像，为下一步提升政

---

① 黄璜：《数字政府：政策、特征与概念》，《治理研究》2020 年第 3 期。
② 曾凡军、商丽萍、李伟红：《从"数字堆叠"到"智化一体"：整体性智治政府建设的范式转型》，《中共天津市委党校学报》2024 年第 5 期。
③ 贾保先、刘庆松：《数字经济背景下政府大数据治理体系建设的有效途径研究》，《商业经济》2024 年第 9 期。
④ 赵娟、孟天广：《数字政府的纵向治理逻辑：分层体系与协同治理》，《学海》2021 年第 2 期。

策精准度打好基础。第二步，梳理并建立政策库。梳理汇总现行政策，根据政策申请条件、政策福利等信息逐一将政策数据结构化，构建政策数据库。第三步，构建智能匹配模型。依托结构化政策数据，设置政策数据匹配机制，确定结构化政策数据的关键词。第四步，自动匹配。通过个人画像和智能匹配模型，逐一对未享受相应政策待遇的群众进行模型匹配，根据匹配结果将符合条件的未获益群众全部纳入政策保障范围。第五步，精准推送。向群众推送可享受的待遇通知，群众无须申请即可获知政策福利待遇信息①。

（三）"政策找人"是数据引领政府公共服务的变革性改造

基于大数据、云计算、建模分析基础上的"政策找人"模式，其具有降低成本、提高群众获得感和提升政策精准度的优势②。首先，"政策找人"可大幅度降低硬件、软件及人力方面的成本，把有限的财政资金投入数据采集归集、建模分析和精准推送中。其次，"政策找人"可提高政策落实的及时性和惠及率，提升群众获得感。最后，通过"政策找人"机制，在制定和出台政策前就可以通过分析和建模，掌握大致人数和资金量，确保政策落地的科学性、有效性和可持续性。从过去的"人找政策"转变为如今的"政策找人"的模式，不是简单的顺序或者方向的转变，而是相关职能部门服务观念和服务理念的根本转变。过去政策申请人在获知政策信息后需要按照规定的程序东奔西跑，享受政策红利需花费一番时间。服务观念和理念的转变体现的是政府部门真正意识到，政策虽好但要顺利落到实处，更要减少麻烦，让企业、居民快速而顺畅地体会到政策的好处和温暖。

二 国内数据治理引领政府服务供给模式变革探索

习近平总书记在主持中央全面深化改革委员会第二十五次会议时强调：

---

① 朱勤皓：《变"人找政策"为"政策找人"——上海政务服务模式改革思考》，《中国民政》2021年第15期。

② 朱勤皓：《变"人找政策"为"政策找人"——上海政务服务模式改革思考》，《中国民政》2021年第15期。

"要全面贯彻网络强国战略，把数字技术广泛应用于政府管理服务，推动政府数字化、智能化运行，为推进国家治理体系和治理能力现代化提供有力支撑。"[①] 近年来，随着数字政府建设推进，各地加快以企业和群众需求为导向，把数字技术广泛应用于政府管理服务，以大数据、云计算、建模分析为基础深化政府主动服务，推动服务理念、审批流程的转变。各地陆续探索出以"免申即享"为代表的"政策找人"数字政府服务供给新模式。

（一）国内重点省（市）数据治理引领政府服务供给模式变革典型案例分析

近年来，我国北京、上海等重点省（市）创新探索各领域"主动服务"模式，涌现出"免申即享""无感互认"等多种主动服务新模式，涉及减税降费、就业创业、科技创新、三次产业等重点惠企政策领域和税费、社会救助惠民补贴领域。

1. 北京市"免申即享"政府惠企服务分析

北京推出 36 条"免申即享"类惠企条款。《北京市优化营商环境条例》提出提升政策解读质量、打通政策兑现渠道、强化政策精准公开服务的要求。北京市政务服务局持续优化北京市政府门户网站"首都之窗""惠企政策兑现"专题，发布惠企政策自选清单、梳理"免申即享"惠企条款、提供一键导航精准服务。自 2021 年 9 月 5 日上线以来，"惠企政策兑现"专题从 1000 余份政策文件中细化拆解出 140 个政策文件和 326 项惠企条款，列明政策依据、办理方式、咨询电话、办理流程、办理材料等执行标准信息[②]。"惠企政策兑现"内容覆盖税费减免、资金补贴、融资信贷等各方面，实现政策"信息+解读+办事"的集中展示。借助"惠企政策兑现"，"六税

---

① 袁家军：《以习近平总书记重要论述为指引 全方位纵深推进数字化改革》，《学习时报》2022 年 5 月 18 日。

② 《北京梳理出惠企政策 326 项，其中 36 条"免申即享"》，北京市政务服务和数据管理局网站，2022 年 7 月 8 日，https：//zwfwj.beijing.gov.cn/zwgk/mtbd/202207/t20220708_2767 443.html。

两费"减免政策、失业保险稳岗返还、出口退（免）税便捷服务、技术转让企业所得税等惠企政策不必申报即可享受。"惠企政策兑现"专题页面设置"免申即享"按钮，点击即可呈现 36 条"免申即享"类惠企条款。北京市相关部门建立了政策信息核准机制，由政策制定部门逐一确认"免申即享"条款，并通过政策信息共享、大数据应用等方式，实现符合条件的企业免于申报、直接享受政策。

2. 上海市"免申即享"政府惠民服务分析

上海对"发放老年综合津贴"和"发放社会散居孤儿基本生活费"两个事项实施"免申即享"[1]。上海依托"一网通办"支撑能力，通过数据共享、大数据分析、人工智能辅助，精准匹配符合条件的老年人和社会散居孤儿，实现政策和服务精准找人[2]。通过"数据跑路"，依托人口库等相关主题库、专题库的数据支撑，上海市进行大数据治理分析，精准匹配符合条件的老年人和社会散居孤儿。上海市加快流程优化，将原来的四个环节优化为"意愿确认""部门给付"两个环节，并针对社会散居孤儿推出线上线下相结合的服务，由街镇儿童督导员会同村居儿童主任上门协助办理确认手续，确保资金及时发放到位，让社会散居孤儿等"沉默"的极少数困难群众，享受到更有温度、更便捷的惠民服务。

3. 安徽省"免申即享"政府惠企平台分析

安徽省搭建"免申即享"平台。安徽省财政厅围绕优化营商环境，创新运用工业互联网思维，以"皖企通"为链接，主动打通涉企资金信息管理系统、预算管理一体化系统与"皖企通"，以及 16 个市和省经信厅等主管部门共计 20 多套系统之间的数据通道，实现惠企政策业务跨部门跨层级协同，推动惠企政策申报、审核和资金兑付"一网通办"，让惠企

---

① 《上海老年综合津贴5月起"免申即享"，可任选敬老卡或社保卡领取》，腾讯网，2024 年 4 月 29 日，https：//news. qq. com/rain/a/20240429A0412K00。
② 《上海市人民政府办公厅关于印发〈依托"一网通办"加快推进惠企利民政策和服务"免申即享"工作方案〉的通知》，上海市人民政府网站，2022 年 3 月 8 日，https：//www. shanghai. gov. cn/cmsres/88/88bb8d8e5a904cafae7e3ce0dca5b21f/6c71972d45fe64ec2aa9b9ed74 3338f0. pdf。

资金"一键直达"市场主体，提高财政资金使用效率。自 2023 年 3 月 1 日安徽省惠企政策资金"免申即享"平台上线运行以来，截至 2023 年 9 月 8 日，已通过平台兑现政策 927 项，兑付财政资金 46.8 亿元，涉及项目 18555 个，惠及企业 13348 家①。

4.山东省特殊群体政府惠民主动服务分析

山东针对"一老一小"、残疾人等特殊群体领取惠民补贴不方便、数据采集困难等问题，建立"以静默认证为主，远程自助认证为辅，人工认证为补充"的资格认证体系②。山东打造惠民补贴待遇资格认证平台，通过大数据多元比对校核，为补贴发放单位提供定制化的数据分析模式，精准为领取人绘制"数字画像"，补贴发放单位只需在认证平台中录入领取人基础信息，一个工作日即可完成认证结果反馈，实现"大数据采集—数据比对—自动发放"的流程，领取人在"无感知、零打扰"的情况下即可"免申即享"，变群众上门办事为政府主动服务。

（二）深圳市数据治理引领政府服务供给模式变革典型案例分析

深圳各区围绕惠企便民各环节积极探索实践，推出基于"政策 AI 计算器"的"免申即享"政策补贴精准直达、"信用+免申即享"和"反向办"等主动服务模式，着力提升惠民利企政策直达快享水平，不断激发市场主体活力。截至 2023 年 8 月底，深圳已在"深 i 企"和"i 深圳"App 的政策补贴服务专区分别上线企业政策兑现事项 4316 项、个人政策兑现事项 645 项③。深圳市龙华区"打造政策 AI 计算器，实现政策补贴一键直达"，该行动方案从

---

① 《安徽免申即享入选国办"政务服务效能提升典型经典案例"》，铜陵市财政局网站，2023 年 9 月 8 日，https://czj.tl.gov.cn/tlsczj/c00086/pc/content/content_ 1713007351388606464.html。

② 《推行"静默认证"惠民补贴实现"免审即享"》，山东省人民政府网站，2022 年 12 月 26 日，http://www.shandong.gov.cn/art/2022/12/26/art_ 314875_ 1.html#:~:text=％E9％92％88％E5％AF％B9％E2％80％9C％E4％B8％80％E8％80％81％E4％B8％80％E5％B0％8F％E2％80％9D,％E5％8F％96％E2％80％9C％E5％85％8D％E5％AE％A1％E5％8D％B3％E4％BA％AB％E2％80％9D％E3％80％82。

③ 《深圳：提升涉企政务服务质效 释放营商环境新活力》，中文网，2023 年 8 月 30 日，https://tech.chinadaily.com.cn/a/202308/30/WS64eeff69a3109d7585e4b887.html。

全国 263 个区县创新案例中脱颖而出，获评 2023 年网上政府优秀创新案例[①]。

龙华区创新打造"政策 AI 计算器""政务精算师"等平台应用。"政策 AI 计算器"高质量归集龙华全区 11 个部门 431 种补贴情形，为企业提供政策"拆解、匹配、直申"全流程服务，企业申请实现时间压缩了 90%。以"政策 AI 计算器"为基础，进一步推出"免申即享"服务模块，以数据共享为底座，以智能分析为手段，实现政策精准直达、主动兑现的全链条服务闭环；截至 2023 年 5 月，深圳市龙华区已推出"免申即享"事项清单 84 项，兑现政策红利 11.6 亿元，惠及 45 万企业和群众[②]，实现补贴金额全省最大、事项数量全省最多、事项覆盖范围全省最广、惠及群体全省最众。深圳市龙华区在全国率先编制企业、个人全生命周期政务公开事项标准目录，构建政务公开全生命周期管理体系，并基于此创新推出数字化改革模式"政务精算师"，面向重点场景和人群提供针对性的主题化、场景化、个性化政策推送服务。

福田区聚焦惠民利企推出首批"信用+免申即享"事项。该事项涵盖助企、助才、助学、助教、助老、助残六大领域，覆盖企业、人才、老人、残疾人、儿童等服务对象，以政务服务信用为抓手，打通政府主动服务直达、快享"最后一米"通道。自 2023 年 9 月试运行以来，深圳市福田区"信用+免申即享"已推送免申信息 2250 条，拟兑现政策红利约 2 亿元，惠及企业 650 家和群众 1600 人，不断推动惠民利企政策"免申请、零跑腿、快兑现"，实现政府主动服务、政策免申即享、群众在线确认意愿、资金轻松到账[③]。

---

① 《龙华区"政策 AI 计算器"获评网上政府优秀创新案例》，龙华政府在线网站，2023 年 12 月 12 日，https：//www.szlhq.gov.cn/bmxxgk/zwfwj/dtxx_124513/gzdt_124514/content/post_11041976.html。

② 《龙华区创新推出"政策 AI 计算器"，利用大数据惠企利民》，龙华政府在线网站，2023 年 5 月 23 日，https：//www.szlhq.gov.cn/zdlyxxgk/spgg/ggxx/content/post_10738001.html。

③ 《福田区推出首批"信用+免申即享"事项，助推"百千万工程"高质量发展》，搜狐网，2023 年 11 月 1 日，https：//www.sohu.com/a/732999568_121384255#：~：text＝%E2%80%9C%E4%BF%A1%E7%94%A8%2B%E5%85%8D%E7%94%B3%E5%8D%B3%E4%BA%AB，%E4%B8%BB%E5%8A%A8%E6%9C%8D%E5%8A%A1%EF%BC%8C%E6%89%93%E9%80%A0%E6%94%BF。

罗湖区在广东全省首创"反向办"数据治理新服务模式。罗湖区借助大数据技术，精准定位福利、津贴"应享未享"人员，提供"线上+线下"全闭环服务，已实现36个部门、40亿条数据资源的共享，首批服务涉及民政、卫健、残联等5个领域共10余个事项，其中部分服务项目，如高龄津贴办理率由75%提升到近90%，部分街道通过上门帮办，高龄老人津贴申领办理人数同比增加近100%[①]。

三 深圳数字政府服务供给模式变革面临的挑战与问题

深圳作为中国改革开放的前沿阵地，数字政府建设取得诸多令人瞩目的阶段性成果。各类政务服务平台如雨后春笋般涌现，大数据、人工智能等前沿技术广泛应用于政务管理与公共服务领域，为市民和企业带来了前所未有的便利与高效体验。但对标一流城市，深圳数字政府服务供给模式变革面临先行优势转弱、数据治理驱动的主动服务供给受益面不够广、数据质量和共享水平尚需提升等挑战与问题。

（一）深圳数字政府建设的先行优势转弱

深圳在数字政府建设方面的优势在弱化。清华大学发布的《2022中国数字政府发展指数报告》[②] 显示，在市级数字政府发展指数评估中，深圳、杭州、广州总得分位居全国前三；引领型城市以副省级和省会城市为主；东部城市的排名整体靠前，中西部城市虽然总体上仍处于落后地位，但追赶势头强劲，部分城市与东部领先城市的差距已在缩小。深圳数字政府建设辨识度在下降。当前，政府数字化转型竞争激烈，北京"接诉即办"、上海"一网通办"、杭州"城市大脑"等经验被各地争先学习。虽

---

① 《罗湖区全国首创"反向办"数据治理新服务模式，做好为民服务"贴心管家"》，中国经济新闻网，2021年10月21日，https：//www.cet.com.cn/wzsy/ycxw/2996151.shtml。

② 《〈2022中国数字政府发展指数报告〉（附下载）》，澎湃新闻网，2023年6月20日，https：//www.thepaper.cn/newsDetail_ forward_ 23561959。

然深圳在全国率先开展"秒批"改革，但其他城市学习较快，未能形成持续的先发优势。并且，深圳虽在推进"一件事一次办""免申即享"等优化营商环境的服务模式，但北京、上海、杭州等地也在同步推进，未能形成比较优势。

（二）数据治理驱动的主动服务供给受益面不够广

面向企业群众服务的主动服务供给范围有待拓展。目前深圳针对企业群众服务所需，开展了"免申即享""反向办"等主动服务探索。然而，受数据共享、事项办理要求等多重条件制约，目前深圳符合"免申即享""反向办"等主动服务条件的事项比例较低。截至 2024 年 9 月 6 日，深圳市龙华区符合"免申即享"条件的事项均已上线，共计 116 余项①，覆盖面相对较窄，受益企业、群众数量相当有限。面向政府内部工作的主动服务供给较为局限。目前深圳主要通过物联网、云计算、大数据、人工智能、区块链等数据技术手段，实现内部工作所需的数据收集、归类、共享、分析等基础性服务，而应用于决策方面的主动服务供给相对较弱。

（三）数据质量和共享水平尚需提升

数据是推进主动服务的基础，只有尽可能汇集高质量的政务服务数据，主动服务才有更多可塑空间。当前深圳数据质量和共享水平尚需提升。一是数据质量不高。政务服务数据分散在各个部门、企业单位和系统中，存在数据质量管控力度不够、数据来源不明确、数据的非结构化与随机性特征突出、数据更新不及时、数据质量欠佳甚至数据失真等问题，数据标准化程度有待提升，难以为精准主动服务提供可靠数据支撑。二是数据共享不畅。出于数据安全、数据保密以及其他原因，目前统计、税务、公安等部门的政务数据主要接入国垂系统，部分关键数据未能与其他部门实现共享，相关单位

---

① 《深圳龙华"免申即享"政策增至 116 项》，人民网，2024 年 10 月 17 日，http：//sz. people. com. cn/n2/2024/1017/c202846-41011047. html。

难以全面准确掌握所需数据信息，制约着主动服务供给领域的拓展。三是未充分利用掌握的数据。目前深圳市各层级、各部门对外服务和内部工作留存的海量数据尚未通过数据技术手段进行针对性的分析和应用，在传统的政府服务管理模式已难以适应人口集聚、全域互联、区域协同带来的场景式、菜单化、多变性、创造性服务需求下，亟须加大数据治理力度，以满足情景化、差异化、创新性的主动服务供给模式探索所需，倒逼部门业务流程再造，全面提升公共服务质量和效率。

（四）复杂的政策流程设计制约主动服务供给范围拓展

面向企业群众的服务事项和面向政府的内部流程主要依据政策相关规定实施，由于原有政策设计主要根据相关事项办理要件、主体权利义务、权责分工等要素，并从依法合规、合理有效、约束规范等角度设计，因此相关政策设计的办理限制条件往往过多，服务事项办理流程、条件要求复杂烦琐，增加了数据调取、比对、审核确认的难度和成本，进而制约主动服务供给范围拓展。

四 数据治理引领深圳数字政府服务供给模式变革相关建议

数字政府的建设需要回应现实服务场景所需，政府的角色由简单的服务被动提供者转变为需求的主动回应者。《中共中央 国务院关于支持深圳建设中国特色社会主义先行示范区的意见》提出，深圳打造数字经济创新发展试验区，推进"数字政府"改革建设。深圳作为数字政府的模范生，应当贯彻落实党的二十届三中全会精神，将基于数据治理的主动服务供给模式的探索，作为数字政府改革的主攻方向，使政府由被动供给转变为主动供给，提升政府行政和服务效能，最大化满足企业群众所需，进而打造数字政府主动服务的"深圳样板"。为推动数据治理引领深圳数字政府服务供给模式变革，提出完善主动服务供给领域的标准规范、完善个人信用体系作为安全风险防控保障等建议。

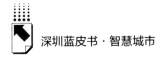
（一）将数据治理引领服务供给模式变革作为"十五五"深圳数字政府改革的重点

推动主动服务供给模式变革是展现政府主动作为，提升营商环境水平的创新之举。在广东省正在推进"数字政府 2.0"建设的大背景下，深圳应主动肩负起使命担当，将数据治理引领服务供给模式变革作为助力数字政府改革的主攻方向。建议由深圳市智慧城市和数字政府建设领导小组统筹，从优化行政效能、服务企业发展、增进民生福祉的角度，将数据治理引领服务供给模式变革作为"十五五"深圳数字政府改革的重点，优先将内部行政效能提升、高频惠企便民事项作为服务供给模式变革的重点，并根据供给周期性变化进行动态更新调整，致力于将深圳服务供给变革模式打造成为全国数字政府先行示范新样本。

（二）完善主动服务供给领域的标准和规范

深圳市级层面加快完善主动服务供给领域的标准和规范，推动各职能部门按一定比例逐年精准扩大"免申即享""反向办"等主动服务供给范围。重点加强深圳市政数局与市中小企业服务局的合作，加速推进更多惠企主动服务事项上线，助力打造全球一流营商环境。鼓励深圳各区依据全市标准规范，加大主动服务供给模式自主探索的力度，分级分类精准扩大受益面。

（三）完善个人信用体系作为安全风险防控保障

规范推进个人诚信信息共享使用，完善个人守信激励和失信惩戒机制，推动"文明诚信积分"在公共服务、政务服务等领域的应用，为简化政策流程与防控风险提供信息保障。在此基础上，健全基于信用的主动服务供给机制，如对符合信用条件的申请人，在非主审要件暂有欠缺或存在瑕疵的情况下，经申请人自愿申请可"免申即享"。推广深圳福田区在"信用+免申即享"的先行经验，依托政务服务信用库，通过靠前服务、大数据比对、公开数据抓取、电子证照替代纸质证照等模式，为符合条件的群众、企业精准推送惠民利企政策告知短信，政务服务信用良好的群众和企业无须提出申请，即可获得相关政策扶持资金及各类政府补贴资金，并为需要补充材料的企业或个人提供上门办等主动服务。

（四）加快提升数据质量和共享水平

1. 注重在数据质量判定和数据质量方面加快提升

首先，通过定位公共服务大数据产生环境和数据资源的提供方、管理方、使用方，明确公共服务大数据从产生到共享使用的全生命周期，建立数据溯源和数据确权管理制度，对数据资源的权属、利用、责任做出制度化安排，便于判定公共服务数据完整性、准确性、时效性与一致性等质量指标，准确评估数据质量。其次，数据质量提升应当按照不同阶段的数据质量问题采取技术和制度手段"双管齐下"的管理方法。在技术工具上，运用开源情报和数据清洗技术以提升数据源质量，实施数据流量结构化处理以避免数据采集中的丢包问题，利用海量存储技术满足大数据存储需求。在管理制度上，规范公共服务大数据共享、整合与协调的制度设计，推动数据共享和公开，实现数据采集的协同监督和智能监控。

2. 加快推进数据整合和有序共享

鉴于供给数据散落于深圳各公共部门和各公共服务流程之中，应当按照"供给数据的开放和整合、供应链数字化、制度安排跟进"的思路进行公共服务精准供给设计。首先，重点推动深圳公安、税务等国垂省垂系统本地化部署，加强深圳对企业、人员基本数据的直接掌握与自主应用；建立多主体数据共享机制，完善多主体数据交换机制，建立数据仓库，实现数据动态更新和管理。其次，建立统一的标准化数据资源体系、大数据管理协调机构和供应链数字化管理辅助制度，以保障技术顺畅应用。最后，通过建立统一信息资源库，解决信息孤岛问题，实现底层数据和信息资源的共享共用，推动多元渠道之间的融合，构建"多维一体"的服务矩阵，提供一体化、一站式服务。

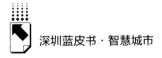

（五）简化服务流程，逐步扩大主动服务供给受益面

1. 通过数据治理简化服务流程

重点梳理国家、省、市相关惠企便民政策中，难以实现主动服务供给的事项，通过实施数据治理、强化部门协同等精简服务流程的办法，简化申办流程和材料要求，推动相关服务持续向主动服务供给靠拢。

2. 新政策设计上要审慎设置限制条件

在政策条件设计上，不求多而全，重在少而精，避免非要件成为主动服务供给的障碍，同时注重基于信用的主动服务供给条件设计，为实现主动服务供给提供便利。

（六）提升数据在主动服务供给的高效应用和精准匹配

1. 加强数据治理在提升行政效能方面的作用

结合政府内部服务运作实际，从简化内部办事流程、提升决策效率等方面着力，通过大数据、人工智能等数字化手段，对内部沟通协调、审批、决策等高频服务事项数据进行分析，为推进政府业务流程再造和主动服务供给优化提供决策参考。

2. 提升公共服务主动供给的精准匹配

通过政府掌握的海量数据，运用大数据核验、信息共享、自动比对、智能审批等技术手段，精准锁定符合主动服务供给条件的企业群众，主动提醒服务对象申报确认，减少搜集政策信息、提交申报材料等流程。在跨层级、部门、地域的服务事项方面建立起业务协同机制，实施基于数据共享的并联审批、智能审批，避免服务对象"多门跑""多次办"的情况。

参考文献

黄璜：《数字政府：政策、特征与概念》，《治理研究》2020 年第 3 期。

曾凡军、商丽萍、李伟红：《从"数字堆叠"到"智化一体"：整体性智治政府建设的范式转型》，《中共天津市委党校学报》2024年第5期。

贾保先、刘庆松：《数字经济背景下政府大数据治理体系建设的有效途径研究》，《商业经济》2024年第9期。

袁家军：《以习近平总书记重要论述为指引　全方位纵深推进数字化改革》，《学习时报》2022年5月18日。

赵娟、孟天广：《数字政府的纵向治理逻辑：分层体系与协同治理》，《学海》2021年第2期。

朱勤皓：《变"人找政策"为"政策找人"——上海政务服务模式改革思考》，《中国民政》2021年第15期。

《习近平主持召开中央全面深化改革委员会第二十五次会议》，中国政府网，2022年4月19日，https：//www.gov.cn/xinwen/2022-04/19/content_5686128.htm。

《北京梳理出惠企政策326项，其中36条"免申即享"》，北京市政务服务和数据管理局网站，2022年7月8日，https：//zwfwj.beijing.gov.cn/zwgk/mtbd/202207/t20220708_2767443.html。

《上海老年综合津贴5月起"免申即享"，可任选敬老卡或社保卡领取》，腾讯网，2024年4月29日，https：//news.qq.com/rain/a/20240429A0412K00。

《上海市人民政府办公厅关于印发〈依托"一网通办"加快推进惠企利民政策和服务"免申即享"工作方案〉的通知》，上海市人民政府网站，2022年3月8日，https：//www.shanghai.gov.cn/cmsres/88/88bb8d8e5a904cafae7e3ce0dca5b21f/6c71972d45fe64ec2aa9b9ed743338f0.pdf。

《深圳：提升涉企政务服务质效　释放营商环境新活力》，中文网，2023年8月30日，https：//tech.chinadaily.com.cn/a/202308/30/WS64eeff69a3109d7585e4b887.html。

《龙华区"政策AI计算器"获评网上政府优秀创新案例》，龙华政府在线网站，2023年12月12日，https：//www.szlhq.gov.cn/bmxxgk/zwfwj/dtxx_124513/gzdt_124514/content/post_11041976.html。

《龙华区创新推出"政策AI计算器"，利用大数据惠企利民》，龙华政府在线网站，2023年5月23日，https：//www.szlhq.gov.cn/zdlyxxgk/spgg/ggxx/content/post_10738001.html。

《福田区推出首批"信用+免申即享"事项，助推"百千万工程"高质量发展》，搜狐网，2023年11月1日，https：//www.sohu.com/a/732999568_121384255#：~：text=%E2%80%9C%E4%BF%A1%E7%94%A8%2B%E5%85%8D%E7%94%B3%E5%8D%B3%E4%BA%AB，%E4%B8%BB%E5%8A%A8%E6%9C%8D%E5%8A%A1%EF%BC%8C%E6%89%93%E9%80%A0%E6%94%BF。

《罗湖区全国首创"反向办"数据治理新服务模式，做好为民服务"贴心管家"》，中国经济新闻网，2021年10月21日，https：//www.cet.com.cn/wzsy/ycxw/2996151.shtml。

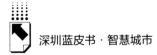

《安徽免申即享入选国办"政务服务效能提升典型经典案例"》，铜陵市财政局网站，2023 年 9 月 8 日，https：//czj. tl. gov. cn/tlsczj/c00086/pc/content/content＿ 1713007 351388606464. html。

《推行"静默认证"惠民补贴实现"免审即享"》，山东省人民政府网站，2022 年 12 月 26 日，http：//www. shandong. gov. cn/art/2022/12/26/art＿ 314875＿ 1. html#：~： text＝%E9%92%88%E5%AF%B9%E2%80%9C%E4%B8%80%E8%80%81%E4%B8%80 %E5%B0%8F%E2%80%9D，%E5%8F%96%E2%80%9C%E5%85%8D%E5%AE%A1%E5 %8D%B3%E4%BA%AB%E2%80%9D%E3%80%82。

《深圳龙华"免申即享"政策增至 116 项》，人民网，2024 年 10 月 17 日，http：// sz. people. com. cn/n2/2024/1017/c202846-41011047. html。

《〈2022 中国数字政府发展指数报告〉（附下载）》，澎湃新闻网，2023 年 6 月 20 日，https：//www. thepaper. cn/newsDetail＿ forward＿ 23561959。

B.5
数字赋能超大型城市应急管理的
深圳探索

张 涛　佘燕玲　尹继尧*

摘　要： 随着大数据、人工智能、数字孪生等新一代信息技术加速发展，数字赋能已成为提升应急管理效能的重要路径和工具。本报告以深圳为例，深入分析当前我国超大型城市在进行应急管理数字赋能过程中普遍面临的困境，对超大型城市应急管理数字化转型、智能化升级进行了探索研究，提出城市安全发展新战略，构建应急管理新范式，并介绍了应急管理数字赋能的"深圳路径"，为我国超大型城市应急管理数字赋能提供可借鉴经验。

关键词： 应急管理　数字赋能　超大型城市

超大型城市作为国家和地区的政治、经济、文化、交通等中心，其内部人流、物流、信息流、资金流等要素高度聚集、快速流动，使得风险发生的概率和应急管理的难度增加。科学运用人工智能、大数据、物联网、数字孪生等新一代信息技术，推动应急管理数字化转型、智能化升级，提高对广大市民安全科普的精准性、安全监管的专业性、重大安全风险感知的及时性、风险研判的科学性和突发事件应急处置的协同性，让应急管理更智能、更高

---

* 张涛，深圳市应急管理局办公室副主任，主要研究方向为智慧应急与政策、标准化；佘燕玲，深圳市应急管理局科技信息化处一级主任科员，主要研究方向为智慧应急与政策、网络安全；尹继尧，博士，深圳市城市公共安全技术研究院科技与信息中心总经理，正高级工程师，主要研究方向为智慧城市安全智能化、自动化。

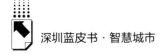

效、更精准，是新时代健全完善应急管理体系、提升应急管理现代化水平的重要方向。

一 超大型城市应急管理数字赋能面临的困境与挑战

超大型城市人口规模大、经济发展速度快、城市开发强度高，新产业、新业态布局广泛，再加上受我国自然灾害多发频发的基本国情影响，使得超大型城市安全风险形势复杂，城市安全治理和应急管理工作面临严峻挑战。以2023年的深圳为例，作为快速发展起来的超大型城市，在不到2000平方公里的市域面积内，聚集着超2000万实有人口，经济总量达3.46万亿元①。深圳在建工地2500余处，自建房49万余栋，机动车403万辆，电动自行车超400万辆，城中村2100余个，"三小场所"39万余家，高层建筑3.2万余栋，超高层建筑1000余栋；再加上受地理位置和全球气候变化影响，深圳平均每年要面临4~6个台风，应对30场以上的暴雨，自然灾害发生频率高，影响时间长、范围广，且极易与其他灾害耦合，产生次生、衍生灾害，城市安全治理面临着"城市车辆多、建筑工地多、自建房多、油气管网多、消防隐患多、高层建筑多、自然灾害多"的"七多"复杂形势，城市安全面临严峻挑战。

面对各类风险与挑战，北京、上海、广州、深圳等超大型城市把数字赋能应急管理作为防范化解重大安全风险、及时应对处置各类灾害事故的制胜手段，大力推动实施"智慧应急"战略，并取得显著进展。以深圳为例，目前已在数字深圳的整体框架下，围绕实际需要，初步实现了各项应急管理业务的信息化全覆盖，有效助力深圳市安全生产和综合防灾、减灾、救灾形势趋稳向好。但由于发展时间较短、前期信息化基础薄弱等原因，对标构建高水平安全格局以保障高质量发展的要求，以及人民群众日益增长的安全需求，现阶段应急管理数字赋能仍面临一系列困境，亟待统筹加以解决。主要表现在以下几个方面。

---

① 数据来源于《深圳统计年鉴2023》。

（一）安全监管智能化、精准化、精细化能力有待提升

超大型城市经济发达、商事主体多、风险隐患情况复杂，但深圳市政府安全监管人手有限，一线监管人员现场辨识风险隐患和处置复杂问题的能力不足，存在应急知识"不熟悉"、安全生产"不会查"等问题。深圳市企业、社区、街道等基础数据采集的规范性、实时性、准确性不高，利用大数据、人工智能等数智技术手段实现风险防范和精准治理的目标尚未达成。

（二）安全风险监测预警能力有待提升

大安全大应急框架下的深圳市生产安全、自然灾害、城市公共安全、城市生命线等领域的风险监测和预警能力与全域覆盖目标还存在一定差距，风险闭环管控工作还难以满足"能监测、会预警、快处置"的功能需要。深圳市各类灾害事故形成机理、演化规律研究有待加强，相关风险监测指标和预警阈值设定的科学性有待提升，信息融合度不高、深度挖掘分析不够。深圳市多灾种和灾害链综合监测、风险早期智能辨识能力不足，灾害风险预测预报预警准确度、时效性有待进一步提升。

（三）公众安全意识、数字意识和社会动员能力有待提升

超大型城市人口基数大，外来务工人口多，公众安全意识、数字意识参差不齐，政府对公众安全宣传教育覆盖面不广和针对性不够，增强公众安全意识、数字意识的手段不多、针对性不够，难以满足高效提质、快速发展和动态变化需求。相较于各政府部门开展城市安全管理，各类社会组织、市民公众，以及企业等主体参与城市安全风险防范、隐患排查治理和数字化管理的手段有待建立和完善。

（四）应急指挥信息辅助决策支撑和联动响应能力有待提升

超大型城市地下空间开发强度大，各类地下商业综合体、综合交通枢纽

数量多，极端情况下的应急通信保障能力有待提升；灾害事故现场人员、商事主体等情况复杂，存在现场情报和基础数据获取不全、不准、不及时等问题，导致现场动态信息掌握不足，信息汇聚、数据分析、事故推演、灾情研判能力薄弱，决策指挥信息支撑能力有待加强。

（五）数智技术与应急管理业务融合有待加强

经过近几年的发展，各级应急管理干部已充分认识到运用大数据、物联网、人工智能等技术手段解决业务问题的重要性，但在具体实施过程中，缺少既懂技术、又懂业务的复合型人才，导致跨领域、跨模态的数据融合和数智技术在应用过程中，存在找不准定位、抓不住重点、想不出关联等问题，数字赋能方式主要停留在被动检索层面，智能化、精准化、主动化的辅助指挥决策和分析研判的能力亟待提升。

二 深圳市应急管理数字赋能实践路径探索

在应急管理部、广东省应急管理厅信息化发展规划的总体框架下，深圳市结合数字深圳要求和现有信息化基础与实战需求，基于应急管理"防""管""控""应"业务顶层设计指引，构建深圳市应急管理监测预警指挥体系，以"一库四平台"为核心构建应急管理数字赋能总体框架（如图1所示）。

根据总体框架设计，深圳市应急管理数字赋能的主要任务为完善全域覆盖的风险感知网络，构建韧性畅通的智能网络，打造集约高效、开放共享的智能中枢，建设实战联动的智慧应用，以及做出科学高效的智慧辅助决策和健全安全可靠的运行保障体系，推动应急管理现代化发展。

（一）完善全域覆盖的风险感知网络

在城市安全风险普查、风险评估、隐患排查治理等工作基础上，围绕生

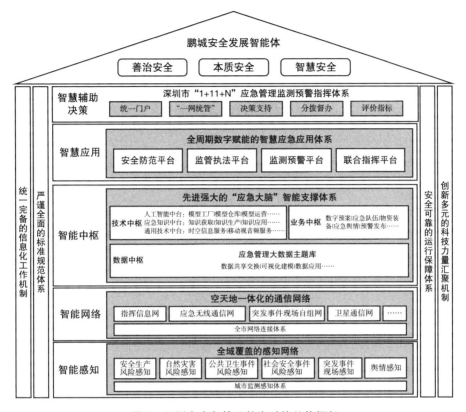

图1　深圳市应急管理数字赋能总体框架

资料来源：笔者自制。

产安全、自然灾害、城市公共安全、城市生命线等安全风险实时动态监测应用需求，推动各行业主管部门综合应用网格化巡查、物联传感、卫星遥感、公众报警、舆情分析等多种技术手段，完善城市安全风险感知网络，全面加强对人、物、环境等涉风险因素的实时监测，实现各类突发事件风险全方位、立体化、无盲区实时监控监测和预警预报。

（二）构建韧性畅通的智能网络

按照"全面融合、天地一体、全程贯通、韧性抗毁"的建设要求，综合运用信息网、政务网、互联网、宽窄带无线通信网、北斗卫星、通信卫

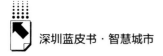

星、无人机、机器人等手段，建成天地一体、全域覆盖、韧性抗毁的应急通信网络，确保极端条件下的应急指挥通信全程畅通。

（三）打造集约高效、开放共享的智能中枢

在应急管理部、广东省应急管理厅和深圳市数字政府通用服务能力的基础上，结合应急管理业务协同化和智能化需要，构建集约高效的应急管理信息化通用共性支撑和智能服务体系，打造"应急大脑"，为全市应急管理信息化建设迭代和数字化、智能化升级提供支撑。

数据中枢。汇聚安全生产、防灾减灾救灾、应急管理等各领域数据，构建全方位获取、全网络汇聚、全维度整合的应急管理大数据资源体系，完善应急管理大数据库，为应急管理智慧应用提供统一的数据支撑服务，实现应急管理信息化的"数据解耦"。

技术中枢。按照"分层解耦"理念集约建设应急管理信息化通用技术能力集合，包括人工智能中台（模型工厂、模型仓库、模型运营等）、应急知识中台（知识获取、知识生产、知识应用等）和通用技术中台（时空信息服务、移动视音频服务等），为全市各级应急管理部门业务应用的敏捷开发提供支撑，实现应急管理信息化"技术解耦"。

业务中枢。依托数据中枢提供的数据应用服务和技术中枢提供的通用共性能力支撑，按照"分层解耦"的理念对应急管理智慧应用的共性需求进行通用化、服务化改造，形成"即插即用"的通用业务组件，支撑业务创新需求的快速构建和业务的高效协同，实现应急管理信息化"业务解耦"。

（四）建设实用联动的智慧应用

以"防、管、控、应"业务为牵引，基于数字基础和智能中枢提供的能力和数据支撑，建设安全防范平台、监管执法平台、监测预警平台和联合指挥平台，构建全周期数字赋能的智慧应急应用体系，提高应急管理"四

化"水平与"五能力"①。

安全防范平台。聚焦于安全意识增强、社会协同治理和源头防范强化，建立覆盖全主体、全要素的体系，筑牢防灾减灾救灾人民防线，提升城市本质安全水平，提高社会动员和源头防范能力。

监管执法平台。聚焦于法规标准体系完善、监管责任落实、监管执法闭环实现和行政处罚追责，建立覆盖全主体、全过程的城市安全法规标准体系，提升安全依法治理水平，提高监管执法和问责改进能力。

监测预警平台。聚焦于灾害研判、前端感知、动态评估和闭环管理，健全风险感知研判和评估管控体系，提高风险监测预警和预防预控能力。

联合指挥平台。聚焦于突发事件的应急准备、主动应急、高效应战和评估提升，建立健全"一触即发、万箭齐发"的应急处置和指挥作战体系，提升辅助指挥决策和救援实战能力。

（五）做出科学高效的智慧辅助决策

依托应急管理大数据库、数据中枢、技术中枢支撑能力，以及实体化运行的应急管理监测预警指挥中心，在跨部门、跨平台数据融合和业务协同的基础上，通过与交通运输、气象、住房建设、水务等重点行业领域业务系统对接，可视化展示全市安全运行态势。打造集安全态势分析研判、应急指挥辅助决策、应急管理情报挖掘等于一体的城市安全运行监测预警枢纽、突发事件决策联合指挥枢纽，以及统揽深圳市城市安全全局的"总枢纽""总集成""总调度"，支撑市应急委及时发现风险、预见隐患、应对危机，为城市安全管理和突发事件联合指挥提供决策支持，实现城市安全治理和应急管理的"一网统管"。

---

① 在2019年中共中央政治局第十九次集体学习时，习近平总书记强调要推进应急管理科技自主创新，依靠科技提高应急管理的科学化、专业化、智能化、精细化水平。要适应科技信息化发展大势，以信息化推进应急管理现代化，提高监测预警能力、监管执法能力、辅助指挥决策能力、救援实战能力和社会动员能力。

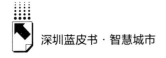

（六）健全安全可靠的运行保障体系

建立持续改进的运维保障系统和网络安全防护体系，保障网络与信息系统安全、稳定、高效、可靠运行。完善应急管理数字赋能工作机制，以及信息化开发建设、推广使用、运营管理、运行维护和考核评价全流程管理机制。依托各类载体开展共性平台开发、联合创新活动，构建应急产业生态，打造"政产学研用"协同创新生态格局，调动全社会力量共同参与建设。

三　深圳市应急管理数字赋能典型应用案例

深圳市在"防、管、控、应"业务规划和"一库四平台"数字赋能路径的指引下，构建了"1+11+N"应急管理监测预警指挥体系，构建了以"一库四平台"为核心框架的应急管理信息化体系，有效支撑全市安全生产、防灾减灾救灾、应急救援等工作提质增效，在应急管理部2023年智慧应急"星火计划"评选中，深圳市应急管理局获评"优秀组织单位"，全市共有2个区、3个应用入选"市县级优秀创新应用单位"和"创新应用典型案例"，为构建超大型城市安全治理新模式提供了有力保障。

（一）深圳市应急管理大数据库建设与应用

深圳市应急管理局依托市智慧城市和数字政府建设，在市大数据体系的基础上构建应急管理大数据库，其旨在打造应急管理行业的统一数据底座，为跨系统、跨部门、跨业务的风险隐患协同管控提供数据基础。截至2023年，应急管理大数据库已融合汇聚了22家应急委成员单位应急管理相关业务数据，数据总量超2100亿条，日新增数据约2.9亿条；建成了灾害事故、管理对象、应急人员、救援资源等8类主题库，对外提供数据资源服务接口5262个，为省应急管理厅、市应急委成员单位及各区应急管理局提供日均29万次的数据共享服务，并编制了24项数据标准，其中，安全生产3项标准已作为深圳市地方标准发布。

在数据应用方面，深圳市应急管理局运用数据融合创新方法，探索建设一批应急管理数据分析模型。例如，将企业工伤社保申领数据与纳管的生产经营企业进行叠加分析，筛选未被监管的生产经营类企业，以发现漏管企业；利用企业隐患自查、隐患巡查数据，对基层辖区内已注销或已搬迁类企业进行筛查，从而去除本辖区内的"僵尸企业"，提升企业安全生产监管效率；利用车辆 GPS 报警信息，对危化品运输车、客运车辆、货运车辆等在运输过程中发生的"超速、疲劳驾驶"等危险驾驶行为进行报警推送等。

在数据赋能方面，深圳市应急管理局将应急管理大数据库汇聚的城市安全领域相关数据，与企业、楼栋、人员、事件等基础信息数据，以及行业监管数据、培训教育数据、实时监测数据、预报预警数据、事件处置数据、应急资源数据、周边环境数据等打通，构建"一企一档""一楼一档""一人一档""一事一档"等"四个一"数据服务体系，为一线监管人员提供监管对象基础数据支撑。

（二）城市安全风险综合监测预警平台试点

2021 年 9 月，深圳被国务院安委会办公室列为国家城市安全风险综合监测预警工作体系试点城市。深圳市立足大安全大应急框架，充分发挥市应急委办（安委办、减灾委办）、市应急管理局等综合部门的协调优势，以及市水务局、市住房和建设局等行业部门的专业优势，统分结合、协同推进各项试点工作，构建了由市应急管理局、11 个区、N 个市直重点部门联动协同的"1+11+N"应急管理监测预警指挥体系，成立实体化运作的市应急管理监测预警指挥中心。该中心强化常态监测预警和值班值守，以及在非常态下的指挥调度职能，并围绕"能监测、会预警、快处置"核心功能要求，以城市生命线为抓手，打造了深圳市城市安全风险综合监测预警平台。在国家安全发展示范城市创建工作现场推进会期间，国务院安委会、应急管理部对深圳试点工作予以充分肯定，并将深圳相关经验做法纳入了《城市安全风险综合监测预警平台建设指南（2023 版）》。

1.聚焦"能监测",建设全域覆盖的风险感知体系

深圳市以历年城市安全风险评估、普查数据为基础,构建98个城市生命线安全风险评估标准和评估模型,辨识出城市安全风险点,并根据各风险点的原始风险等级和现实风险等级制定管控措施,做到"手中有账、图上有标、心中有数、遇事有招";聚焦12个生命线重点行业领域,结合风险评估结果,细化地下空间可燃气体浓度、燃气管网压力和流量等45项具体监测指标,推动各行业部门完善前端风险感知系统,共完成12.2万个前端风险感知监测点的建设。

2.聚焦"会预警",形成智能精准的风险研判能力

深圳市依托实体化运行的"1+11+N"应急管理监测预警指挥体系,以及汇集11个区和22家安委会成员单位数据的应急管理大数据库,建立了"单一风险由各专业部门具体监测,综合风险由市监测预警平台研判预警"的体制机制,不断强化提升城市风险的数据汇集、耦合分析、研判预警能力。同时,针对单一领域风险,深圳建立了高坠、触电、火灾等5类40余个风险预测模型,以高坠风险为例,深圳市根据全国高坠事故案例,对高坠事故调查报告进行颗粒化分析,找出导致高坠事故的各类因子,并结合深圳实际,从649万家生产经营建设单位中研判出59个高风险对象;针对耦合风险,深圳市建立了燃气管线危害性、燃气爆炸灾害链等分析模型,及其次生、衍生灾害推演模型,初步形成模型战法体系,实现风险精准防控。

3.聚焦"快处置",构建一体协同的应急处置体系

深圳市依托实体化运行的市应急管理监测预警指挥中心和联合指挥平台,实时接入全市救援队伍、应急设备装备、救援物资、人口热力等数据,实现资源"可视、可调、可用";并围绕台风暴雨、危险化学品、森林火灾等重点领域事故,建设专题指挥场景,能够快速研判突发事件态势,自动匹配专项应急预案,智能推荐应急处置方案,及时下发调度指令,有力提升快速响应能力。

（三）深圳市政府侧无人机"七飞"应用

无人机具备响应速度快、灵活度高、应用范围广等优势，可搭载不同挂载设备满足特定场景使用需求，已逐渐成为城市治理、应急管理等工作的重要技术手段。深圳市应急管理局初步建成全市城市安全无人机管理平台，接入全市应急管理领域 68 台无人机，实现应急管理领域无人机资源统一纳管、共享共用。深圳市应急管理领域无人机主要用于重点点位、重点场所、重点区域和各类风险隐患点的日常巡查和突发事件灾情现场侦查工作，并探索出"七飞"应用机制。在 2023 年，全市应急管理领域无人机共起降超 15000 台次，飞行时长超 3500 个小时，发现各类风险隐患点 697 个，支撑应急处置45 次。

1."飞"汛旱风灾害

深圳台风暴雨等极端天气较多，在灾害发生前，深圳市利用无人机对水库、河流、边坡、易涝点等三防部位进行重点巡查，一旦发现险情，及时调派队伍进行处置。2023 年，在台风"苏拉""小犬""9.7 暴雨灾害"发生前，利用无人机空中巡查，发现 13 个在建工地未按规定停工，发现各类突发险情 9 起，整改隐患点 450 处，助力灾害应对期间实现因灾"零伤亡"。

2."飞"交通道路

截至 2023 年，深圳市市政道路里程约 6709 公里，路网密度达 9.8 公里/公里^2，机动车保有量达 413 万辆，全市车多、人多，导致道路交通事故频发。利用无人机对骑行电动自行车不按道行驶、不佩戴头盔，行人车辆不按指示灯通行等违法违规行为进行巡查。

3."飞"在建工地

针对建筑施工领域高坠、物体打击亡人事故高发的情况，利用无人机平台调度全市应急系统无人机，重点巡查作业人员不规范佩戴安全帽、安全绳，不规范搭建脚手架等隐患。2024 年以来，安全帽、安全绳佩戴率，现场安全管理人员在岗率大幅上升。

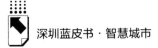

4. "飞"学校

在上下学时段，利用无人机巡查家长接送学生不遵守交通规则、不佩戴头盔、不按规定停放车辆等行为。协同市教育局、市交警局落实交通疏导，加强问题巡查、约谈、整改。

5. "飞"工业园区

针对工业园区存在的占用消防通道、电动自行车违规充电停放、施工无防护等安全隐患，利用无人机开展重点巡查，快速发现和掌握工业园区的安全状况，及时有效地采取相应的预防和补救措施，降低事故发生的概率，为工业园区的安全生产保驾护航。

6. "飞"林地

深圳市林地分布有面积大、分布广、较为分散的特点，深圳市利用无人机定期巡查全市林区火灾火险，也可利用无人机将现场火情火势传回指挥中心，并对火场及周边进行三维建模并拍摄全景图，回传现场指挥部快速掌握现场情况。

7. "飞"应急现场

突发事件发生后，可利用无人机开展灾情侦察工作，第一时间传回突发事件现场即时画面，辅助决策指挥，为应急处置、资源调配和灾后重建提供有力支撑。

四 结语

随着经济社会的不断发展和进步，未来城市的复杂化和规模的巨型化将进一步加剧，超大型城市安全面临的形势与挑战也将更加严峻，应急管理作为国家治理体系的重要组成部分，是维护和保障国家安全的重要手段和措施，深圳将对照新时期高质量发展要求，主动适应生成式人工智能、元宇宙、数字孪生等信息技术发展大势，探索新一轮科技革命和产业变革为应急管理业务带来的新思路、新变革、新方法，提升新质应急管理能力，推动应急管理事业高质量发展，让人民群众的获得感成色更足、幸福感更可持续、安全感更有保障。

参考文献

阳杰等：《超大型城市应急管理数字赋能的困境及深圳探索》，《中国应急管理》2022 年第 10 期。

杨志刚、戚丽华：《广东佛山：创建智慧安全城市治理新模式》，《中国安全生产》2021 年第 11 期。

车彦卓：《无人机全面助力"应急产业"迈进智慧化时代》，《中国安防》2021 年第 9 期。

《应急管理信息化发展战略规划框架（2018—2022 年）》，https：//13115299. s21i. faiusr. com/61/1/ABUIABA9GAAglI3HjQYo7ZjJfw. pdf。

马鸿雁：《超大型城市应急管理的深圳探索》，《中国应急管理》2021 年第 10 期。

B.6
深圳市生态环境保护数字化转型
发展研究报告

毛庆国　彭胜巍　徐怀洲*

摘　要：　为加快建设绿色智慧的数字生态文明，深圳市生态环境局规划建设了深圳市智慧环保平台项目，充分运用人工智能、大数据、区块链等数字技术，搭建了覆盖全市的生态环境物联网数据统一接入平台，推进建成智慧环保建设基石、让行政管理更高效、让执法监管更精准、让企业服务更便捷、让决策分析更全面。同时，不断健全智慧环保体制机制、加大智慧环保技术研发力度、加强智慧环保应用推广，为深圳市率先建设中国特色社会主义先行示范区提供数字化支撑。深圳市智慧环保平台项目涵盖"一中心""四平台""两专题""一App"，其应用场景覆盖数字底座、智慧政务、智慧监管、智慧服务、智慧应用等多个领域，在实践中取得了显著成效。

关键词：　生态环境保护　智慧环保　数字化

　　智慧环保作为推动环境治理能力现代化、提升环境治理能力、加大环境治理力度的重要抓手，能够极大地促进城市智慧化管理和治理进程，是实现深圳市生态环境保护数字化转型的重要手段，也是新时代生态环境信息化转

---

*　毛庆国，博士，深圳市生态环境智能管控中心主任，正高级工程师，主要研究方向为生态环境管理、智慧环保；彭胜巍，硕士，深圳市生态环境智能管控中心副主任，高级工程师，主要研究方向为生态环境管理、智慧环保；徐怀洲，博士，深圳市生态环境智能管控中心高级工程师，主要研究方向为生态环境管理、智慧环保。

型的必然趋势。深圳市智慧环保平台的建成标志着深圳市实现了生态环境信息化、智慧化转型。

一 深圳市生态环境保护数字化转型发展现状分析

（一）深圳市生态环境保护数字化历程分析

深圳市生态环境信息化工作起步于 20 世纪 90 年代，到 2006 年，先后建成 30 多个业务信息系统。为满足不断提升的环境管理要求和公众环境需求，解决业务流程不畅、数据多源等突出问题，2007 年，深圳市启动了"数字环保"项目，经过近 3 年的开发建设，建成了一套集"科学决策、业务管理、自动监控、应急管理、公众服务"于一体的环保信息化系统。由于缺乏科学的顶层设计和统筹规划，到 2018 年，深圳市生态环境局建成了80 余个大小不一的信息化系统，逐渐显现出系统独立和分散建设的弊端，信息孤岛、系统割裂、重复建设等问题日益突出。2019 年上半年，深圳市生态环境局完成了机构改革和环保垂改，优化调整了体制机制和机构职能，大部分原有信息化系统已不能满足新的业务职能需求。

为贯彻落实习近平生态文明思想和习近平总书记关于网络强国的重要思想，以智能化科技手段推动精准治污、科学治污和依法治污。2019 年，深圳市生态环境局抢抓全面推进智慧城市建设机遇，结合机构改革后新的管理需求，深入梳理生态环境信息化建设的痛点和难点，决心以最新的科技成果，赋能生态环境保护，建设综合性的智慧环保平台。深圳市智慧环保平台项目于 2019 年 12 月启动建设，2022 年 9 月完成。该项目开发了"一中心"（生态环境大数据中心）、"四平台"（智慧政务平台、智慧监管平台、智慧服务平台、智慧应用平台）、"两专题"（污染防治攻坚战专题、生态文明建设持久战专题）、"一 App"（统一业务 App），共包含 49 个子系统。深圳市智慧环保平台项目充分运用人工智能、大数据、区块链、GIS 等关键技术，打造了覆盖全市的生态环境物联网数据统一接入平台，构建了统一的数据采集、数据交换和数据管理标准体系，全方位提升了生态环境综合治理现代化水平。

深圳市生态环境保护数字化转型通过应用人工智能、大数据、区块链等新一代信息技术和科技手段，搭建了覆盖全市的生态环境物联网数据统一接入平台，建成了生态环境大数据中心，并在此基础上构建了覆盖生态环境管理主要业务的应用支撑体系，形成了较为完善的智慧环保平台化系统，为助力打赢污染防治攻坚战，持续推进生态文明建设提供了强有力的支撑。

（二）深圳市智慧环保平台建设成效分析

1. 数字底座——建成智慧环保建设基石

深圳市智慧环保数字底座通过建设生态环境大数据中心实现所有生态环境数据的采集、汇聚和集成；实现与深圳市规划和自然资源局、水务局、气象局等外部单位共享数据的集成；通过建设生态环境大数据中心，将已有数据统一汇聚到市大数据平台，形成生态环境主题库；通过建设生态环境大数据中心，深圳市生态环境局对数据进行融合和管理，编制信息资源、信息公开以及信息共享等目录，并集成到市大数据平台，作为全市数据支撑服务的一部分；通过建设生态环境大数据中心，深圳市生态环境局得以融合市大数据平台的成果，结合环境管理和决策需求，建设大数据应用场景。

深圳市智慧环保数字底座包含物联网数据统一接入平台、视频统一联网接入与转发平台、企业标签管理系统以及门户智能推荐后台管理系统。深圳市智慧环保平台构建了针对环境各要素及污染源的子汇聚平台，涉及点位超6000个、类型数据超100种、设备类别数据超50种，子汇聚平台再将数据统一汇聚到深圳市大数据平台的汇聚层。为了更好地汇聚、存储、管理和应用视频数据，实现跨区域、跨部门数据分享，深圳市智慧环保平台建设了视频统一联网接入与转发平台。截至2023年底，深圳市智慧环保平台已接入河流水质科技管控项目、深圳市水务局、深圳市污染源监控设备采购项目、机动车尾气检测等4000多路视频。企业标签管理系统通过自动化和数字化的方式，为不同企业建立企业标签，为环保部门进行企业管理提供了强大的监管和溯源工具。门户智能推荐后台管理系统提供更加精准的信息推荐，进一步提升了用户体验和环境服务质量。

2. 智慧政务——让行政管理更高效

随着新政策的出台和人民群众对环境质量要求的日益提高，传统的环境管理模式存在许多缺陷，已无法有效满足管理需要。"垂直政改"导致生态环境保护部门职责分工不够明确。部门之间联系不够紧密，导致网格化环境监管体系未能有效实施。同时日益增加的环境问题让生态环境保护部门压力日益增加，传统办公方式效率低下，且统筹机制不够完善，基于信息化手段的数字化转型刻不容缓。

为此，深圳市生态环境局打造了智慧政务平台，旨在构建高质量的政务服务和高效的生态环境政务支撑体系，完成了生态环境信访管理、政策法规与标准管理、生态环境舆情监控、环境科研管理、生态环境专项资金管理、大气环境质量提升补贴管理等子系统建设，实现政务服务事项100%全程网上办理，80%的事项实现"不见面审批"，做到"随时看、随时批、随时查"。深圳市生态环境局智慧政务平台对内全面实现信息的实时互通，为资金管理、政策法规和标准规范、环境科研、考核督办等局内管理事务提供智慧化管理工具，对外实现了14类21项行政许可事项的全线上管理以及智能审批许可。

以深圳市排污许可管理系统为例，为做到全面彻查、避免企业在管理实施中钻法律漏洞，该系统实现企业全生命周期业务数据的整合，汇集执行报告、行政处罚、环境监察、信访投诉、环保信用、环境税、自行监测、在线监测、危废联单、移动监测等业务系统数据，实现企业数据互联互通和排污许可"一证式"业务管理与数据共享，助力排污许可证核发及证后监管业务开展。深圳市排污许可管理系统利用核发技术规范的红黑绿标识，有效减少人工审核工作量，通过设置7项自动校核，100%杜绝低级错误，同时增设厂内外二维码，提升了公众监督参与度和监管执法效率。此外，该系统对接了全国排污许可证管理信息平台，实现了排污许可证统一申办、统一管理。

3. 智慧监管——让执法监管更精准

污染源管理是生态环境保护工作的重点之一，尽管近几年深圳市在污染源管理方面取得了较大进展，但仍存在部门协作机制不顺畅的问题。污染源管理、监测与执法部门之间沟通不顺畅、信息不对称、联动机制不健全、监督执法协同度不足，尤其是"测管联动"效能发挥不畅，在以监测数据为支撑的排污许可监管执法方面缺乏有力保障。同时，随着污染源管理体系的不断完善，产生了海量数据，数据质量控制、协同统一、资源共享、开发应用等支持和服务能力亟待同步提升。

污染源管理不是纯粹单向度的管控，监管的目的也不在于处罚，而是要实现监管者与被监管者的良性互动与责任均衡。根据深圳市智慧环保平台项目建设要求，为进一步推动生态环境治理数字化转型，提升政府部门工作效率，实现对污染源全面监管、全过程监控执法，深圳市智慧环保平台项目建设了智慧监管平台。该平台包括 19 个功能模块，内容涉及环境质量管理、污染源监管、不同环境要素监管、环境督察等多个领域。针对环境管理痛点、难点，在政府职能转变、工作效率提升、污染源监管及执法等方面，对不同环境应用场景进行探索和建设，效果显著。

以重点污染源综合管理系统为例，该系统旨在实现深圳市重点污染源全面闭环监管，按照"底数清、动态明、指挥灵"的原则，设计了"一总览"、"两主线"和"四专题"架构，搭建了一个污染源库，汇总了深圳全市 9000 多家重点污染源（截至 2023 年底）的总体状况和监管情况，包含污染源全过程管理、污染源事件处置两条业务主线，支撑水、气、土壤和固废四大业务专题应用场景。

4. 智慧服务——让企业服务更便捷

环境问题具有广泛性、动态性、复杂性等特征，仅仅依靠政府机制、市场机制抑或社会机制去解决环境问题难免失之偏颇，无法有效实现供需平衡，全球的环境恶化与生态危机蔓延充分证实了这一点。建设生态文明、打赢污染防治攻坚战需要政府、企业和全社会共同参与。

深圳市智慧环保平台以服务公众、企业和环保产业为中心，通过个人电脑端和移动端途径，实现公众、企业和环保产业环保申报的网上高效受理和反馈，充分保障公众、企业和环保产业对环境信息的知情权、参与权和监督权。

以企业环保服务系统为例，"办事难、办事慢"一直是企业在业务办理上存在的问题。虽然随着便民利企政策持续演进，我国环境业务办理已不断优化，但是由于环境业务流程复杂、涉及材料较多，企业办事仍存在一些阻碍。为进一步深化"放管服"改革、推进环保业务服务普惠化，必须进一步强化环保数据的共享应用，深入推动环境业务办理服务实现"指尖办""网上办""就近办"。深圳市生态环境局打造了企业环保服务系统，自2020年3月第一个版本上线以来，该系统持续迭代优化，截至2023年底，已提供包括办事、服务、咨询、信息公开、通知待办、企业档案查看等主要功能，用户覆盖深圳市10万多家污染排放企业。该系统完善了生态环境政务服务的最后环节，为企业和政府提供了统一的沟通服务渠道，依托企业档案数据，解决企业办事多个入口、多头填报、数据分散等问题。根据企业用户需要，该系统已接入40多项服务和办事事项，基本涵盖了企业生产经营活动中所需要的全部服务、办事事项，且根据用户使用场景，开放了个人电脑端、移动端两种访问方式，实现"随时看、随时批、随时查"。企业办事更加便利安全，政府服务更加高效精准，获得了用户的广泛好评。

5. 智慧应用——让决策分析更全面

习近平总书记强调："要深入打好污染防治攻坚战，集中攻克老百姓身边的突出生态环境问题，让老百姓实实在在感受到生态环境质量改善。"[①]生态环境污染具有复杂性、紧迫性、长期性等特点，环境保护部门通过"传统人力监管——问题上报——执法处罚"的方式不足以解决日益严重的环境问题，尤其在跨区域环境治理方面存在监管难、治理慢等问题。

为实现环境要素全覆盖、全过程监管治理，深圳市智慧环保平台建设了智慧应用平台，针对不同环境要素管理进行探索实践。智慧应用平台是实现环境信息和数据深度应用的关键平台，以水、气、土、声、气候、海洋、自然生态和核辐射八大环境要素为管理视角，全面构建从环境感知、目标制定、措施规划到评估考核的生态环境管理闭环，为环境政策和规划制定提供科学支撑。

---

① 《厚植高质量发展的绿色底色（继续巩固和增强经济回升向好态势·两会之后看落实⑦）》，"东南网"百家号，2024年4月28日，https：//baijiahao.baidu.com/s？id＝1797541945480484984&wfr＝spider&for＝pc。

以饮用水源管理系统为例，饮用水安全是衡量一个国家和地区生活质量和发展水平的重要标志，直接关系广大人民群众的生命健康安全。2019年2月，中共中央、国务院印发了《粤港澳大湾区发展规划纲要》，明确要求要强化珠三角水资源的安全保障，加强珠三角饮用水源水质安全保障及环境风险防控等工作。深圳市饮用水源地数目多、面积大、分布广，且城区型水源地特点突出，开发强度高，饮用水源保护区监督管理难度较大。为进一步掌握深圳市饮用水源地及其保护区的水质状况，加强饮用水源地监管工作，深圳市生态环境局建设饮用水源管理系统，对饮用水源水质监测数据进行分析及评价，通过个人电脑端、移动端提供饮用水源巡查管理功能，实现饮用水源保护区环境问题"巡查、交办、复核、督办、销号"全流程动态闭环监管。

深圳市饮用水源管理系统汇聚包括水库、入库河流、水质保障工程在内的水质及工程进度数据，通过将区划成果、污染源、监测站点、巡查结果等信息整合到一张图上，实现各类信息的综合查询、展示和可视化监管。该系统依托饮用水源巡查App，通过个人电脑端与移动端联动，实现饮用水源水质监管、巡查动静结合的全流程监管，实现对全市饮用水源地的线上、线下全闭环监管。截至2023年底，深圳市饮用水源管理系统支持100多名巡查员开展日常巡查工作，实现了饮用水源地管理从使用纸质文件、手工记录到移动、实时、高效监管的转变。与传统的发现问题时通过电话、公文、微信群等方式进行交办、协调、处置、督办工作相比，在该系统中建立和优化问题处置流程，实现了跨部门业务协同，大幅度提高了工作效率。深圳市饮用水源管理系统已建立了饮用水源地管理的闭环监管模式，为打好碧水保卫战提供数据支持和科学决策支撑。

二 深圳市生态环境保护数字化转型面临的问题与挑战

（一）业务应用仍需优化

生态环境保护工作任重而道远，生态环境领域业务应用仍需进一步优化。

1. 生态环境感知体系的一体化、智能化程度不足

随着生态环境七大物联感知项目建设，深圳市生态环境治理效能有了明显提升。但随着污染防治攻坚战的深入，生态环境感知体系的一体化、智能化程度不足弊端逐渐凸显。一是生态环境感知体系的一体化程度不足。一方面，深圳市生态环境感知体系的覆盖仍不全面，如温室气体、声环境等环境要素感知能力仍然较弱，难以满足绿色低碳和质量改善协同推进的需求；另一方面，对照《关于加快建立现代化生态环境监测体系的实施意见》，在手段一体化、功能一体化、介质一体化、区域一体化等方面，深圳市仍存在不足之处。二是生态环境感知体系的智能化程度不足。近年来，无人设备、遥感、北斗定位系统、鸿蒙系统等新技术层出不穷，人工智能大模型、城市信息模型（CIM）、建筑信息模型（BIM）应用方兴未艾，为应对气候变化、生物多样性保护、碳达峰和碳中和等新挑战提供了大量的技术基础，同时，也对我们如何应用这些技术，开展生态环境空天地一体化、智能化立体感知体系的布局和优化提出了更高要求。

2. 生态环境执法指挥体系的融合度、协同度不足

深圳市智慧环保平台项目构建了"1+17"指挥联动体系，为实现深圳市生态环境"一网统管"构筑了良好的基础支撑，但难以满足全市协同、多级联动的"一网统管"体系建设要求。一是指挥调度网络基础设施建设仍有短板。生态环境执法指挥体系各级节点的融合通信尚未完全实现，对一线工作人员精细化调度能力较弱。二是指挥调度应用体系仍不健全。全市生态环境事件的监测预警、事件分拨、指挥调度、决策分析尚未形成全链条应用，各步骤之间的衔接仍不顺畅。三是常态化的联动指挥调度能力尚未形成。当前，生态环境执法指挥调度网络仍以支撑视频会议和事件会商为主，与生态环境业务系统的融合不足、联动程度较低，尚未形成常态化协同运行能力。

3. 生态环境治理中数据应用深度不足

"十四五"时期，是生态环境质量改善进入由量变到质变的关键时期，

生态环境治理的复杂性、艰巨性更加凸显，面对"减污降碳强生态、增水固土防风险"的管理需求，深圳市智慧环保平台难以完全满足，比如，现有污染源数据管理与应用水平难以满足污染溯源解析的深度要求，视频监控数据与环保设施用水、用电数据的关联融合难以满足非现场监管执法的需求，现有监测数据的应用水平难以满足多污染物、多环境要素协同管理的需求。

4. 多跨业务办理的部门间协作能力建设不足

生态环境工作涉及水、气、固废、噪声、执法等多方面，且许多问题需要跨区域、跨部门协同解决。然而，生态环境体系的纵向垂直部门和横向兄弟部门间的联动还不够紧密，整体业务应用能力与跨区域、跨部门的技术、数据、业务融合需求相比，存在一定差距。智慧环保平台在应对紧急情况和多变需求时的响应能力仍有提升空间，其一体化应用程度也有待提高。

（二）数据底座仍需优化

数据底座是生态环境保护数字化转型工作开展与建设的基础，但随着数据信息的不断汇入，数据底座仍需进一步优化升级。

1. 数据汇存管用能力有待进一步提升

生态环境大数据中心推动了生态环境数据支撑体系建设，但在数据汇聚、存储、管理和应用方面还存在完善空间。在数据汇聚方面，各区管理局生态环境业务数据和物联感知数据，以及部分企业的感知设备数据暂未完全汇聚；在数据存储方面，深圳市生态环境局现行生态环境数据资源的编目、备份、更新机制不足以快速支撑生态环境各主题库建设管理；在数据管理方面，深圳市生态环境业务数据基础标准还未统一，智慧环保平台中仍存在"同文不同义""同义不同文"的数据；在数据应用方面，已有生态环境数据和模型的分享应用有待提高，部分数据模型应用如海洋、土壤、大气等局限于业务处室和各区管理局，暂未实现市、局、区互通共享。

2. 数据治理体系有待进一步健全

截至 2023 年底，生态环境大数据中心已汇聚超过 600 亿条数据，但因深圳市生态环境局尚未建立全局统一、规范的数据质量控制体系、数据责任体系，缺少针对生态环境不同业务领域的数据治理规则、流程和软件工具，部分主数据和业务数据存在数据质量问题，在规范性、准确性、完整性、一致性、有效性和实时性方面尚未达到期望水平。尤其是固定污染源管理等涉及多部门协同的业务，生态环境大数据中心中现有数据的质量，难以有效支撑生态环境综合决策和跨部门、跨地区等"多跨"业务的运行。

3. 数据决策支撑能力有待进一步增强

深圳市智慧环保平台针对监控预警、监管决策等方面构建了人工智能和大数据模型，但因精细化、精准化程度不足，未能达到生态环境数智化治理的期望效果。比如，针对监管异常数据的智能预警，预警规则的精细化水平不足，产生了大量的在线监测异常数据预警，导致基层业务人员需花费大量时间进行现场排查；针对大气环境信访的智能分析，模型选取的影响因素仅局限于投诉信息，未能结合大气环境、气象条件、污染源等开展多因素分析，形成的分析结果无法有效辅助管理决策。因此，在智能化决策分析方面，深圳市智慧环保平台仍需进一步加强模型、规则的调优、验证，同时强化对环境质量、污染源监管等数据的关联分析。

4. 数据流通机制有待进一步畅通

2022 年 6 月，中央全面深化改革委员会第二十六次会议提出构建数据基础制度体系，建立产权分置运行机制，健全数据要素流通和收益分配制度等要求。深圳市智慧环保平台在生态环境数据归集、共享开放和场景建设等方面进行了探索，但不能满足生态环境数据交易流通的要求，比如，数据归集、数据共享、数据开放的规则和规范尚未正式建立，生态环境数据交易、流通的规范缺失，生态环境数据价值利用存在诸多瓶颈，生态环境数据要素资源市场化尚未破题，因此深圳市生态环境局需要依托深圳市智慧环保平台，进一步畅通生态环境数据流通机制。

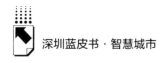

三　推进深圳市生态环境保护数字化转型发展的措施与建议

截至 2023 年，深圳市智慧环保平台建设取得了初步成效，以此为基础，深圳市生态环境智能管控中心入选了由中央网信办授予的国家智能社会治理实验特色基地（环境治理）。本报告基于对生态环境信息化建设发展中存在的问题和日益精细化的环境管理业务需求的思考，提出了推进深圳市生态环境保护数字化转型发展的措施与建议。

（一）健全智慧环保体制机制

一是通过对生态环境大数据领域"官产学研"合作模式的探索研究，在深圳市全域范围内，推动数据基础科学研究与技术推广应用协同并进。以大数据技术的应用为契机，倒逼生态环境治理的体制机制变革，让企业和市民办事更方便，让生态环境监管少一些"插花地"，消除"治理真空"和"过度执法"现象，促进生态环境大数据深度融入生态环境管理业务的方方面面。二是通过对生态环境信息化领域标准体系的研究，建立健全深圳市信息化建设和数据管理的制度体系和标准规范体系，完善生态环境大数据共享、开放、应用机制。三是通过对大数据技术和人工智能技术的融合应用，实现对双碳、近岸海域等业务领域的决策支持，提升全市生态环境状况、污染物排放、环境风险等要素的实时监控、态势预警和信息共享水平。

（二）加大智慧环保技术研发力度

一是通过设立专项基金、研发补贴等方式，由政府引导、市场主导，推进生态环境大数据基础研究和关键技术研发，开展基于云计算、互联网、物联网、人工智能、遥感、无人设备等现代技术的生态环境数智化治理体系研究，为超大城市生态环境精细化治理提供新范式。二是通过技术体系的变革与应用，推动生态环境保护管理模式创新，实现职能优化、机构精简的改革目标，切实提升深圳市生态环境管理决策的科学性、动态性与精准性。三是通过构建生态环境数据质量管理体系、数据治理技术体系、数据标准规范体系和数据分析应用体系，提升深圳市生态环境数据管理、数据挖掘和分析应用能力，促进形成智慧化环境监管能力，打造智慧环保的深圳样板。

（三）加强智慧环保应用推广

一是鼓励全市环保企业、大数据企业基于政府授权开放的生态环境数据，开发新型生态环境大数据产品，建立生态环境大数据产业示范区，集成产业链上下游企业，深入挖掘生态环境大数据商用、政用、民用价值，拓展新的应用场景，实现大数据产品的推广示范与融合应用。二是通过试点方式，在部分环境管理领域，如应对气候变化、生态环境监测预警等方面，运用生态环境大数据产品开展环境大数据应用服务，支撑打好污染防治攻坚战。三是通过与东莞、惠州、中山、汕尾等周边城市合作，探索基于智慧环保应用体系的跨地域协同治理模式，对区域空气污染治理、跨境水污染治理、跨境固体废物和危险废物管理等方面进行重点攻关，切实提升生态环境污染和违法行为的智能化监控监管水平。

行业篇 ⟫

B.7

大模型在深圳数字政府治理场景应用研究报告[*]

熊义刚　李铉　陈佳波[**]

摘　要： 大模型被认为是"迈向通用人工智能的里程碑技术"，其加速应用将对未来经济社会发展带来巨大冲击。目前世界各国在大模型应用方面展开激烈竞争，特别是数字政府领域，涌现出一批优秀案例。政务大模型正成为政府从数字化迈向数智化的重要引擎。深圳在大模型应用发展方面具有得天独厚的优势，但同时也面临着诸多挑战。为更好推进大模型在深圳数字政府治理场景的应用，本报告剖析深圳大模型应用的优势和现状、存在的问题与挑战，提出将拓展大模型应用列入深圳智

＊ 本报告为深圳市建设中国特色社会主义先行示范区研究中心重大课题"深圳数字治理研究"（SFQZD2302）阶段性成果。课题指导：南岭，博士，深圳市委市政府原副秘书长、体改办原主任。

＊＊ 熊义刚，博士，广东省国研数治研究院执行院长，主要研究方向为数字经济、数字治理、经济体制改革；李铉，广东省国研数治研究院数字经济研究所所长，主要研究方向为数字经济、数据产业、产业规划；陈佳波，广东省国研数治研究院数字经济研究所研究员，主要研究方向为数字治理、数字经济。

慧城市和数字政府建设的重点任务、加快改善深圳大模型应用生态、培育深圳大模型企业的技术创新优势、推动建设高质量的海量中文语料数据库、统筹建设可靠智能算力集群、健全大模型应用风险治理机制等六大建议。

关键词： 大模型 数字政府 数字治理 应用场景

一 大模型在数字政府治理场景的应用背景

（一）大模型在数字政府治理场景的应用价值

大模型（LLM，Large Language Model）是用海量文本数据预训练而成的语言模型，以深度神经网络为基础，建立在多头自注意力机制 Transformer 架构之上，具有超大参数规模。[①] 当前，以 Chat Generative Pre-trained Transformer（以下简称"ChatGPT"）为代表的大模型已实现从执行单一特定任务向适应并完成多场景多任务的转变，其超低使用门槛使得人工智能技术在各类数字治理场景中被广泛使用，包括"五位一体"领域的智能问答、内容生成、个性推荐等。大模型技术正与量子计算、区块链、生物技术等前沿技术交叉创新发展，同金融、政务、文旅、传媒、教育等领域融合发展。

政务领域涉及大量内容生产及人与人交互环节，与生成式人工智能的信息收集、文本总结、智能交互能力重叠较高，是未来大模型应用的肥沃土壤。促进大模型在政务领域的应用，开发适合于市域数字政府治理的垂直模型，使"人工智能+"落地市域数字政府治理，在推进产业智能化升级、催

[①] 《大模型治理蓝皮报告（2023 年）——从规则走向实践》，中国信通院网站，2023 年 11 月 24 日，http://www.caict.ac.cn/kxyj/qwfb/ztbg/202311/t20231124_466440.htm。

生产业增量,加速政府治理降本增效、激励社会创新、优化管理方式等方面具有重要应用价值,将进一步提升市域数字政府治理智能化现代化水平。[①]大模型在数字政府治理中的应用场景分布如表1所示。

表1 大模型在数字政府治理中的应用场景分布

应用领域	范围界定	细分场景	代表性案例
政府内部办公	内部事务的操作与处理,使用主体为公务员	知识检索收集	日本横须贺市
		内部文书写作	新加坡 Pair 公务员文书写作系统
政务信息公开	面向外部用户提供文本、视频、音频等信息,目的以对外宣传为主	公开新闻或稿件写作	日本横须贺市
		简化或改写官方文件	日本农林水产省
		制作政府宣传类物料	美国波士顿市
政务服务提供	面向群众、企业,以帮助其办理政府相关业务为主要目的	政务热线	葡萄牙 112 热线
		业务办理智能助手	阿联酋迪拜水电局
		专业领域问询系统	印度电子信息技术部
民生服务优化	改善如医疗、交通、教育、就业等社会民生有关的服务	教育	中国台湾地区
		医疗	新加坡卫生部
		就业	新加坡劳动力局
国防航天	涉及国家安全、国家科技创新实力等方面的应用	国防安全	美国国防部
		航空航天	美国国家航空航天局

资料来源:根据网络公开资料整理。

(二)国内外大模型应用探索情况

近年来,随着人工智能领域飞速发展,世界各国普遍看好人工智能和大模型的发展应用潜能,不断有大型科技公司涌入市场并推出大模型。同时,各国纷纷在政策法规、大模型应用方面展开了诸多探索。

---

① 丁元竹:《做好"人工智能+"市域社会治理应用场景创新工作》,《行政管理改革》2024年第5期。

1. 国外大模型应用探索

（1）国外大模型应用相关政策法规探索

伴随着人工智能技术突飞猛进，全球人工智能市场规模高速增长。2025年全球人工智能市场规模将达1900亿美元，[①] 预计到2027年，全球人工智能市场规模有望接近1万亿美元。[②] 从地区看，美国将占全球人工智能支出份额50%以上，欧洲将占20%以上，中国将占10%左右。

国外大模型应用探索以美国、欧洲各国为主阵地，相关政策法规主要聚焦支持创新与监管。美国强调支持创新与监管并行，监管以鼓励创新发展为前提。支持创新方面，美国发布《2022年美国竞争法案》《芯片和科学法案》等，通过加大研发投资预算力度、制定技术标准、增加研发投入、提供研发税收激励、加强人才培养、启动前沿基金等举措，推动人工智能关键领域创新发展。监管方面，注重科学性和灵活性，由美国国家标准与技术研究院发布的非强制性指导文件《人工智能风险管理框架》（AI RMF 1.0），以降低人工智能系统安全风险为目标为设计、开发、部署、使用人工智能系统机构组织提供指导。欧洲对人工智能监管比较分化，主要表现为欧盟坚持严监管和英国鼓励促进创新的监管方式。欧盟从广泛界定到细化指引方面不断出台相关实施细则，2021年4月，欧盟委员会首次提出全面监管人工智能的《人工智能法案》，为全球人工智能治理树立了"欧式模板"。[③] 2022年9月，欧盟委员会通过了《人工智能责任指令》和《产品责任指令》两项提案，确立了人工智能责任立法，推进了人工智能有效监管。自ChatGPT出现以来，欧盟各国对生成式人工智能的整个生命周期监管逐渐增强，意大利、法国、德国、西班牙等各国监管机构先后对ChatGPT展开调查并采取相关监管举措。英国以鼓励人工智能创新发展为前提实施监管，发布了

---

① 此为国际数据公司（IDC）预测数据，详见 https：//finance.chinairn.com/News/2023/06/02/174834179.html。

② 此为贝恩咨询公司的乐观预测，详见 https：//finance.sina.com.cn/roll/2024-09-25/doc-incqivrv0767087.shtml。

③ 严驰：《生成式人工智能大模型全球治理的理论证成与初步构想》，《中国科技论坛》2024年第5期。

《建立促进创新的人工智能监管方法》和《支持创新的人工智能监管方式》，明确建立"相称、清晰和前瞻性"的监管框架和社会共识的目标，助力英国人工智能创新发展和参与全球竞争。

（2）国外大模型应用数量与应用领域

据 2023 年《中国人工智能大模型地图研究报告》，中国和美国发布的大模型数量占全球总数的 80%，是大模型技术领域的引领者；[1] 其中美国在大模型数量方面仍是全球最高，截至 2023 年 5 月，其 10 亿级参数规模以上的基础大模型已突破 100 个。

美国尤其注重人工智能基础研究和新技术探索，在算法、大模型等人工智能核心领域积累了强大的技术创新优势。在人工智能算法研发方面，谷歌、脸书、微软等美国科技巨头已在深度学习框架、算法模型等方面构建起较高的技术壁垒。在人工智能大模型技术方面，美国人工智能实验室 OpenAI 发布对话式大型语言模型 ChatGPT，其具有强大的学习能力，可助力用户有效沟通，已成为现象级产品席卷全球并掀起大模型应用热潮。美国大模型商业化应用进展全球领先，已覆盖政务、医疗、军事、气候预测等领域。例如，微软已将 GPT-4 能力集成到 Office 等办公软件中，并和美国政府达成合作，向其提供通过微软 Azure 智能云平台调用 ChatGPT 的服务；埃森哲发布专供美国联邦政府机构使用的 FedGPT，帮助政府提高办公效率和用户体验。此外，美国在国防、军事领域也在持续强化人工智能应用。

欧盟、英国、加拿大、新加坡、日本、印度等国家和地区的大模型应用尚处于前期尝试阶段，仅个别头部企业开始应用。例如，日本数字厅与微软合作，在政府数据中心布设人工智能大模型产品，以处理政府机密信息；新加坡设置人工智能创新沙盒，为公共部门提供预训练的生成式人工智能模型和初级代码开发工具。各国家和地区政府对大模型技术应用情况如表 2 所示。

---

[1] 详见 http://lib.ia.ac.cn/news/newsdetail/68630。

表 2 各国家和地区政府对大模型技术应用情况

序号	国家和地区	应用范围
1	美国	众议院、国防部、国家航空航天局（NASA）、卫生与公共服务部、总务管理局，以及 8 个州、市、县等
2	加拿大	公务人员使用大模型产品进行办公
3	英国	财政大臣使用 ChatGPT 撰写演讲稿
4	丹麦	首相使用 ChatGPT 撰写演讲稿
5	葡萄牙	司法部、112 政府紧急热线
6	爱尔兰	农业部、交通部
7	罗马尼亚	总理使用类 ChatGPT 的人工智能助手
8	澳大利亚	内政部
9	新加坡	科技研究局、劳动力局、卫生部等
10	日本	农林水产省、东京都、福岛县、栃木县、神奈川县横须贺市、北海道当别町等
11	韩国	首尔 120 茶山呼叫中心
12	印度	电子和信息技术部、教育部
13	马来西亚	科学、技术与创新部
14	柬埔寨	数字政府委员会
15	中国台湾	台湾地区教育事务主管部门、台北市教育局、台南市教育局、花莲县
16	阿联酋	迪拜水电局、电信和数字政府监管局、国家政府门户网站
17	卡塔尔	国家政府门户网站
18	以色列	总统使用 ChatGPT 撰写会议致辞

资料来源：根据网络公开资料整理。

2.国内大模型应用探索

（1）我国大模型应用相关政策法规探索

近年来，我国各地加快出台新政，推动以大模型为代表的人工智能发展，鼓励将大模型运用于政务领域。国家层面，先后出台《促进新一代人工智能产业发展三年行动计划（2018—2020 年）》《关于加强科技伦理治理的意见》《关于加快场景创新以人工智能高水平应用促进经济高质量发展的指导意见》，以及新一代人工智能发展规划、规范、原则、标准体系建设指南等政策文件，为大模型创新发展提供制度支撑。2024 年，国家工业信息安全发展研究中心发布《关于启动 2024 年大模型赋能政务领域案例征集活动的通知》，面向有关单位征集大模型在政务领域的应用案例成果。地方层面，北京、深圳、上海、杭州、成都等城市已面向大模型推出相关实施方案，主要涉及推动人工智能大模型创新发展。例如，北京作为全国首个政务服务领域大模型应用探索城市，出台《北京市加快建设具有全球影响力的人工智能创新策源地实施方案（2023—2025年）》等多项支持政策，并制定《2023年中关村科学城算力补贴专项申报指南》，对技术创新性强、应用生态丰富的大模型，给予相关创新主体资金补贴。2022～2024年我国关于大模型的部分政策文件如表3所示。

表3　2022～2024年我国关于大模型的部分政策文件

颁布时间	文件名称	发布主体
2022年7月29日	《关于加快场景创新以人工智能高水平应用促进经济高质量发展的指导意见》	科技部、教育部、工业和信息化部、交通运输部、农业农村部、国家卫生健康委
2023年7月10日	《生成式人工智能服务管理暂行办法》	国家网信办、国家发展和改革委员会、教育部、科技部、工业和信息化部、公安部、国家广播电视总局
2024年6月5日	《国家人工智能产业综合标准化体系建设指南(2024版)》	工业和信息化部、中央网络安全和信息化委员会办公室、国家发展和改革委员会、国家标准化管理委员会
2022年12月22日	《广东省新一代人工智能创新发展行动计划(2022—2025年)》	广东省科学技术厅、广东省工业和信息化厅
2023年11月3日	《广东省人民政府关于加快建设通用人工智能产业创新引领地的实施意见》	广东省人民政府
2022年9月5日	《深圳经济特区人工智能产业促进条例》	深圳市人民代表大会常务委员会
2023年5月31日	《深圳市加快推动人工智能高质量发展高水平应用行动方案(2023—2024年)》	中共深圳市委办公厅、深圳市人民政府办公厅
2023年10月27日	《南山区加快人工智能全域全时创新应用实施方案》	深圳市南山区人民政府办公室

续表

颁布时间	文件名称	发布主体
2023 年 11 月 28 日	《深圳市罗湖区扶持软件信息和人工智能产业发展若干措施》	深圳市罗湖区科技创新局
2024 年 7 月 3 日	《深圳市龙岗区创建人工智能全域全时应用示范区的行动方案（2024—2025 年)》	深圳市龙岗区人民政府

资料来源：根据网络公开资料整理。

（2）我国大模型应用数量与应用领域

在政策引领下，全国大模型应用落地提速，应用领域不断拓宽。据 2023 年《中国人工智能大模型地图研究报告》，我国大模型数量排名全球第二，仅次于美国。中国互联网络信息中心（CNNIC）发布的《生成式人工智能应用发展报告（2024）》显示，截至 2024 年 11 月，我国完成备案的生成式人工智能服务大模型已达 309 个，北京、上海、广东、浙江处于第一梯队，四地的生成式人工智能备案产品数量分别达到 96、84、36、25 个。

二 深圳探索大模型应用的优势和现状

多年来，深圳不断夯实大模型基础设施建设，出台政策鼓励人工智能企业发展。当前，深圳的大模型企业数量和大模型开发数量均在全国名列前茅，并且已在多个社会领域率先开展大模型应用探索。

（一）深圳大模型基础设施建设情况

大模型发展的三大关键要素为大型数据集、强大计算能力和先进算法。近年来，深圳先后发布《深圳市人民政府关于加快推进新型基础设施建设的实施意见（2020—2025 年）》《深圳市支持新型信息基础设施建设的若干措施》《深圳市极速先锋城市建设行动计划》《深圳市数字孪生先锋城市建设行动计划（2023）》《深圳市算力基础设施高质量发展行动计划

（2024—2025）》等政策，在网络、数据、算力等基础设施建设上不断发力，大模型基础设施建设进一步夯实。网络基础设施建设方面，截至2023年底，深圳已实现10G PON（无源光网络）端口数规模约18万个，建设5G基站总数逾2.48万个。[①] 数据基础设施建设方面，据不完全统计，深圳数据中心数量为50个，[②] 主要由政府、电信运营商、独立第三方、大型互联网企业建设。其中，政府数据中心主要用于国家安全维护和学术研究，主要代表有国家超级计算深圳中心、"鹏城云脑Ⅱ"；电信运营商数据中心以电信、联通、移动为代表，机房分布广泛，触手深入县级以下；独立第三方数据中心建设经验和运维经验丰富，以万国数据、互盟数据为代表；大型互联网企业数据中心为企业自建自用，难以统计，主要有腾讯、中兴、平安科技等。算力基础设施建设方面，截至2023年底，深圳已建成大湾区首张400G全光运力网，构建"5+3+65"核心算力圈，算力规模位居全国第三，夯实了支撑大模型发展的算力基础。

（二）深圳大模型研究主体情况

2023年，深圳人工智能产业规模达3012亿元，人工智能企业数量达2267家，大模型发展基础良好。[③] 2023年5月，深圳出台《深圳市加快推动人工智能高质量发展高水平应用行动方案（2023—2024年）》，支持重点企业持续研发和迭代商用通用大模型。深圳已有一众重点、龙头企业在大模型产业链上中下游环节布局（具体见表4），在产业化和应用端方面优势凸显。根据2022年数据，深圳人工智能产业应用层企业数量最多，占企业总数的74.58%，人工智能基础层企业占企业总数的8.13%，技术层企业占企业总数的17.29%。[④] 广东省人工智能产业协会提供的数据显示，深圳大模

---

① 数据来源于中国电信网站，详见 http：//www. chinatelecom. com. cn/news/mtjj/202312/t2023 1213_79105. html。
② 由深圳市人工智能产业协会统计，详见 https：//cloud. tencent. com/developer/news/905623。
③ 由深圳市人工智能产业协会统计，详见 https：//baijiahao. baidu. com/s？ id＝1808714 554479317246。
④ 由深圳市人工智能产业协会统计，详见 https：//www. sohu. com/a/695018206_121119343。

型数量位居全国第二，^① 华为、腾讯、平安科技等大模型领域优势企业专利申请量位居全国前列。

表4 深圳市大模型产业相关企业布局

产业链环节	细分领域	企业
上游产业：包括大模型研发、运行等一系列产业的总称	软件	云天励飞、捷易科技等
	硬件	
中游产业：围绕大模型的算法研发和模型的开发、管理、维护和测评	算法研发	华为、腾讯、OPPO、vivo、DEA研究院、鹏城实验室、考拉悠然、思谋科技、若愚科技、元象科技、兔展智能、惟远智能等
	模型管理维护	
下游产业：主要是大模型与教育、营销、社交、娱乐等产业结合落地的场景	技术	中兴通讯等
	企业	金蝶、阳光保险等
	金融、政务	追一科技等
	政务	中国电子云等
	生活	香港中文大学（深圳）等
	营销	东信云科技有限公司等
	法律	北大—兔展AIGC联合实验室等
	工业	格创东智等
	城市	深圳供电局等

（三）深圳率先开展大模型应用探索

深圳聚焦上层应用，积极加快大模型应用探索，应用领域不断拓展，涉及金融、政务、工业等，应用场景也不断丰富。2023年5月，深圳发布首批26个"城市+AI"应用场景清单。^② 截至2024年，大模型在公共服务、智慧医疗、城市治理、智能制造、低空经济五大领域共计26个应用场景已取得初步成效。在政务服务领域，当前深圳市市直部门正在智慧司法、智慧气象、智慧信访、智慧审计等领域积极探索，深圳市福田、龙华、龙岗等区

① 周雨萌：《激发新质生产力竞速"大模型"全新赛道 深圳大模型技术再次"出圈"》，《深圳特区报》2024年8月29日。
② 详见深圳新闻网 https://www.sznews.com/news/content/2023-10/13/content_30528639.htm。

级部门已率先在咨询问答、智能办公等应用场景展开探索。例如，深圳市中级人民法院开创性地采用大模型辅助司法审判。[①] 2024 年 6 月，深圳市中级人民法院自主研发的人工智能辅助审判系统上线运行，标志着全国首个司法审判垂直领域大模型在深圳市正式启用。辅助审判系统围绕"公正与效率"，全面覆盖了立案、阅卷、庭审、文书制作等审判业务的 85 项流程，实现全链条赋能。该系统目前应用范围已覆盖所有常见的民商事案件。系统自 2024 年 1 月试运行以来，已辅助立案 29.10 万件，辅助生成文书初稿1.16 万份，业务开展质效显著增强。[②] 深圳市气象局联合华为云致力于打造区域气象预报大模型，应用该大模型可快速得到未来 5 天深圳及周边地区 3公里内包含气温、降雨、风速等气象要素的预报。[③] 该大模型表现优异，已在多次暴雨预报、台风路径预报中为预报员提供可靠参考。深圳市福田区成为全国首个落地盘古大模型的城区，该大模型已应用于政务领域的辅助办文、智能校对、辅助批示等场景。[④] 在城市数字化领域，盘古大模型已全面覆盖城市治理自动化事件上报场景，实现精准识别事件并智能上报、自动工单分派。龙华区构建深圳首个政务垂直领域 GPT 大模型——"龙知政"，面向政务业务咨询问答、交通服务和调度指挥、消防安全防控巡查等传统业务场景，推进大模型在政务垂直领域应用的先行先试。[⑤] 深圳市龙岗区在行政服务大厅政务咨询服务系统应用"天书"大模型，[⑥] 对政策、法规、办理流程等文本进行结构化梳理和分析，形成易于查阅的知识库。

三　深圳大模型应用存在的问题与挑战

从国内外大模型的应用态势，以及深圳应用现状，可以预见城市和政务

---

① 详见深圳政府在线网站 https：//www. sz. gov. cn/cn/xxgk/zfxxgj/zwdt/content/post_11399256. html。
② 详见深圳政府在线网站 https：//www. sz. gov. cn/cn/xxgk/zfxxgj/zwdt/content/post_11399256. html。
③ 详见华为网站 https：//www. huawei. com/cn/news/2024/3/pangu-weather。
④ 详见新华网 https：//www. xinhuanet. com/info/20231121/f8eb9e105e0148bfaf5ef979ea4f0256/c. html。
⑤ 详见深圳政府在线网站 https：//www. sz. gov. cn/szzt2010/jjhlwzwfw/cgzs/content/post_10881514. html。
⑥ 详见东方财富网 https：//finance. eastmoney. com/a/202307112776709138. html。

治理智能化是未来的发展方向。尽管深圳当前在大模型数字政府治理应用方面已形成部分探索经验，但仍存在一系列潜在问题与挑战。

（一）大模型在数字治理应用场景相对局限

数字治理场景涉及经济、政治、文化、社会、生态文明等五大领域，各领域细分的治理场景多，大模型应用探索的空间广阔。调研显示，2023年深圳大模型在数字治理应用的探索处于起步阶段，主要在金融、政务、工业等部分治理场景开展零星应用探索，尚无市级层面的整体规划部署。原因是大模型研发训练成本高，若缺乏政府有力统筹和龙头企业参与难以实现应用探索和推广。据华为公布的数据，人工智能大模型开发和训练一次的成本高达1200万美元，折合人民币8400万元。调研显示，一个行业版大语言模型的训练费100万元起，后续还需持续投入包括数据收集和处理、模型优化和维护、人力等成本。

（二）大模型应用生态有待改善

一是大模型应用的相关政策机制尚待完善。目前，深圳对大模型的应用范围、使用方式等方面缺乏明确的规范和监管，容易引发法律风险和合规问题。尽管中国信通院正在加快电信、教育、法律等行业大模型标准的编制工作，但部分应用探索仍缺乏权威的标准规范作支撑，大模型"建、用、管"等质量管控环节仍处于"摸石头过河"阶段。二是支持大模型应用发展的产业链基础层和技术层有待加强。大模型的产业链条与人工智能产业链条存在高度重叠，深圳市人工智能产业协会产业研究部统计显示，截至2022年，深圳人工智能企业数量达到1920家，其中基础层、技术层、应用层占比分别为8.13%、17.29%、74.58%，产业链发展不平衡，底层技术研发不足。三是专业人才储备相对薄弱。《深圳市人工智能产业发展白皮书（2023年度）》指出，深圳现有人工智能人才超18万人，未来五年需求超28万人。并且，大模型训练和应用需要一支高素质、专业化的人才队伍，包括数据科学家、算法工程师、深度学习专家等。然而，目前深圳大模型行业处于发展起步阶段，相关人才储备较为薄弱。

（三）企业研发同质化严重，大模型应用价值未充分展现

有数据显示，全国至少有130家公司研发大模型产品，其中研发通用大模型的有78家，企业研发同质化严重。截至2024年4月底，国内共发布了305个大模型。然而当前大模型太多，模型之上开发的人工智能原生应用太少，最好的百万量级的人工智能原生应用还未出现。

2024年以来，深圳科技巨头和获得资本加持的创业公司纷纷入局"百模大战"，在各行业、各领域积极探索大模型场景应用。然而，深圳企业研发的大模型几乎没有智能涌现能力，专用大模型的价值非常有限，由大模型应用所产生的经济社会效益仍未充分展现。

（四）中文语料数据与智能算力两大要素的短板明显

一是高质量的中文语料数据匮乏。高质量的行业知识库和训练数据是大模型实现赋能千行百业的制胜关键，国内的大模型训练需要有海量、精准、可靠的中文语料数据。数据越丰富，代表性越强，数据的质量越高，其训练效果越好，算法的稳健性也就越强。据目前国际信息流情况，中文数据（2%）不仅远低于英文（60%），还低于很多非通用语种，数据严重缺乏，给深圳乃至全国的大模型训练带来巨大挑战。一方面是由于目前深圳高质量的数据资源集中于政府、大型央国企、互联网龙头企业等主体。鉴于对数据分级分类的标准不一，流通监管体系尚未完善，大模型应用以事后监管为主，各数据交易主体不敢、不愿交易其拥有的优质数据资源。另一方面是由于数据重复、不规范等而导致的市场上流通的数据需要经过清洗才能使用，清洗后的数据真正用于大模型训练的仅有1%~5%。二是智能算力资源供应未能满足大模型发展的需要。智能算力主要用于人工智能的训练和推理计算，是大模型研发和应用的关键，如同工业用电、用水一样具有重要的意义。尽管我国和美国在全球算力中处于领跑者位置，但

算力差距仍较大，智能算力相差 17%。并且，当前美国对我国的芯片禁令升级，从"算力+通信速度"两手抓，精准打击性能。作为信息产业的重镇，深圳芯片人才缺口大、技术有待攻关，实现自主提供芯片为算力提供计算载体存在难度。尽管深圳已经建成"鹏城云脑Ⅱ"，且正在建设深圳市智能计算中心、前海深港人工智能算力中心等，同时腾讯云、华为云等龙头企业均可提供大模型训练所需的智能算力支持，但由于缺乏有力统筹，已有智能算力尚未得到充分整合和应用。

（五）大模型应用存在系列风险问题不容忽视

随着大模型能力的不断增强和适用范围的延伸，特别是在涉及国家安全的政务领域，应用大模型可能引发的风险问题必须被高度重视。一是大模型参数量剧增带来的涌现能力容易引发偏见歧视、价值观渗透、技术滥用等伦理风险，以及内部存在可解释性不足风险。二是面临恶意攻击影响带来的性能、隐私数据威胁风险。三是大模型自身的知识表达和学习模式还存在缺陷，导致其回答中经常出现"幻觉"，如常识性错误、杜撰内容等。四是受限于人工智能的黑盒机制，大模型训练与交互的敏感数据存在安全挑战。比如，2023 年 3 月，三星电子部分员工将涉及半导体生产的机密代码与内部会议信息输入 ChatGPT 端口，导致敏感资料被上传至美国服务器，引发了行业对大模型技术带来的数据隐私和安全问题担忧。

四 拓展深圳大模型在数字政府治理场景应用的对策建议

针对存在的问题和挑战，结合深圳在数字政府治理方面的实际需求，建议深圳从将拓展大模型应用列入深圳智慧城市和数字政府建设的重点任务、统筹建设可靠智能算力集群、健全大模型应用风险治理机制等方面着力，进一步拓展大模型在深圳数字政府治理场景的应用，强化深圳数字政府治理能力，助力深圳打造全国乃至国际"数字政府治理第一城"。

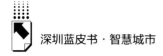

（一）将拓展大模型应用列入深圳智慧城市和数字政府建设的重点任务

聚焦深圳超大城市经济社会发展的现实需要，结合大模型在数字治理的应用价值，系统谋划、高位推动应用场景拓展。一是组建大模型分类应用拓展工作专班。由深圳市政数局牵头，抓全市整体治理场景应用拓展统筹，根据各业务部门单位工作交集情况，成立不同工作专班负责专类应用拓展工作。例如，由深圳市发改委、工信局、商务局等单位组成产业领域大模型应用拓展工作专班；由中共深圳市委政法委员会和深圳市司法局、公安局、信访局等单位组成综治领域大模型应用拓展工作专班等。二是明确需优先拓展的应用领域。由于大模型开发和训练成本高，且技术应用仍处于起步探索阶段，宜聚焦应用价值高的领域进行局部探索。例如，结合深圳"20+8"产业集群发展特点，在智能终端、数字创意等战略产业率先探索应用；结合深圳高密度城区社会治理的特点，在便民服务、群众诉求等重点领域率先探索应用等。三是打造应用示范点，总结推广优秀经验。在不同治理领域先行打造应用示范点，由工作专班统筹示范点建设，定期总结示范点探索应用经验，按照"成熟一批，推广一批，拓展一批"的思路，逐步拓展大模型在深圳数字政府治理场景的应用，打造全国先行示范样本。

（二）加快改善深圳大模型应用生态

一是加快完善大模型应用的政策机制。加快出台深圳大模型的应用场景指引，围绕大模型在数字治理的应用场景在选择原则、规划实施、质量管控、风险防范、应用效果评估等方面制定指引，为政府部门、企业、组织等应用主体，提供探索应用指导。建立大模型产业链招商引资机制，吸引优质企业和项目落户深圳，促进产业内部的协同创新和外部的联动发展，包括建设产业链、完善产业配套体系、建设产业创新平台等。完善深圳市大模型领域的知识产权保护政策，保障创新成果的合法权益，推动大模型技术的持续创新和发展。二是采取"先发展后治理"的模式，逐步健全相关标准和规范。有标准和规范做指引的领域，应用探索步伐适当加快；缺乏标准和规范做指引的领域，结合"敏捷治理"方法，在发展中持续地追踪和分析大模型"建、用、管"等应用变化需要，适时调整相关标准和规范。三是重点支持深圳大模型头部企业加强关键技术的研究开发和产品推广。提高大模型产业链上关键环节的自主可控度，如深度学习框架、人工智能芯片等。通过实施政策扶持、设立产业基金、应用创业孵化器等方式，支持人工智能大模型相关的创新创业生态发展，积极推动科技成果转化落地。

（三）培育深圳大模型企业的技术创新优势

一是建立引导通用、行业、垂直和专属大模型的协同发展机制。由深圳市发改委牵头，联合财政、工信、科创等部门，制定支持各类大模型协同发展的政策，包括财政支持、税收优惠、技术研发资助等，以鼓励企业和研究机构在不同大模型研发领域进行创新和发展。引导深圳市企业和研究机构基于自身优势，在通用、行业、垂直和专属大模型方面做好研发战略规划，如腾讯侧重个人办公助理大模型研发、华为侧重政府治理大模型研发等。将深圳市部分优惠政策向优秀企业倾斜，加快培育一批具有国际竞争力的大模型企业。二是完善引导有专项优势企业参与大模型建设项目的机制。从企业优势、技术能力、项目经验等方面，建立企业参与大模型项目的筛选和淘汰机制，引导鼓励深圳企业围绕数字治理实践形成一批标杆项目产品，在全国形成示范引领。三是鼓励行业加强合作与创新。鼓励企业间、企业与高校间、企业和研究机构间加强合作，共同推进大模型的研发和应用，共建大模型产业创新中心，共享资源、技术、人才等，避免同质化竞争，推进差异化发展，提高研发效率和创新能力，推动大模型产业的优化升级。鼓励由深圳市人工智能产业协会牵头、政府部门支持，通过举办高峰论坛、研讨会等活动，为学术界和企业界提供交流和合作的平台，共同探讨大模型应用的发展方向和应用前景。

（四）推动建设高质量的海量中文语料数据库

一是探索建设深圳高质量、多元化的中文语料数据库。由深圳市政数局牵头、市委编办支持，市住建局、卫健委、教育局等参与，共同制定海量中文语料数据库的建设方案，协调各部门共享各自拥有的语料数据资源，建立一个全面且多元化的数据库。由鹏程实验室牵头、深圳市政数局支持，联合深圳市标准技术研究院、各政府部门、科研机构、龙头企业、社会组织等，成立大模型中文语料数据联盟，建立基于贡献、可持续运行的激励机制，发挥联盟作用，组织专家学者和数据科学家，制定统一的中文语料数据分级分类标准，明确不同级别和类别的数据标准和规范，为数据交易主体提供清晰的标准和依据。二是建立和完善中文语料数据库管理和流通监管机制。由深圳市政数局牵头，加快建立和完善数据收集、整理、质量控制、清洗、存储和管理等方面的规范机制，确保数据的全面性和高质量性，为人工智能大模型训练提供坚实的高质量"燃料"保障。建立健全深圳市中文语料数据流通监管机制，明确各方的权利和义务，加强对数据交易主体的管理和监督，保障数据安全和合规交易，改变以事后监管为主的模式，加强事中监管和事后监管结合，采用智能化、大数据等技术手段，提高监管精准度和效率。三是加快数据交易主体信用评价体系建设并提供发展支持。通过建立数据交易主体信用评价体系，对各方的信誉度和数据质量进行评价，鼓励优质数据交易主体积极参与市场交易，打造和建立诚信、互信、可信的数据交易生态。组织数据交易主体之间的合作与交流活动，促进各方之间合作共赢，推动优质数据资源的共享和流通。出台相关政策，加大对数据交易主体的扶持和引导力度，鼓励各方向数据安全、数据质量等方面加强投入，推动中文语料数据市场的健康发展。

（五）统筹建设可靠智能算力集群

一是将智能算力集群建设作为推动大模型发展的有力抓手。在面临国内外大模型竞争的新挑战下，前瞻性预判深圳在大模型及其他人工智能方面的智能算力需求，制定基于深圳经济社会发展所需的智能算力集群建设行动方案、指导意见，明确阶段性任务清单、责任清单，加速建设本地智能算力中心，为构建起具有国际竞争力的智能算力集群提供保障。探索多元化的智能算力建设投资模式，鼓励企业、政府、社会资本等多方共同参与投资，推动智能算力中心的建设和发展。通过设立专项基金、引导社会资本投入等方式，实现投资主体的多元化，降低投资风险，促进智能算力中心可持续发展。二是加快城市级智能算力统筹调度平台建设。聚焦打造大湾区智能算力枢纽，加快从深圳市级层面构建起智能算力统筹调度平台，推动智能算力统筹规划，整合全市的智能算力资源，包括计算机、服务器、GPU等硬件设备以及数据存储、数据处理等软件资源。建设企业级智能算力平台，吸引更多企业加入，形成以深圳为中心的大湾区智能算力枢纽，提高整个区域的算力水平。通过集中管理和调度，提高资源利用效率，为大模型研发和应用提供稳定、高效的算力保障。结合深圳经济、政治、文化、社会和生态文明建设"五位一体"整体部署，重点围绕深圳"20+8"产业集群发展在智能算力方面的需求，做好相关算力支撑保障，加快实现全市"算力一网化、统筹一体化、调度一站式"。

（六）健全大模型应用风险治理机制

一是建立健全大模型安全审查制度与法律体系。聚焦从源头规避大模型发展风险，推动建立行之有效的数据审查机制和接入许可规范，从源头把控大模型内容安全性，并主动参与全球人工智能模型使用规范的标准制定，对于大模型可能产生的风险进行合理评估与审核。二是建立大模型不同阶段的风险治理机制。成立深圳大模型应用风险治理机构或工作小组，负责大模型应用风险治理的协调、指导和监督工作。对于已经观察到的或者可预知的风险，遵循原有的风险治理路径，围绕模型的训练、研发与运行、内容生成的各个阶段建立以事前风险防范为主，以事后应对为辅的治理机制。在模型训练阶段，重点防范数据安全风险。加强对训练数据来源合法性的审查，应重点审查训练数据的收集、加工、使用等处理活动是否符合知识产权、个人信息保护等相关法律要求。在模型研发与运行阶段，重点防范算法歧视、算法黑箱等算法安全风险，加快建立深圳科技伦理审查机制，强化生成式人工智能相关企业的科技伦理审查责任；健全深圳市算法备案与评估机制，细化算法备案与评估的规则、流程、内容要求；探索建立算法审计制度，要求企业定期开展自我审计，必要时引入第三方外部算法审计。在内容生成阶段，重点关注虚假有害信息的生成与传播风险。在内容生成环节，要求技术或服务提供者履行添加可识别水印或有效警示信息的义务、配备人工智能过滤审核机制；在内容传播环节，要求平台建立辟谣和举报机制，并对违法传播虚假有害信息者采取停止传输等限制措施。① 三是建立风险评估与监控机制、应急预案。加快建立深圳大模型应用风险评估与监控机制，定期对大模型应用进行全面的风险评估，包括技术风险、数据风险、法律风险、道德风险等，并对大模型应用进行实时监控，及时发现和解决风险问题。四是加强训练数据与交互数据的隐私和安全管理。对训练数据和交互数据进行对称加密、非对称加密或同态加密等技术处理，以保护数据在传输和存储过程中的隐私性和安全性。在收集和保留训练数据和交互数据时，遵循数据最小化原则，只收集和保留必要的数据，并在使用完毕后及时删除或匿名化。

参考文献

《大模型治理蓝皮报告（2023 年）——从规则走向实践》，中国信通院网站，2023 年 11 月 24 日，http：//www.caict.ac.cn/kxyj/qwfb/ztbg/202311/t20231124_466440.htm。

《从战略高度重视 ChatGPT 引发的新一轮人工智能革命》，腾讯新闻网站，2023 年 5 月 18 日，https：//view.inews.qq.com/wxn/20230518A07F0W00？refer＝wx_hot。

张凌寒：《深度合成治理的逻辑更新与体系迭代——ChatGPT 等生成型人工智能治理的中国路径》，《法律科学（西北政法大学学报）》2023 年第 3 期。

周雨萌：《激发新质生产力竞速"大模型"全新赛道 深圳大模型技术再次"出圈"》，《深圳特区报》2024 年 8 月 29 日。

闻坤：《把大模型"装"进小盒子 深圳创新"AI＋"路径》，《深圳特区报》2024 年 3 月 29 日。

---

① 张凌寒：《深度合成治理的逻辑更新与体系迭代——ChatGPT 等生成型人工智能治理的中国路径》，《法律科学（西北政法大学学报）》2023 年第 3 期。

严驰：《生成式人工智能大模型全球治理的理论证成与初步构想》，《中国科技论坛》2024 年第 5 期。

丁元竹：《做好"人工智能+"市域社会治理应用场景创新工作》，《行政管理改革》2024 年第 5 期。

《斯坦福大学最新报告：美国 AI 基础模型数量是中国的 5 倍｜钛媒体 AGI》，钛媒体网站，2024 年 4 月 19 日，https：//www. tmtpost. com/7041626. html。

中国信息通信研究院等编《大模型安全研究报告（2024 年）》，2024 年 9 月。

中国信息通信研究院编《大模型落地路线图研究报告（2024 年）》，2024 年 9 月。

《行业研究：到 2032 年　预计人工智能市场规模将达到 1. 3 万亿美元》，中研网，2023 年 6 月 2 日，https：//finance. chinairn. com/News/2023/06/02/174834179. html。

《贝恩预计人工智能市场规模到 2027 年有望接近 1 万亿美元》，新浪财经网站，2024 年 9 月 25 日，https：//finance. sina. com. cn/roll/2024-09-25/doc-incqivrv0767087. shtml。

《科技部发布〈中国人工智能大模型地图研究报告〉》，中国科学院自动化研究所图书馆网站，2023 年 6 月 21 日，http：//lib. ia. ac. cn/news/newsdetail/68630。

《北京地区已发布大模型企业数量达 145 个》，21 财经网站，2024 年 1 月 15 日，https：//m. 21jingji. com/timestream/html/%7B4bzyeDcSBfU=%7D。

《劲爆！广东大模型发布数全国第二，66 个 AI 应用案例引领未来趋势》，搜狐网，2024 年 10 月 25 日，https：//www. sohu. com/a/820140747_121902920。

《京沪"中国大模型第一城"争夺战爆发｜钛媒体·封面》，钛媒体网站，2024 年 3 月 19 日，https：//www. 163. com/dy/article/ITKQU08D05118O92. html。

《2022 年深圳 50 个数据中心分布情况，南山区 16 个排第一》，腾讯云网站，2022 年 4 月 24 日，https：//cloud. tencent. com/developer/news/905623。

《四大"先锋"维度花繁果硕　"三型"发展构筑新质生产力　深圳电信助力极速先锋城市跑出"加速度"》，中国电信网站，2023 年 12 月 12 日，http：//www. chinatelecom. com. cn/news/mtjj/202312/t20231213_79105. html。

《〈全球人工智能产业发展白皮书（2024 年度）〉发布　2023 年深圳人工智能核心产业总产值 3012 亿元》，"湾区财经传媒"百家号，2024 年 8 月 29 日，https：//baijiahao. baidu. com/s？id=1808714554479317246。

《〈深圳市人工智能产业发展白皮书（2023 年度）〉重磅首发》，搜狐网，2023 年 7 月 6 日，https：//www. sohu. com/a/695018206_121119343。

《重磅！深圳三部门联合发布"城市+AI"应用场景》，深圳新闻网，2023 年 10 月 13 日，https：//www. sznews. com/news/content/2023-10/13/content_30528639. htm。

《深圳法院人工智能辅助审判系统打造司法智能化转型的"深圳样本"》，深圳政府在线网站，2024 年 7 月 1 日，https：//www. sz. gov. cn/cn/xxgk/zfxxgj/zwdt/content/post_11399256. html。

《华为云和深圳市气象局发布人工智能区域预报模型"智霁"1. 0》，华为网站，

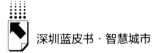

2024 年 3 月 25 日，https：//www.huawei.com/cn/news/2024/3/pangu-weather。

《城市智能体@大模型福田创新成果发布　让市民生活更加美好》，新华网，2024年 11 月 21 日，https：//www.xinhuanet.com/info/20231121/f8eb9e105e0148bfaf5ef979ea4f0256/c.html。

《龙华构建深圳首个政务垂直领域 GPT 大模型》，深圳政府在线网站，2023 年 10 月16 日，https：//www.sz.gov.cn/szzt2010/jjhlwzwfw/cgzs/content/post_10881514.html。

《大模型赋能智慧政务，"AI+龙岗"再添新范式》，深圳新闻网，2024 年 8 月 8 日，https：//www.sznews.com/news/content/mb/2024-08-08/content_31136607.htm。

B.8
"人工智能+"助力智慧城市建设的
深圳实践

洪佳丹　丁一　沈起宁　刘锦涛*

摘　要： 作为首批国家新一代人工智能创新发展试验区、国家人工智能创新应用先导区，深圳高度重视、积极谋划打造人工智能先锋城市，近年来深耕场景应用创新，推动人工智能赋能智慧城市建设，在政务服务、医疗健康、教育服务、气象预报等领域形成系列人工智能亮点应用，有力推动智慧城市领域人工智能高质量发展和全方位高水平应用。然而，当前在算力、数据、场景应用、人才、生态等方面仍存在相对短板，亟待通过综合施策，深入推进在智慧城市领域实现人工智能技术的深度融合与应用。

关键词： "人工智能+"　智慧城市　场景应用

构建人工智能产业融合集群等新增长引擎，是我国重要战略部署。2024年国务院《政府工作报告》中提出"深化大数据、人工智能等研发应用，开展'人工智能+'行动"。从"互联网+""5G+"到"人工智能+"，是国家对新一轮科技革命和产业变革的精准把握，也是对新质生产力的敏锐判断。深圳作为信息化发展水平较高的城市，算力基础较好、数据资源丰富、

---

* 洪佳丹，硕士，深圳市智慧城市科技发展集团有限公司高级研究员，主要研究方向为智慧城市、数字经济；丁一，博士，深圳市智慧城市科技发展集团有限公司高级研究员，主要研究方向为数字经济、人工智能；沈起宁，博士，深圳市智慧城市科技发展集团有限公司高级研究员，主要研究方向为智慧城市和数字政府规划；刘锦涛，硕士，深圳市智慧城市科技发展集团有限公司研究员，主要研究方向为智慧城市规划设计、人工智能。

应用需求较多，应充分发挥人工智能应用推广的先发优势，推动智慧城市领域人工智能高质量发展和全方位高水平应用，助力打造新型智慧城市标杆和"数字中国"城市典范。

一　人工智能产业发展政策背景概述

近年来，国家高度重视人工智能产业发展，并将人工智能发展提升到战略高度。国务院、科技部、工信部等部门陆续出台相关政策文件 20 余项。2017 年，国务院印发全国首个人工智能专项规划《新一代人工智能发展规划》，提出到 2025 年，我国人工智能部分技术与应用达到世界领先水平等目标。此外，国家还积极推动人工智能与实体经济的深度融合，鼓励平台企业构建多层次产业互联网服务平台，加速创新资源共享，助力以产促城。2022 年，科技部、工信部等六部门发布《关于加快场景创新以人工智能高水平应用促进经济高质量发展的指导意见》，提出场景创新合作生态初步形成，初步形成政府、产业界、科技界协同合作的人工智能场景创新体系，场景创新主体合作更加紧密、创新能力显著提升的发展目标，并要求推动各类创新主体开放场景机会，围绕场景创新加快资本、人才、技术、数据、算力等要素汇聚，促进人工智能创新链、产业链深度融合。2023 年 7 月，国家网信办联合国家发展改革委、教育部、科技部、工信部、公安部、国家广播电视总局公布《生成式人工智能服务管理暂行办法》，鼓励和规范生成式人工智能创新发展。

广东省积极推进建设通用人工智能产业创新引领地，结合自身产业优势，先后出台《广东省新一代人工智能创新发展行动计划（2022—2025 年）》《广东省人民政府关于加快建设通用人工智能产业创新引领地的实施意见》《广东省加快数字政府领域通用人工智能应用工作方案》等文件，提出到 2025 年广东省智能算力规模实现全国第一，核心产业规模突破 3000 亿元，构建全国智能算力枢纽中心、粤港澳大湾区数据特区、场景应用全国示范高地等目标。2024 年，广东省政务服务和数据管理局发布《数字广东建设 2024 年工作要点》，明确积极培育人工智能创新发展试验区和应用先导区，推动通用人工智能赋能千行百业。以场景为牵引，深化数字政府领域通用人工智能应用，建设省数字政府通用人工智能联合实验室。

深圳发展人工智能产业是贯彻落实"创新驱动发展战略"、助力"建设科技强国"的重要举措，可为打造经济新增长点、优化产业结构、加快科技创新带来积极贡献。作为首批国家新一代人工智能创新发展试验区、国家人工智能创新应用先导区，深圳应充分发挥特区在新一代信息基础设施与数字经济方面的良好产业基础以及特殊区位优势，先知先觉、先行先试，通过推进通用人工智能在智慧城市领域应用，为深圳人工智能技术自主创新与产业高质量发展闯出新路子，为国家通用人工智能产业发展打造良好先行示范。

二　人工智能在智慧城市领域的应用情况分析

随着人工智能技术的飞速发展，特别是大模型技术的广泛应用，智慧城市建设迈入一个全新阶段。当前，全国多地都在积极探索通用人工智能在智慧城市领域的应用，推动在多个场景引入人工智能大模型，提升城市服务和治理水平，抢占人工智能产业和应用高地。人工智能大模型以其强大的数据处理、智能分析和决策支持能力，为智慧城市建设提供了前所未有的创新动力。

（一）当前人工智能大模型在智慧城市领域的应用方向

通用大模型具有广泛的意图理解能力、强大的连续对话能力以及突出的代码生成能力，但常识推理、概念构建以及垂域泛化能力仍有缺陷，特别是对于准确性、安全性要求严格的行业应用，仍需额外构建行业专属模型。面向智慧城市领域的大模型相关技术和应用场景仍在探索之中，目前已在交通管理、公共安全、环境监测、公共服务、能源管理、农业发展和城市治理等领域有较为成熟的落地方案。

1. 交通管理

人工智能大模型在交通领域的应用尤为广泛。通过实时监测和分析车辆、道路、信号灯等信息，人工智能大模型能够智能调度交通流量，减少拥堵，提高出行效率。例如，利用城市交通摄像头捕捉到的视频数据，人工智能大模型可以迅速识别出交通违法行为，预测交通事故发生的概率，并及时调整信号灯的配时。在自动驾驶研发中，人工智能大模型采用人类反馈强化学习的方法，不断优化机器模型，助力实现安全高效的自动驾驶。此外，人工智能大模型还可以应用于轨道交通领域，提升乘客出行体验，提供多元化、定制化的乘客信息展示及日常和应急场景下的引导功能。

2. 公共安全

在公共安全领域，人工智能大模型的应用同样广泛且深远。通过视频监控和图像识别技术，人工智能大模型能够实时监测城市公共区域的安全状况，及时发现可疑行为或异常事件，确保市民的安全。例如，人工智能大模型可以分析城市空气质量监测站的数据，预测雾霾的形成和扩散趋势，为政府制定应对措施提供科学依据。此外，人工智能大模型还可以对历史犯罪数据进行深入分析，预测犯罪高发区域，为警力部署提供科学依据，从而提高公共安全的管理水平。

3. 环境监测

人工智能大模型在环境监测方面发挥着重要作用。通过记录城市中的空气质量、温度、湿度、噪声等各种数据，进行实时分析，提供准确的预测，及时发现异常及环境污染，促进城市规划和智慧管理。例如，人工智能大模型可以分析城市中的水质数据，预测水质变化趋势，为环保部门提供决策支持。同时，人工智能大模型还可以应用于垃圾分类和回收领域，通过图像识别技术实现垃圾的自动分类，提高资源回收利用率。

4. 公共服务

在公共服务领域，人工智能大模型能够提供更加个性化和高效的服务方案。例如，在政务服务中，人工智能大模型可以成为企业群众的"智能客服"，通过对办事指南数据和热线知识库进行训练学习，提高政务咨询系统智能问答水平,辅助工作人员更高效地回应市民诉求,推动政务办事实现精准指引和高效审批。在智慧医疗中,人工智能大模型可以分析患者的病历和检查结果,辅助医生进行更准确的诊断和制定更有效的治疗方案。在智慧教育中,人工智能大模型可以根据学生的学习情况,提供个性化的学习建议和辅导,帮助学生更好地掌握知识,提高学习效率。此外,人工智能大模型还可以应用于智慧办公领域,通过自然语言处理技术和机器学习算法,实现文档的自动分类、摘要生成和翻译等,提高工作效率。

5. 能源管理

人工智能大模型在能源管理领域的应用同样重要。通过提供能源技术咨询和数据分析服务,人工智能大模型帮助能源企业优化能源生产、分配和消费过程。在碳中和智库建设和微电网、储能配电方面,人工智能大模型更是发挥着不可替代的作用,推动能源行业朝绿色、低碳方向转型。例如,人工智能大模型可以分析电网数据,预测电力负荷变化趋势,为电网调度提供决策支持。同时,人工智能大模型还可以应用于智能家居领域,通过智能控制家电设备的用电情况,实现节能减排。

6. 农业发展

在农业发展方面,人工智能大模型为农民提供了农业技术咨询、数据分析、决策支持和教育培训等服务。通过智能识别和分析作物生长环境、病虫害情况等数据,人工智能大模型能够指导农民科学种植、精准施肥、合理灌溉,提高农业生产效率和作物品质。例如,人工智能大模型可以分析土壤数据,预测作物生长情况,为农民提供种植建议。同时,人工智能大模型还可以应用于农产品追溯领域,通过区块链技术实现农产品的全程可追溯,保障食品安全。

7. 城市治理

人工智能大模型在城市治理方面发挥着重要作用。大模型可以扮演"智能治理官"角色,结合数字孪生城市建设,通过对海量城市数据的深度挖掘与智能分析,在城市建模应用、建筑智能审查、城市监管等领域发挥作用,实现城市底层业务动态感知、关联分析和态势预测,为城市治理决策提供综合全面的支撑。例如，在行政审批环节，通过人工智能大模型进行流程优化和智能化审批，可以大大缩短审批时间，提高公共服务效能。同时，人工智能大模型还可以应用于基层治理领域，帮助基层工作者提升工作效率和数据分析能力，优化业务流程，实现基层治理的智能化和精细化。此外，人工智能大模型能够成为政府工作人员的"智能助手"，通过对日常公文及政策法规进行训练学习，可以提供文章搜索、提纲编写、摘要编写、内容扩写、内容纠错等服务，助力提高文件办理效率。

（二）各地在智慧城市领域的大模型布局情况分析

近年来，各地政府积极落实国家战略部署，在政策支持、场景落地、产业发展等方面纷纷加大对人工智能大模型在城市各领域应用的投入力度，也推动了智慧城市的快速发展。

1. 政策支持方面

据不完全统计，截至 2024 年 11 月，北京、上海、浙江、成都、青岛等地均出台了鼓励人工智能创新发展的政策，从算力支持、场景开放、技术突破、产品生态等多方面鼓励大模型应用落地。

北京市于 2023 年 5 月出台的《北京市促进通用人工智能创新发展的若干措施》，是国内首个地方性人工智能大模型产业化发展专项措施，明确在政务服务、医疗、科学研究、金融、自动驾驶、城市治理等领域开展场景应用试点工作；并于 2024 年 7 月出台《北京市推动"人工智能+"行动计划（2024—2025 年）》，提出率先建设 AI 原生城市，推动北京市成为具有全球影响力的人工智能创新策源地和应用高地。上海市于 2021 年 12 月出台《上海市人工智能产业发展"十四五"规划》，提出将人工智能作为全面推进城市数字化转型、打造国际数字之都的重要驱动力，加快打造智能经济、创造智享生活、塑造智慧治理，建设更具国际影响力的人工智能"上海高地"，将上海打造成为全球人工智能发展的最佳试验场和重要风向标。浙江省于 2023 年 12 月出台《浙江省人民政府办公厅关于加快人工智能产业发展的指导意见》，明确加速创新场景赋能，打造人工智能创新应用先行地，迭代建设"人工智能+"的城市大脑，提升城市整体运行和管理效率，推进政务领域大模型落地应用。成都市于 2024 年 5 月出台《成都市人工智能产业高质量发展三年行动计划（2024—2026 年）》，明确围绕人工智能全要素提升、全场景应用，实施"六大行动"，推进人工智能产业跨越式、高质量发展，全面建设国家新一代人工智能创新发展试验区和国家人工智能创新应用先导区。青岛市于 2024 年 5 月出台《青岛市人工智能产业创新发展行动计划（2024—2026 年）》，明确推动人工智能技术和产品在经济社会发展各领域深度融合与赋能应用，培育推广 200 个"人工智能+"典型示范应用场景，争创国家人工智能行业应用示范基地。

2. 场景落地方面

在政策指引下，全国各地大模型落地速度加快，智慧城市各领域应用全面开花。北京市开发了基于大模型的政协提案系统，能够准确地从多源信息中凝练和关联语义，实现根据工作重点和社会热点丰富提案线索和选题。福建省基于大语言模型能力打造首个智慧政务平台"福建智力中心"，上线"小闽助手"，为用户提供一站式智能咨询服务。上海杨浦区探索升级"一网统管"应用，将城市网格事件、12345 热线等数据作为大模型语料，利用大模型对城市发生的事件进行研判分析，形成城市运行智能报告，通知各相关部门提前采取行动。杭州市基于大模型升级"亲清在线"平台，为企业提供交互对话式服务，帮助企业解读惠企政策，提供办事相关指引。厦门市思明区作为厦门人工智能先行发展区，已初步建设完成"智慧思明政务大模型"样板间，以实验室为载体，支撑厦门市政务人工智能应用试点。广州白云区城管局与华为云合作探索华为云盘古政务大模型在城市治理领域的创新应用，并成立政务大模型实验室，对占道经营、垃圾堆积、城中村治理等城市治理典型场景展开探索。此外，上海、重庆等其他城市也积极探索将大模型技术引入政务服务、城市治理等场景应用。

3. 产业发展方面

近年来，我国各大城市在人工智能领域的发展如火如荼，形成了各具特色的产业格局。例如，北京的人工智能产业链布局完整，覆盖基础层、技术层和应用层全链条，2023 年北京人工智能产业核心产值突破 2686 亿元。北京拥有寒武纪、摩尔线程、昆仑芯等国内人工智能芯片的第一梯队企业，备案的大模型企业数量众多，百度文心一言等已成为面向公众服务的明星产品，并在传统产业赋能、金融、政务等领域实现了示范应用。此外，北京的科研实力雄厚，拥有众多高校和科研机构，人工智能学者数量超过 1.5 万人，占全国 30.6%。上海人工智能产业发展迅猛，2023 年产业规模超 3800亿元。大模型方面，上海已有逾 30 款大模型通过备案，产生了制造业、金融、具身智能机器人等垂类领域应用。人形机器人方面，多款通用人形机器人原型机发布，实现双足避障行走。算力语料方面，4200 亿个 Token 的语料数据实现开源，在打造人工智能全栈自主创新生态中发挥引领带头作用。杭州致力于打造全国算力成本洼地、模型输出源地和数据共享高地，在算力基础设施建设方面取得了积极的进展，推动了算力资源的优化配置和合理利用。同时，杭州注重推动智能制造的发展。杭州的企业和科研机构在智能制造领域进行了广泛的应用探索，推动了人工智能技术与传统产业的深度融合。成都正在加快构建"AI 芯片+算力、算法、数据+场景应用"产业体系。在 AI 芯片方面，全国超半数重点 GPU 芯片企业在成都聚集，多款人工智能高端芯片在成都首发。在算力支撑方面，成都在全国首创"算力券"供给机制，并建成多个大型算力中心。此外，成都企业和科研机构在智能制造、智慧城市等领域进行了广泛的应用探索，推动了人工智能技术的落地和产业化。

（三）各科技企业、科研机构大模型布局情况分析

国内互联网科技企业围绕大模型技术浪潮，在基础层、模型层、应用层全面布局，争相发布了旗下具有自主知识产权的大模型产品，包括互联网巨头如百度、阿里巴巴、腾讯等，专注于人工智能领域的厂商如科大讯飞、商汤科技等，以及在大模型领域新兴的创业公司如智谱华章、百川智能等。此外，高校和科研机构同样活跃，清华大学、中国科学院自动化研究所、北京智源人工智能研究院等机构纷纷发布了其大模型方面的研究成果。据有关数

据统计，截至 2024 年，国内公布的大模型数量已超过 300 个，且数量仍呈上升趋势，各类人工智能大模型已形成"百花齐放"的发展局面。

算力方面，国内大型互联网科技企业储备了部分规模的智算算力，在算力资源方面积累了一定的优势。同时，因受国际主流芯片供应影响，国内自主研发的人工智能芯片产品取得了一定的突破，部分已形成规模化商业落地，人工智能企业逐渐探索算力国产化替代。数据方面，目前大型互联网企业、运营商和平台商有较为丰富的数据资源沉淀。应用方面，各大科技企业和科研机构应用推广布局从通用大模型为主逐渐转向和行业大模型并行，且行业大模型越来越被业内重视，部分科技企业先后推出各类行业大模型，积极探索与实体产业和实际应用深度融合。具体应用落地方面，目前大模型可应用领域涵盖 20 余个重点领域，其中在政务、生物医疗、金融、气象、法律、公共服务、制造等行业应用较多，但仍有进一步拓展深化的探索空间。

总体来说，华为、百度、阿里巴巴、腾讯等大型科技企业坐拥算力、算法、数据、人才、资金等方面优势，在大模型产品研发和商业落地上占据主导地位，业内普遍认为这些企业是大模型技术发展第一梯队，具备追赶国际大模型水平的可能。

三 深圳智慧城市领域的人工智能探索应用情况分析

作为首批国家新一代人工智能创新发展试验区、国家人工智能创新应用先导区，深圳高度重视、积极谋划推动人工智能产业高质量发展，锚定打造人工智能先锋城市的目标，在全国率先出台《深圳经济特区人工智能产业促进条例》，并印发《深圳市加快推动人工智能高质量发展高水平应用行动方案（2023—2024 年）》《深圳市培育发展人工智能产业集群行动计划（2024—2025 年）》《深圳市加快打造人工智能先锋城市行动方案》等系列政策，发布三批 73 个"城市+AI"应用场景清单，构建"一条例、一方案、一清单、一基金群"政策支撑体系，全面推动人工智能高质量发展和全方位高水平应用。

《深圳市加快打造人工智能先锋城市行动方案》明确指出，"深化全域全时全场景应用，打造场景应用先锋"，特别是在智慧城市领域，构建"公共服务+AI""城市治理+AI"体系，充分发挥深圳超大规模城市海量数据和丰富应用场景的优势，推动人工智能赋能智慧城市建设。近年来，深圳深耕应用场景创新，在政务服务、医疗健康、教育服务、气象预报等领域形成系列人工智能亮点应用。

（一）政务服务

民生诉求服务作为典型的人机交互问答场景，在人工智能的支持下能实现效率大幅提升，但政务应用需严格控制舆论风险，对生成内容的准确性要求极高，因此目前多处于试用阶段。深圳市政数部门以"揭榜挂帅"方式，公开征集人工智能企业参与8个民生诉求场景的试点工作。深圳市中级人民法院打造人工智能辅助审判应用工程，全面汇集司法领域语料，做实语料清洗标注和结构化、知识化组织，基于多年审判文书标准化，建立法官思维链和文书生成业务流，优选大模型，建立要素中台支撑场景应用，取得了较好的辅助审判、文书生成试用效果。深圳福田区依托盘古政务大模型推动政务数字化转型，利用视觉大模型提升城市事件智能发现能力，精准识别事件并实现智能上报、自动工单分派，事件办理效率大幅提升。深圳龙华区打造人工智能赋能"经济大脑"，搭建人工智能招商引资模型，创新打造政策人工智能计算器，推出系列"免申即享"事项。

（二）医疗健康

医疗领域数据量多质优，人工智能赋能疾病认知、就诊、治疗、随访全周期医疗场景，形成智慧就医服务模式。深圳市妇幼保健院研发的产前超声筛查人工智能质控系统已在全国多家医院应用。香港中文大学（深圳）和深圳市大数据研究院推出的华佗GPT已服务用户数十万人次，汇集一亿条问答，形成了全国最大的中文医疗问答数据集，深圳市龙岗区人民医院已启用基于华佗 GPT 技术的智能导诊系统。

（三）教育服务

深圳市人力资源和社会保障局下属考试院搭建考试咨询问答相关智能服务平台，有效解决了咨询电话占线，以及常见问题咨询多、反馈慢引发的信访件激增问题。

（四）气象预报

深圳构建精密的低空气象网络是应对极端天气防灾减灾的第一道防线，也是发展低空经济和智能网联汽车产业的重要基础保障，人工智能大模型为解决更小尺度的气象难题提供新的技术途径。深圳市气象局联合华为云发布了全球首个进入业务应用的区域级人工智能预报大模型"智霁"1.0，以华为云盘古气象大模型为基础，融合区域高质量气象数据集，可快速得到深圳及周边地区的气温、降雨、风速等气象要素预报。

（五）公共安全

公安部门具备海量视频数据资源，基于成熟的机器视觉技术，打造深圳城市人像系统，在协助侦破案件方面形成丰富实践应用。深圳光明区依托人工智能技术开展视频巡逻，进行上千次打架预警，有效将冲突止于未发。

（六）无人环卫

城市环卫工作环境恶劣，人员老龄化、招工难问题突出，环卫机器人的发展为弥补环卫工人缺口、推动环卫行业转型升级和人才素质提升提供了新方案。深圳市城管部门通过"3 平方公里示范应用+人工智能环卫机器人大赛树行业标杆+深圳标准规范+采购政策支持"组合拳，助力人工智能环卫企业产品升级和市场拓展，成功推动外地企业落户深圳，加快形成完备的深圳人工智能环卫产业链，打响深圳人工智能环卫品牌。

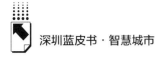
四 影响智慧城市领域人工智能应用的主要因素

随着智慧城市建设的不断推进，人工智能应用在其中发挥着越来越重要的作用。然而，影响智慧城市领域人工智能应用的因素也日益凸显，主要包括以下几个方面。

（一）智能算力供给难以满足需求

随着人工智能技术的不断发展，其对算力的需求也越来越大。尤其是在深度学习等复杂算法的应用中，高性能计算平台成为不可或缺的支撑。算力需求供应不足将直接影响人工智能应用的开发和部署。然而，目前深圳的算力资源相对有限，难以满足日益增长的算力需求。一方面，随着人工智能应用的不断推广和深入，算力的需求呈现爆炸式增长。尤其是在智慧城市建设中，海量数据的处理和分析需要强大的计算能力作为支撑。另一方面，技术水平和资源限制等原因，高性能计算平台的建设和运营成本较高，导致算力供应的价格昂贵，限制了人工智能应用的普及和推广。

（二）中文语料数据库供给不足

数据是大模型训练的养料，大模型训练对数据要求较高，需要大规模、高质量、多样化的数据集。语料数据库是人工智能模型训练的基础，其质量和数量直接决定了模型的性能和准确性。然而，中文语言的复杂性和多样性，以及历史原因导致的语料数据积累不足，使得中文语料数据库的建设和发展面临诸多困难。一方面，中文的语法结构、词汇变化以及地域方言的差异都增加了语料处理的难度；另一方面，中文语料数据的获取和整理也需要大量的时间和人力成本。此外，中文语料数据的版权问题也是一个不容忽视的难题。许多高质量的中文语料数据，如学术论文、新闻报道、文学作品等，都受到版权保护，难以直接用于人工智能模型的训练。这不仅限制了语料数据的来源，也增加了数据处理的法律风险。

目前，大模型科技企业、科研机构数据来源主要包括互联网公开数据、企业自有数据、行业数据三类。互联网公开数据方面，据相关数据统计，全球通用大模型数据集里，中文语料数据仅占1%左右，且数据质量较低，在使用前需要开展大量的数据清洗、标注、过滤等工作；企业自有数据方面，大型互联网科技企业沉淀了较为丰富的数字资源，但此类属于私域数据，企业各自之间相对封闭；行业数据方面，行业数据基本掌握在政府行业主管部门和一些大型国企手中，数据质量较高，但目前存在开放水平不高、"数据孤岛"现象严重等问题。综上，现有可提供的中文语料数据无论是在质上还是在量上，都难以满足大模型训练的数据需求，高质量、多样化的数据已成为大模型进一步优化的稀缺资源。

（三）场景应用效益不明确

大模型应用很大程度上可以帮助产业提质降本增效，推动数字经济发展，但其落地过程需要多方参与，且对平台、算法、算力等要素的要求较高。经了解，尽管大模型的训练量不断增加，在不同行业、不同领域也多有应用，但在具体转化落地方面，大模型研发需要高昂资金、成本投入，导致部分中小型科技企业望而却步。同时，针对各类变化的场景应用，大模型需要一个相当漫长、复杂的调试和部署周期，往往出现技术迭代落后于业务变化的情况，最终导致技术能力与业务目标不适配、技术无法及时响应业务需求。此外，人工智能大模型技术仍不成熟，在推广应用方式和安全风险等问题上均存在较大不确定性，其应用可行性和必要性仍需进一步探索。

（四）高水平复合人才稀缺

人工智能领域呈现多学科交叉的特征，复合型高层次人才的重要性日益凸显。既通晓人工智能技术，又了解相应行业痛点、应用难点的复合型人才是技术研发和场景应用之间存在的关键连接。高端人才的相对稀缺将直接影响人工智能应用的研发和创新能力。深圳面临高端人才相对稀缺的问题。一方面,由于人工智能技术的复杂性和专业性,人工智能领域需要具备较高的学历和专业技能的人才才能胜任相关工作。然而,目前深圳的高端人才储备相对不足,难以满足人工智能应用快速发展和推广的需求。另一方面,由于人工智能领域的竞争日益激烈,高端人才的争夺也日趋白热化。许多企业和机构都在积极招聘和培养高端人才,导致人才流动频繁,难以形成稳定的人才队伍。

(五)行业合作生态亟待建立

人工智能技术的应用涉及多个行业和领域,需要建立更加完善的行业合作生态。行业合作生态的不完善将直接影响人工智能应用的集成和协同能力。目前深圳在人工智能领域的行业合作生态尚不完善,制约了人工智能应用的深入推广和发展。一方面,不同行业和领域之间的数据壁垒和信息孤岛现象严重,导致数据共享和交换困难,限制了人工智能技术在跨行业和跨领域的应用和推广。另一方面,行业标准和规范的缺失,不同企业和机构之间在数据格式、接口协议等方面存在差异,导致系统兼容性和互操作性差。这不仅增加了系统开发和部署的难度和成本,也限制了人工智能应用的普及和推广。

五 推进深圳智慧城市领域人工智能应用的对策建议

当前,物联网、区块链、人工智能的快速迭代和融合创新,为数据科技创新发展带来巨大机遇。人工智能将带来产业重构和模式重组已是业界共识。放眼全球,各国正在抢抓人工智能大模型飞速发展的机遇,这也是我国抢占战略制高点的必争领域。深圳具备数字经济产业基础雄厚、创新型企业动能强劲、产业人才高度聚集、算力和数据基础好等优势,拥有争创人工智能产业高地和创新高地的基础和条件,要紧抓数据作为通用人工智能发展的基础关键支撑,加快推进通用人工智能在智慧城市领域应用,促进人工智能产业发展。

（一）建立智慧城市领域人工智能应用创新工作机制

在推进深圳智慧城市领域人工智能应用创新的过程中，其首要任务是构建一个协同高效的工作机制。政府应发挥引领作用，通过构建多部门协同合作的框架，强化工作统筹，确保各项资源和需求的有效整合。通过整合分散的算力资源、数据资源、应用场景以及技术力量等资源，提升资源统筹、共享和调度的效率。具体而言，建议在深圳市级主管部门的宏观指导下，以市属国有企业为核心主体，联合多家在人工智能领域具有领先技术的企业和科研院所，组建智慧城市人工智能创新实验室。该实验室将遵循"政府搭台、企业唱戏、市场运作"的原则，实现政府、企业、市场三者之间的紧密联动，确保深圳全市智慧城市领域人工智能应用能够按照"全市一盘棋"的思路进行统筹管理。在此基础上，通过有为政府与有效市场的有机结合，探索建立深圳大模型技术的快速迭代、持续运营和高效应用创新机制，依托开放共享的合作平台，吸引更多的人工智能科技企业、科研机构集聚深圳，共同推动产业的高质量发展。同时，鼓励采用安全可信的芯片、软件、工具、算力和数据资源，共建深圳开放创新的人工智能产业生态。

（二）探索构建智慧城市人工智能应用创新实验室

为积极把握通用人工智能快速发展的历史机遇，针对当前智慧城市领域人工智能应用建设推广中算力、数据、应用之间存在的问题，建议深圳市积极构建智慧城市人工智能应用创新实验室。该实验室的定位为"支撑创新应用、推进国产自主、带动产业发展"，致力于弥补智算算力和公共数据方面的不足，通过统建可靠的智算算力集群和海量中文语料数据库，为人工智能技术的创新应用提供坚实基础。该实验室可以通过开展资源摸底、场景创新、技术攻关、工程实验和标准研究等工作，为场景需求与技术成果之间搭建起"双向奔赴"的桥梁。在运作模式上，可以探索构建"政、产、学、研、试、用"集约一体化的创新模式，充分汇聚深圳全市创新资源，打造

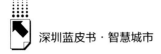

出一个面向人工智能技术创新应用的统筹开放的支撑载体和应用转化平台，以推动人工智能技术在智慧城市领域的广泛应用。

（三）推进多元优质普惠安全的基础算力设施建设

为满足深圳市人工智能企业和科研机构对智能算力资源的需求，建议探索推进深圳算力伙伴计划。该计划将集聚政府、企业、运营商、科研机构等各方算力资源，构建统一的算力资源池，并建立算力共享调度和互联协同机制，实现异构、异地算力的协同调度和集约共享。在此基础上，加大算力基础设施的投入力度，提升城市算力供给能力，为智慧城市领域的人工智能训练和推理提供坚实的算力支撑。同时，强化算力资源的协同和集约利用，确保算力资源的优化配置和高效利用。

（四）强化高质量公共数据要素资源供给

为支撑构建高质量的人工智能产业生态，需充分拓展和整合多领域、多源头的高质量数据资源。建议深圳市充分整合公共数据、行业数据、企业自有数据等资源，汇聚充实高质量中文语料，构建安全合规的深圳中文语料数据库。同时，加快构建面向行业的高质量中文数据集，围绕政务服务、区域治理、民生实事、乡村振兴等重点领域，开展中文数据集建设试点工作。在确保数据安全的前提下，加快建立符合人工智能大模型技术发展的公共数据开放共享机制和多元数据使用机制，推动公共数据的广泛、深度、高水平共享开放和开发利用。此外，通过强化政府管理部门、企业等不同主体之间的多方联动机制，提高各行业、各企业之间数据资源的互通共享水平，实现大模型数据安全与发展的多元共享共治。

（五）有序推进大模型在智慧城市领域创新应用

为充分发挥人工智能大模型在智慧城市领域的重要作用，建议深圳市统筹全市智慧城市人工智能应用场景需求，在安全可控的前提下，聚焦政务服务、民生诉求、政府治理、办公协同等重点应用领域，进行综合评估和统一规划。以"先导性实验、试点场景推广、常态化实验"的发展思路，分阶段有序推进人工智能大模型在智慧城市领域创新应用。在此过程中，需注重过程和结果的审慎监管，持续完善和优化大模型在应急指挥、数字低空、生态环境保护、公共资源交易监管等场景的应用。

（六）以场景应用助力人工智能产业发展

为推动深圳市人工智能产业的快速发展，建议谋划一批人工智能赋能中心，整合大模型企业的算力、数据、人工智能技术服务资源，为各地提供低门槛、高效率的人工智能技术和资源应用支持。同时，谋划数据标注产业的发展布局，引入更多国内数据行业龙头企业在深圳开展数据标注业务，促进产业的进一步发展壮大。通过应用促进深圳大模型产业的发展，形成聚焦效应，推动人工智能产业高质量发展。

B.9
深圳"图书馆之城"智慧化建设研究报告

蔡晖 李德惠 王伟南*

摘　要：　伴随信息化、智慧化的发展，国内外图书馆自动化、智慧化建设和发展模式大致经历了三个阶段的演进，目前正在步入以区域化、体系化、智慧化为特点的第三阶段。深圳"图书馆之城"智慧化建设致力于将全城建成一个无边界的智慧图书馆网，具备标准化、一体化、智慧化等特点。在建设过程中也存在市、区两级财政体系发展不均衡，前沿智能化技术应用统一管理缺失，基于标准的数据开放建设统筹难，高科技头部企业与图书馆合作程度不高等问题，需从建设行业智慧化服务生态体系、明确国资平台公司参与公益类项目的模式、加大智慧化底座流程整合力度和促进统一技术平台可持续发展、加大统筹力度和完善全流程制度建设等方面推进"图书馆之城"智慧化建设。

关键词：　"图书馆之城"　智慧化建设　智慧图书馆

早在 2003 年，深圳便在全国范围内率先提出了"图书馆之城"的建设理念，并于 2009 年正式启动了统一图书馆服务工作。在此背景下，深圳的图书馆事业得到了前所未有的发展。2012 年，深圳图书馆、城市街区自助图书馆，以及所有区级图书馆及其分馆全部加入了统一服务体系，这是深圳

---

* 蔡晖，深圳图书馆系统网络部主任，副研究馆员，主要研究方向为智慧文旅建设与管理；李德惠，深圳图书馆系统网络部馆员，主要研究方向为智慧文旅建设与管理；王伟南，深圳市广播电视技术中心副主任，高级工程师，主要研究方向为智慧文旅建设与管理。

"图书馆之城"建设的重要里程碑,标志着"图书馆之城"统一服务体系基本建立。统一服务体系的建立不仅提升了深圳地区图书馆的服务能力和效率,也为市民提供了更为便捷、舒适的阅读环境。值得注意的是,2013年,深圳大学城图书馆(深圳市科技图书馆)也加入了统一服务体系。这一举措进一步扩大了统一服务体系的覆盖范围,使得更多的图书馆资源得以共享,也进一步提升了深圳地区图书馆的整体服务水平。2021年,"推进'图书馆之城'建设"入选国家发改委公布的《深圳经济特区创新举措和经验做法清单》,这体现了国家对深圳的图书馆事业长期以来开拓创新、求实奋进精神的充分肯定和高度认可。

一 国内外智慧图书馆建设情况概述

(一)国内外图书馆智慧化建设情况及发展模式

伴随信息化、智慧化的发展,国内外图书馆自动化、智慧化建设和发展模式大致经历了三个阶段的演进,目前正在步入以区域化、体系化、智慧化为特点的第三阶段。

第一阶段图书馆以纸质文献管理需求为导向,书目数据机读格式MARC诞生后,逐渐形成采访、编目、典藏、流通、连续出版物、目录检索等标准的业务模块和规范流程,免费平等地向全社会提供服务。这一阶段的图书馆主要利用数据库技术、数据索引技术组织和管理文献元数据,主要解决了图书馆员如何高效管理文献资源的问题,可以称为图书馆集成管理系统(Integrated Library System,ILS)阶段。这一阶段的标志性图书馆系统包括深圳图书馆自主研发的ILAS系统、深圳大学图书馆自主研发的SULCMIS系统、美国Ameri-Tech公司的Horizon系统等。

第二阶段图书馆以读者获取资源的需求为导向,一方面,Web2.0技术让图书馆系统成为互联网上开放的面向读者的信息门户,除文献检索和浏览功能外,咨询应答、活动管理、专题建设与发布、空间管理、座位管理等拓展功能也纷纷加入 ILS；另一方面，在高校图书馆，读者对数字资源日益增长的需求催生"资源发现"技术登上舞台，实现纸质文献与数字文献的一体化服务，典型的图书馆系统代表有中国高等教育文献保障中心的 CALIS、艾利贝斯公司的 Alma 等；在公共图书馆，读者对资源的统一获取需求开启了图书馆城市化、区域化进程，城市图书馆、区域图书馆的统一服务、统一规则、统一查询成为主流，主要解决了"为读者找资源"的问题，这一阶段典型的图书馆系统有深圳图书馆自主研发的 ULAS 系统。

第三阶段图书馆以资源最大化利用的需求为导向，以"为资源找读者"为目标，推进智慧图书馆体系建设。在智慧社会、智慧城市发展背景下，基于单馆构建的智慧图书馆已难以为继，朝着区域化、体系化方向发展早已是大势所趋。大数据、云计算、区块链、人工智能等技术也为图书馆资源一体化赋能。智慧图书馆体系建设不限于图书馆行业传统的建设、管理与服务模式，而是需要有更加开放、更加包容的思维和心态，引入智能科技，提升图书馆智慧化水平，实现空间智能化、服务智能化与管理智能化，典型案例有美国芝加哥大学图书馆、英国国家图书馆、苏州图书馆北馆建设的智能立体书库项目等。同时，积极规范图书馆应用数据，开展数据治理，与智慧城市各行业数据共建共享、互联互通，彰显图书馆的社会价值。

从当前国内城市智慧图书馆体系建设情况来看，深圳采用标准驱动的一体化、体系化发展模式，在全城统一的高标准、高效能平台基础上，与大型政务或企业平台用户互通互认，读者通过平台门户入口，一键办证即可获取各馆服务及访问数字资源。上海以智慧图书馆技术应用联盟为依托，建设基于 FOLIO 思想的本土化图书馆服务平台——"云瀚"，持续通过生态拓展实现区域图书馆智慧化管理；广东省立中山图书馆采用异构系统用户互联模式，依托"粤省事"平台对接"粤读通"系统，实现广东省"9+1"地市馆的统一办证；浙江省图书馆采用异构系统的数据采集模式，集中存储全省各馆数据，推进智慧图书馆互联及政务平台"浙里办"的对接融合。

总的来说，国内外城市公共图书馆信息化的趋势是推动行业业务平台一体化，实现广泛的业务融合与共建共享；引入各类智能化、智慧化系统，并与之有机结合，全面实现自助服务，推进智慧服务；通过网站、移动平台广泛开展线上服务，通过自助图书馆等组网延伸服务，提升便捷性和图书馆黏性；构建数据中心开展大数据分析和数据服务，提供个性化服务和精细化服务；打造特色空间，引入数字互动系统，提升读者服务体验；与城市服务、跨区域行业服务互联，实现广泛的共建共享。如今的图书馆信息化呈现广泛性、多元化、便捷性、智慧化的特点。

（二）国家图书馆指导智慧图书馆体系建设

为了适应智慧化发展的新趋势，国家图书馆在 2021 年提出构建一个以"1+3+N"为框架的"全国智慧图书馆体系"，旨在推动图书馆服务从数字化向智慧化转型。

"1"代表的是"云上智慧图书馆"。这是整个体系的云基础设施，采用公有云和私有云的混合模式。基于这个云平台，各图书馆将不再需要单独建立网络和系统。

"3"代表的是三个核心组成部分：全网知识内容集成仓储、全国智慧图书馆管理系统和全域智慧化知识服务运营环境。全网知识内容集成仓储为图书馆提供一站式的知识采集、生产和加工服务，构建起一个全网集成的知识网络图谱。全国智慧图书馆管理系统对现有的图书馆集成管理系统进行智能化升级，实现线上、线下业务的全流程智能化管理。它通过开放接口的微服务架构，支持图书馆业务的开放接入和应用开发，同时利用物联网技术，实现图书馆资源和活动的开放共享和智慧互联。全域智慧化知识服务运营环境旨在创建一个多元参与的知识"集市"，建立一个覆盖知识创作、发布、存储、传播和利用等全链条的社会化合作机制，为不同角色的知识活动提供一系列运营管理服务。

"N"代表在全国范围内建立的线下智慧服务空间。这些空间将通过智能化改造，支持图书馆的线下业务智能化升级，并引入社会化物流，实现文献资源的高效流转。同时，项目还将推动图书馆智慧空间与用户智能终端的互联，提供沉浸式的服务体验。

为了保障项目的科学发展，将建立智慧图书馆评价、智慧图书馆标准规范和智慧图书馆研究及人才培养三个支撑保障体系，以提供决策支持、标准支撑和人才培养。

"云上智慧图书馆"的基础设施建设、管理系统开发和运营环境搭建主要由国家图书馆负责，而各级图书馆则负责本地特色内容建设和服务空间运营。其他内容提供方和运营方也可以通过开放接口参与，共同构建全国智慧图书馆体系。

（三）深圳"图书馆之城"智慧化体系建设情况

深圳"图书馆之城"较早开启图书馆智慧化建设，并在建设规划中做了部署。2012年5月，中共深圳市委宣传部、深圳市文体旅游局联合印发的《深圳市建设"图书馆之城"（2011—2015）规划》中提出，要充分发挥图书馆在建设创新型、智慧型、力量型知识城市的骨干作用，要充分发挥技术领先的优势，加大科技创新力度，强化"科技+服务"的特色，探索数字化环境下的图书馆发展、图书馆服务的趋势与特点，全面推行数字化远程服务，提高图书馆数字化、网络化和自助服务的水平，构建"无边界图书馆网络"。2016年4月，中共深圳市委宣传部、深圳市文体旅游局联合印发《深圳市"图书馆之城"建设规划（2016—2020）》，要求基本建成覆盖全城、布局均衡、资源丰富、技术领先、互联互通、服务便捷高效的一体化、现代化、智慧型的"图书馆之城"。要推进"图书馆之城"云平台建设，加强"图书馆之城"技术发展整体规划和路径研究，优化"图书馆之城"云平台整体网络架构，提升网络数据中心、骨干节点的运行效率和安全性能。要加强大数据技术应用研究，研制深圳市"图书馆之城"数据分析与监控平台，在"图书馆之城"统一技术平台框架下建立常态化的业务数据自动采集、挖掘机制，全面推进图书馆服务数据可视化。依托读者数据分析，增强个性化服务，推进图书馆管理与服务朝智能化、个性化方向发展。2022 年 6 月，中共深圳市委宣传部、深圳市文化广电旅游体育局联合印发《深圳市"图书馆之城"建设规划（2021—2025）》，该规划提出到 2025 年，建成国内领先的智慧型城市公共图书馆体系，要综合运用互联网、大数据、云计算、人工智能等新技术，构建标准统一、数据共享、监管有效、全面覆盖、泛在互联的"图书馆之城"云平台。要利用 5G 网络、Wi-Fi6 等技术，构建基于 RFID、物联网传感器应用、精准定位、VR 等技术应用的感知体系，打造线下"图书馆之城"智慧服务空间和场景。要加强纸本书刊采编、调配的智能协同，建设大型仓储及智能分拣系统，增强各区图书馆书库的智能化保障能力，构建智慧化、高效化"图书馆之城"资源建设与调度体系。

在建设规划的指导下，作为"图书馆之城"中心馆和龙头馆的深圳图书馆于 2010~2012 年开展了各馆的合库工作。"图书馆之城"统一技术平台在统一服务的推动下，依托高速发展的信息化科技，以及深圳各市、区图书馆充沛的创新动力应运而生。ULAS 按照 1~3 年局部升级、3~6 年适时重构的建设思路，已建成以全面数据化、全面平台化、全面移动化、全面智慧化为特点的"图书馆之城"统一技术平台。该平台的建立是深圳"图书馆之城"智慧化建设的重要里程碑，它以全面数据化、全面平台化、全面移动化、全面智慧化为特点，为图书馆服务的智慧化提供了强有力的支撑，并将逐步成为智慧城市建设中图书馆行业的数字底座，实现"全城"业务一体化和融合创新生态的构建。

历经二十余年建设，通过不断地技术创新和服务模式创新，深圳已建立了覆盖全城、布局均衡、资源丰富、技术领先、互联互通、服务便捷高效的一体化、现代化、智慧型"图书馆之城"。依托"图书馆之城"智慧化系统平台，截至 2023 年底，深圳全市共有 1125 个服务网点（含市级馆 2 家，区级馆 9 家，街道及其他各类基层图书馆 793 家，城市街区自助图书馆 235 台，24 小时书香亭 71 个，其他类型自助图书馆 15 台）加入"图书馆之城"统一服务体系。统一服务体系累积注册读者 478.54 万人，馆藏实体文献 2672.12 万册/件，电子文献 3342.25 万册/件。2023 年，进馆读者达 3368.79 万人次，举办读者活动 28012 场，参与读者 2677.34 万人次，外借实体文献 2298.37 万册次，还回实体文献 1594.24 万册次。

二 深圳"图书馆之城"智慧化建设成效及特点分析

深圳"图书馆之城"智慧化建设在统一的标准规范驱动下，采用一体化发展模式，支持各成员馆业务创新需求，推动全城业务智慧治理，特点鲜明且成效显著。

（一）标准规范、要则指导、体系发展

深圳"图书馆之城"建设高度重视标准化与规范化。2012 年以来，深圳地区图书馆牵头及参与制定标准 14 个（如表 1 所示），包括国家标准 4 个、行业标准 3 个、地方标准 6 个、团体标准 1 个，标准内容覆盖统一服务技术平台、RFID 技术、书目质量控制、业务统计、智慧应用、业务服务规范等。

表 1　深圳地区图书馆牵头及参与制定标准情况

序号	标准名称	标准号	分类	参与方式
1	信息与文献　图书馆射频识别（RFID）第 1 部分:数据元素及实施通用指南	GB/T 35660.1—2017	国家标准	参与制定
2	信息与文献　图书馆射频识别（RFID）第 2 部分:基于 ISO/IEC 15962 规则的 RFID 数据元素编码	GB/T 35660.2—2017	国家标准	参与制定
3	信息与文献　图书馆射频识别（RFID）第 3 部分:分区存储 RFID 标签中基于 ISO/IEC 15962 规则的数据元素编码	GB/T 35660.3—2021	国家标准	参与制定
4	公共图书馆业务规范第 3 部分:县级公共图书馆	GB/T 40987.3—2021	国家标准	参与制定
5	图书馆射频识别数据模型第 1 部分:数据元素设置及应用规则	WH/T43—2012	行业标准	参与制定
6	图书馆射频识别数据模型第 2 部分:基于 ISO/IEC 15962 的数据元素编码方案	WH/T44—2012	行业标准	参与制定

序号	标准名称	标准号	分类	参与方式
7	社区图书馆服务规范	WH/T 73—2016	行业标准	牵头制定
8	公共图书馆统一服务技术平台应用规范	SZDB/Z 168—2016	地方标准	牵头制定
9	公共图书馆 RFID 技术应用业务规范	SZDB/Z 169—2016	地方标准	牵头制定
10	公共图书馆统一服务书目质量控制规范	SZDB/Z 275—2017	地方标准	牵头制定
11	公共图书馆统一服务业务统计数据规范	DB4403/T 78—2020	地方标准	牵头制定
12	公共图书馆智慧技术应用与服务要求	DB4403/T 169—2021	地方标准	牵头制定
13	无人值守智慧书房设计及服务规范	DB4403/T 170—2021	地方标准	牵头制定
14	24 小时自助图书馆通用服务要求	T/SZS 4030—2020	团体标准	牵头制定

资料来源：根据网络公开信息整理所得。

为指导和推进各成员馆的智慧应用建设，深圳地区图书馆发布 10 个技术标准和应用要则（如表 2 所示），涉及智能书架系统、智能立体书库系统、文献传输系统（轨道小车）、文献揭示系统等。

表 2　深圳地区图书馆发布技术标准和应用要则情况

序号	标准名称
1	公共服务平台统一认证与协同建设技术规范
2	智能书架系统应用技术规范
3	图书盘点机器人系统应用技术规范
4	智能立体书库系统应用技术规范
5	文献传输系统(轨道小车)应用技术规范
6	ULAS-OPAC 文献揭示系统技术应用要则
7	ULAS-EasyLod 统计分析系统技术应用要则
8	ULAS-API 开放平台技术应用要则
9	ULAS-阅读推广活动管理平台技术应用要则
10	基于 NCIP 协议的自助服务系统技术应用要则

资料来源：根据网络公开信息整理所得。

深圳"图书馆之城"统一技术平台建立在统一的标准、规范基础上，"全域互联"是实现"全面智慧化"的先决条件，必须坚持标准定方法，规

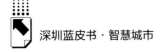

范定细节，管理机制保实施和成效，促进"图书馆之城"体系化、一体化、均等化发展。

（二）统一平台、一体规划、节支增效

"图书馆之城"统一技术平台通过基础系统、扩展系统、外部系统分类管理，对不同类型系统提出总体要求、协同建设。平台拥有 90 余个系统，其中基础系统为图书馆必备的读者办证（注册）系统、借还服务系统、联合采编系统、典藏管理系统等，由深圳图书馆核心技术团队自研并全面管理，按最高数据安全和规范要求高标准建设；扩展系统包括网站门户、读者活动管理系统、电子阅览室管理系统、座位管理系统、电话语音服务系统等，由深圳图书馆与第三方企业合作研发，共同运维管理，第三方企业必须遵循数据本地化、统一认证、接口规范、信息安全、项目可视等原则，在精细化授权和监管下践行高质量发展；外部系统是持续引进的各类独立系统，如智能书架系统、图书盘点机器人系统、智能立体书库系统、自动分拣系统、文献传输系统（智能小车）等，其数据可云端部署，但原则上必须满足统一认证要求，采用统一的数据交互平台，自身数据管理和系统运营由服务商负责，营造开放式发展生态。

作为"图书馆之城"的网络数据中心，深圳图书馆目前正按照打造"图书馆之城"行业云平台的"双核"（中心馆、北馆）模式展开规划建设，在中心馆原有计算资源、存储资源充分利用的基础上，通过裸光纤实现"一网"互联，实现两馆信息化基础设施一体化、集约化设计，节支增效，全面共享"图书馆之城"应用软件资源，在保障统一技术平台高效能的同时，实现架构升级和扩容，满足"图书馆之城"高速发展需求。

（三）需求引导、场景创新、智慧治理

在"图书馆之城"各成员馆广泛的创新需求驱动下，ULAS 推出开放接口平台。在平台支撑下，各成员馆积极开展智慧图书馆建设项目，包括智慧设备引进、智慧空间建设、智慧系统对接等。深圳图书馆北馆、盐田区图书馆等引进了智能书架,实现在架文献的分钟级感知;盐田区图书馆、宝安区图书馆引进了智能视觉盘点系统,实现在架文献的精准定位和实时盘点;深圳图书馆北馆、南山区图书馆、罗湖区图书馆新馆建设大型智能立体书库,实现文献高效存取;盐田区图书馆的 10 家智慧书房整合了 AI 互动、人脸识别、虚拟办证、智慧感知、个性化导读、远程教育服务等技术;南山区图书馆推出的"南山书房"项目,集沉浸式阅读、数字化学习、智慧化管理和差异化服务于一体。"图书馆之城"统一服务已从系统"共享"蜕变为平台"共建"。

2018 年开始,ULAS 在各馆共建成果的基础上,将成熟功能打包形成页面功能组件,实现用户界面可定制、数据可统计,直接下发给"图书馆之城"各成员馆使用,节省了与企业合作开发共建的过程。截至 2023 年,"图书馆之城"统一技术平台已建成虚拟读者证(即在线办证)、扫码支付、家庭读者证、读者证升级、书目检索、我的图书馆、活动日历、预约中心 8 个页面功能组件。

与此同时,各馆积极融入智慧城市体系建设,通过对接"i 深圳"App、"粤读通"、电子社保卡、支付宝"城市服务"、微信公众号等各类大型政企平台实现用户、文献的互认,进一步扩大"图书馆之城"服务范围。

2020 年,ULAS 基于数据挖掘技术,遵循《公共图书馆统一服务业务统计数据规范》推出智慧统计分析系统 EasyLod II,构建起"图书馆之城"统一技术平台的数据中台,为各馆提供全面、直观、高效、准确的统计分析和数据发布服务。在数据中台的支撑下建设了大型智慧数据屏系统、实时数据监控平台及办公可视化系统,实现"图书馆之城"全域数据实时监控及公开展示,提升"图书馆之城"智慧治理能力。大型智慧数据屏系统公开展示成员馆实时客流和文献借还数据、历史统计数据、成员馆位置揭示、文献资源推荐、读者活动预告等多个应用主题。实时数据监控平台及办公可视化系统用于"图书馆之城"运营的实时及历史数据内部查询,已实现读者服务、场馆运营、内部管理 3 类 53 项数据的可视化呈现。

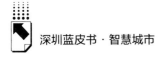

三 深圳"图书馆之城"智慧化建设中存在问题 及原因探讨

深圳"图书馆之城"智慧化建设取得了显著成效，但囿于财政投入、体制机制、标准体系等方面因素，其建设过程中还是存在不足之处，需要予以探讨和解决。

（一）市、区两级财政体系发展不均衡

在深圳的公共图书馆系统中，市、区两级财政体系的存在是一个不可忽视的现实。这种体系在一定程度上影响了图书馆资源的配置、服务的提供以及整体发展的不均衡性。

首先，市、区两级财政体系导致市级财政和区级财政在资金投入、管理权限和使用范围上存在差异。市级图书馆通常能够获得更多的财政支持，这使得市级图书馆在硬件设施建设、文献资源采购、服务创新等方面具有更强的能力。例如，深圳图书馆作为市级图书馆，其北馆的建设、藏书量的丰富以及"一馆一库三中心"功能的实现，都离不开市级财政的大力支持。

其次，区级图书馆在财政体系中的地位相对较弱，这直接影响了它们的发展速度和服务能力。一些区级图书馆的基础设施建设、文献资源建设和服务创新、智慧化建设等方面可能因为资金不足而发展缓慢。这种不均衡的财政支持体系可能导致市级图书馆与区级图书馆之间的服务水平和覆盖范围存在较大差距。

最后，市、区两级财政体系也可能影响图书馆服务的均等化。市级图书馆由于财政支持的优势，能够提供更多样化、高质量的服务；而区级图书馆因资源有限，其服务范围和质量受到制约。这种差异可能会加剧不同区域之间的文化服务差距，影响"图书馆之城"建设的整体效益。

为了解决这一问题，深圳在"图书馆之城"的建设规划中提出了一系

列措施。例如，通过建立总分馆体系，实现资源共享和服务均等化，以及通过垂直管理等方式提高区级图书馆的服务效能。这些措施旨在通过财政支持的优化，实现图书馆服务的均衡发展，确保每个市民都能享受到高质量的公共图书馆服务。

总之，市、区两级财政体系是影响深圳"图书馆之城"建设和发展的一个重要因素。通过不断地探索和改进，深圳正努力通过财政支持的优化，推动图书馆服务的均衡发展，以实现"图书馆之城"的全面建设目标。

（二）前沿智能化技术应用统一管理缺失

面对数智化时代的快速发展，"图书馆之城"各成员馆积极响应并实践前沿智能化技术的应用，以提升图书馆服务的智慧化水平。然而，在这一过程中，也暴露出了统一管理的缺失问题，这对实现技术与服务的深度融合构成了挑战。

首先，虽然各成员馆在智能化服务上取得了显著成就，如作为"图书馆之城"读者线上咨询服务中心，深圳图书馆智能应答系统的成功实施，大幅提升了咨询效率，但统一管理的缺失使得各系统间的融合与协同并不理想。例如，不同分馆或合作单位在技术应用与数据管理上各自为政，缺乏统一标准与接口，这在一定程度上阻碍了智能化服务的普及与优化。

其次，智能化技术的更新换代速度极快，统一管理的缺失意味着图书馆需要不断适应新的技术标准，这不仅增加了运营成本，也影响了图书馆在新技术应用上的创新步伐。同时，对于用户界面与用户体验的设计，以及系统的可持续升级维护，也需要一个统一的管理框架来确保标准化与一致性。

再次，随着智慧图书馆建设的深入，大数据分析、人工智能、物联网等技术的应用将更加广泛。这些技术的集成与应用需要更高级别的统一管理，以确保数据的安全性、服务的个性化以及资源的最大化利用。目前，这些领域的管理仍然是"图书馆之城"智能化发展中的薄弱环节。

最后，统一管理的缺失还影响了图书馆与读者之间的互动与反馈机制。智能化技术的应用应该更加注重读者反馈，以便不断优化服务。然而，如果

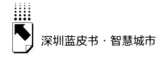
缺乏一个统一的平台或系统来收集、分析并处理这些反馈，那么智能化技术的应用就可能成为一个单向的服务流程，而不是一个互动的服务循环。

总之，虽然各成员馆在智能化技术应用上已取得一定成果，但统一管理的缺失仍是制约其进一步发展的主要问题。未来，全城需要建立起更加完善的统一管理机制，以实现技术与服务的深度融合，提升"图书馆之城"服务的智慧化水平，满足读者日益增长的信息需求。

（三）基于标准的数据开放建设统筹难

基于标准进行有效的数据统筹治理，在数据开放的过程中保证"一数同源"，避免形成新的"数据烟囱"，是"图书馆之城"体系化、智慧化建设中必须面对的难题。这个问题的复杂性在于，标准化不仅仅是一个技术问题，它还涉及政策、管理、服务等多个层面。

首先，标准化的数据开放建设要求建立一套完整的标准体系。这套体系应当包括数据的采集、存储、处理、发布和使用等各个环节的标准。在这个过程中需要考虑数据的安全性、完整性以及可访问性，确保数据的开放建设既能够满足公众的需求，又能够保护数据所有者和使用者的合法权益。

其次，标准化的数据开放建设需要有一个统一的执行机构。这个机构应当具备足够的权威性和执行力，以确保标准的有效实施。同时，这个机构还应当具备一定的技术能力，以便在遇到技术难题时能够及时解决。

再次，标准化的数据开放建设需要得到政府的大力支持。政府不仅需要出台相关的政策支持数据的开放建设，还需要为标准化建设提供必要的资金支持。此外，政府还可以通过举办培训、提供技术咨询等方式，帮助公共图书馆提升数据开放建设的能力。

最后，标准化的数据开放建设还需要得到社会各界的支持。这包括但不限于公共图书馆、研究机构、企业等。通过多方的合作可以共同推动标准化数据开放建设的进程，同时也可以共同面对和解决在建设过程中遇到的各种问题。

总之，基于标准的数据开放建设统筹难题的解决，需要在标准体系建设、执行机构设置、政府支持以及社会合作等方面进行全面考虑和努力。只有这样才能确保数据开放建设的健康发展，真正实现数据的价值。

（四）高科技头部企业与图书馆合作程度不高

"图书馆之城"在体系化建设方面取得了显著成就，但与高科技头部企业合作程度不高的问题依然存在。在数字化、智能化的浪潮下，图书馆的服务模式和管理方式也在发生变革。为了更好地服务读者，提高图书馆的服务质量和效率，与高科技头部企业的合作显得尤为重要。

高科技头部企业拥有最前沿的技术和产品，而图书馆则拥有大量的信息资源和读者需求，两者的合作可以推动图书馆服务的创新和升级。例如，可以通过合作开发智能书架、自助借还机、智能导航系统等智能化设备，提升图书馆的借阅效率和读者体验。同时，也可以合作推进大数据分析、读者行为分析等项目，为图书馆提供精准的服务推荐和管理决策支持。

然而，目前各成员馆与高科技头部企业的合作程度还不够深入。这可能是由于多方面的原因，如合作模式不明确、合作机制不健全、合作过程中的利益分配不公等。为了解决这些问题，各成员馆可以探索建立更开放、更灵活的合作机制，明确合作双方的权利和义务，确保合作的顺利进行。

总之，高科技头部企业与图书馆的合作是推动图书馆服务创新和提升服务质量的重要途径。各馆应积极探索与高科技头部企业合作的新模式，以推动图书馆服务的数字化、智能化升级。

四 推进深圳"图书馆之城"智慧化建设的策略建议

为解决"图书馆之城"智慧化建设过程中存在的问题，进一步深化"图书馆之城"智慧化发展进程，建设图书馆行业智慧化体系，加强社会合作，促进"图书馆之城"可持续发展，现提出以下策略建议。

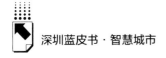

（一）建设行业智慧化服务生态体系

随着信息技术的快速发展，智慧化已成为推动公共图书馆服务创新与升级的重要动力。深圳图书馆作为"图书馆之城"建设的龙头馆，其在智慧化服务领域的探索与实践，为其他城市公共图书馆提供了可借鉴的经验。智慧化服务不仅仅是技术的应用，更是一种服务理念的转变。

首先，智慧化服务生态体系的建设强调的是技术与服务的深度融合。通过整合大数据、云计算、物联网、人工智能等现代信息技术，深圳图书馆能够为读者提供更加便捷、个性化的阅读与学习体验。例如，通过大数据分析读者的阅读习惯和偏好，图书馆可以提供个性化的书目推荐服务；利用人工智能技术，可以实现智能问答和咨询，提高服务效率和读者满意度。

其次，智慧化服务生态体系的建设还需要考虑不同读者群体的需求。深圳图书馆通过建设智慧数据屏、智慧书房等智慧化空间，不仅为读者提供了便捷的信息获取与借阅服务，还为不同年龄层、不同需求的读者打造了多样化的学习交流空间。这些智慧化空间的建设，不仅提升了图书馆的服务功能，也成为社区文化交流的重要场所。

再次，智慧化服务生态体系的建设还需要与城市的整体发展战略相结合。深圳图书馆在构建智慧化服务时，不仅仅局限于图书馆本身，而是通过与"i深圳"App、"粤读通"等平台的合作，将图书馆的服务拓展到更广泛的公共服务领域。这种跨界合作模式，不仅扩大了图书馆的服务范围，也为城市的智慧化建设贡献了力量。

最后，智慧化服务生态体系的建设还需要注重可持续发展。深圳图书馆在推进智慧化服务时，注重技术更新与服务模式的创新，确保在提供高效、便捷服务的同时，也能够保证服务的质量和读者的持续满意度。此外，图书馆还注重对智慧化服务人员的培训与培养，确保每一位读者都能够享受到高质量的智慧化服务。

总之，深圳图书馆在建设智慧化服务生态体系方面的探索与实践，为公共图书馆服务的创新发展提供了有益的启示。未来，随着技术的不断进步和读者需求的不断变化，公共图书馆的智慧化服务也将不断深化与拓展，为构建学习型社会和提升城市文化软实力发挥更加重要的作用。

（二）明确国资平台公司参与公益类项目的模式

国资平台公司参与公益类项目，特别是公共图书馆等文化项目的模式，在深圳"图书馆之城"智慧化建设中仍然缺失，本报告从以下几个方面进行探索和实践。

首先，国资平台公司可以作为项目的主要投资建设者。依托其强大的资源整合能力和资金实力，国资平台公司能够快速有效地完成公共图书馆的基础设施建设，包括图书馆的选址、设计、建设以及初期的设备采购等。例如，通过与市级、区级图书馆合作，共同打造满足深圳市文化发展需求的图书馆新馆、新型智慧化服务空间，为市民提供更加现代化、智能化的阅读空间。

其次，国资平台公司可以作为项目的运营管理者。在图书馆建成后，国资平台公司可以负责图书馆的日常运营管理，包括图书的采购、整理、分类以及读者服务等。通过建立专业的管理团队，国资平台公司可以确保图书馆的服务质量和运行效率，同时也能够根据市民的需求和反馈，不断优化服务内容，提升读者体验。

再次，国资平台公司可以作为项目的内容提供者。通过与出版社、作者以及其他文化机构的合作，国资平台公司可以丰富图书馆的藏书量和阅读资源，为市民提供更加广泛和深入的阅读选择。此外，国资平台公司还可以组织各类文化活动，如读书会、讲座、展览等，进一步丰富市民的文化生活。

最后，国资平台公司可以作为项目的社会化运作者。通过与社会力量的广泛合作，包括但不限于教育机构、社会团体、专业组织等，国资平台公司可以共同参与图书馆的服务建设，形成四方联动的服务模式。这种模式不仅能够扩大图书馆的服务范围，还能够提升图书馆的社会影响力和文化辐射力。

总之，国资平台公司在参与公共图书馆等公益类项目中，可以扮演

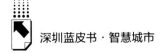

投资建设者、运营管理者、内容提供者和社会化运作者的多重角色。通过这些角色的有效融合与协同，国资平台公司将为深圳市的公共图书馆事业注入新的活力，推动其可持续发展，为市民提供更加优质的公共文化服务。

（三）加大智慧化底座流程整合力度，促进统一技术平台可持续发展

在当前信息化快速发展的背景下，智慧化底座流程整合已成为提升图书馆服务效率和质量的关键。深圳"图书馆之城"智慧化建设一直致力于推动统一技术平台的可持续发展，以实现资源的最大化利用和服务的最大化覆盖。

首先，智慧化底座流程整合意味着要将各个分馆的信息资源和服务平台进行有效整合，形成一个统一的、高效的技术平台。这不仅能够提高图书馆系统内部的运行效率，还能够为读者提供更加便捷、全面的信息服务。例如，通过统一的技术平台，读者可以享受跨馆借阅、预约归还、在线阅读等服务，大大提升了阅读体验和借阅便利性。

其次，统一技术平台的可持续发展需要不断地技术创新和更新。统一技术平台在这方面进行了一系列的探索和实践。例如，引入人工智能、大数据等先进技术，为读者提供智能推荐、个性化服务等功能，同时也为图书馆的管理和运营提供了更加智能化的工具和方法。

再次，智慧化底座流程整合还需要考虑到读者体验的提升。统一技术平台通过建立读者反馈机制，不断优化和调整技术平台的功能和服务，确保读者需求得到满足，并能够及时响应读者的反馈和建议。

最后，统一技术平台的可持续发展还需要得到政府和社会各界的支持和参与。各成员馆积极与政府部门、科研机构、社会企业等进行合作，共同推动统一技术平台的升级和优化，确保其可持续发展。

总之，通过加大智慧化底座流程整合力度，"图书馆之城"各成员馆不仅提升了服务能力和水平，也为市民读者提供了更加优质的图书馆服务体

验，同时也为其他地区图书馆提供了可借鉴的经验和模式。未来，各成员馆将继续探索和实践，共同促进统一技术平台的可持续发展。

（四）加大统筹力度，完善全流程制度建设

为了进一步提升服务效能和运行效率，"图书馆之城"智慧化建设在不断优化现有技术平台和服务功能的基础上，进一步加大统筹力度，完善全流程制度建设。这不仅涉及图书馆内部的管理流程，也包括与外部服务平台的融合与协作。

首先，在内部管理方面，通过强化标准化建设，确保每一项服务都能高效、规范地执行。例如，文献转借、移动支付、二维码读者证等服务均基于统一的服务标准和操作流程，通过不断地实践和优化，形成了标准化的服务流程。这种标准化的流程不仅提升了服务的效率，也为读者提供了更加便捷、一致的服务体验。

其次，在与外部服务平台的融合方面，依托"图书馆之城"统一技术平台，"图书馆之城"持续与"i深圳"App、"粤读通"等政企公共服务平台实现对接。这种跨界合作不仅扩大了图书馆的服务范围，也为读者提供了更为丰富、多元的信息获取和文化体验渠道。通过这种方式，图书馆的服务不再局限于传统的借阅，而是成为连接读者与各种公共服务的桥梁。

再次，为了更好地服务读者，"图书馆之城"还建立了一套完善的读者反馈和评价体系。通过收集读者反馈，图书馆能够及时了解服务中存在的问题，不断调整和优化服务内容。这种以读者为中心的服务模式，确保了图书馆服务的持续改进和升级。

最后，各成员馆还特别注重智慧化服务的推广和应用。通过引入前沿科技，如自然语言处理技术、蓝牙定位技术等，图书馆能够为读者提供更加智能化、个性化的服务。例如，智能应答系统的引入，不仅提升了咨询效率，也提高了读者满意度。

总之，加大统筹力度和完善全流程制度建设，不仅提升了各成员馆的服

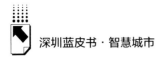

务质量和运行效率，也更好地融入了城市的公共服务体系，为构建"图书馆之城"贡献了重要力量。

参考文献

饶权：《全国智慧图书馆体系：开启图书馆智慧化转型新篇章》，《中国图书馆学报》2021 年第 1 期。

张岩、王林主编《深圳模式——深圳"图书馆之城"探索与创新》，中国社会科学出版社，2017。

张岩、王洋：《从探索实践到先行示范——"图书馆之城"的深圳模式》，《图书馆论坛》2021 年第 1 期。

张岩：《中国特色社会主义先行示范区的"图书馆之城"事业创新发展》，《图书馆论坛》2023 年第 12 期。

王冰主编《统一服务这十年——"图书馆之城"事业发展报告（2013—2022）》，深圳出版社，2023。

王林主编《"图书馆之城"标准规范与技术应用要则》，深圳出版社，2023。

蔡晖、张贺：《专注与融合——"图书馆之城"统一技术平台建设与实践》，载王林《开放 创新 典范——"图书馆之城"二十周年文集（2003—2023）》，深圳出版社，2023。

B.10
气象科技赋能深圳低空经济创新发展的
需求、机遇、挑战、策略

孙石阳　张习科　丁　一　刘东华*

摘　要： 气象科技赋能深圳低空经济创新发展正面临强盛需求和崭新机遇，也存在三大挑战：气象科技支撑离低空经济产业发展要求有一定差距、气象数据要素利用与流通支撑低空气象的数字化能力需进一步加强、低空气象融合发展所需气象赋能服务产业的资源相对匮乏。为应对这些挑战，需要加快推进低空气象基础设施建设，提升低空气象监测能力；提升低空气象数字化预报能力，强化低空应用场景气象保障；创新气象产业赋能模式，培育气象科技赋能产业链条。

关键词： 气象科技　低空经济　气象数据

习近平总书记在中共中央政治局第十一次集体学习时强调，"发展新质生产力是推动高质量发展的内在要求和重要着力点，必须继续做好创新这篇大文章，推动新质生产力加快发展"。[①] 以新质生产力塑造我国经济新的核

---

*　孙石阳，深圳市气象局科技与数据管理处高级工程师，主要研究方向为城市智慧气象与产业发展；张习科，博士，深圳市气象局科技与数据管理处数据管理主任，主要研究方向为城市智慧气象与产业发展；丁一（通讯作者），博士，深圳市智慧城市科技发展集团有限公司高级研究员，主要研究方向为数字经济、人工智能；刘东华，深圳市气象局科技与数据管理处处长，高级工程师，主要研究方向为城市智慧气象与产业发展。
① 《习近平在中共中央政治局第十一次集体学习时强调：加快发展新质生产力　扎实推进高质量发展》，中国政府网，2024 年 2 月 1 日，https：//www.gov.cn/yaowen/liebiao/202402/content_ 6929446. htm。

心竞争力和发展新动能成为实现高质量发展的关键元素,既具有重大理论意义,又具有重大实践价值,也为气象高质量发展提供了新思路、为高水平构建新质气象科技产业提供了新途径。低空经济是指依托于3000米以内低空空域,以各种有人驾驶和无人驾驶航空器的低空飞行活动为牵引,辐射带动相关领域融合发展的综合性经济形态,具有产业链条长、辐射面广、成长性和带动性强等特点,是新质生产力、现代化产业体系与战略性新兴产业的突出代表。为深入推动气象科技赋能深圳实体经济和数字经济高质量发展,为全市经济社会高质量发展提供高水平气象新质能力支撑,有必要对新质生产力语境下气象赋能低空经济创新发展的需求、机遇、挑战和策略进行深入分析和探讨。

一 需求分析

(一)低空经济产业作为赋能新质生产力的重要孵化器和创新集聚区

作为备受瞩目的新质生产力代表,低空经济融合了信息化、数字化、航空、无人机等多领域技术,具有产业链条长、辐射面广、成长性和带动性强等特点,有望成为带动高质量发展新质生产力投资的新领域。

1.低空飞行包含推动产业升级与未来产业发展的关键性技术突破

低空经济作为新质生产力,涉及多学科交叉技术,需要物联网、云计算等新技术的支持。近年来,关键技术不断完善,使得低空经济发展条件逐渐完备,能够带动航空器研发、基础设施建设等多个产业链的共同融合发展。随着技术和研发的进步,低空飞行器技术也越来越成熟,支持的业务种类和场景越来越丰富,安全性能也越来越有更多保障。不同类型的无人机的载重能力、航行时间都在不断突破天花板。载物和载人的行业应用无人机成为无人机发展的新趋势,特别是电动垂直起降航空器(eVTOL)的发展远超人们的预期。通过新技术赋能,发展以eVTOL为代表的低空经济,是未来航空高端化、智能化、绿色化的发展方向，是安全高效环保的综合立体交通和低空融合飞行的主要内容，是全球争相布局、积极抢占发展制高点的重要领域。空管系统是低空经济中具有科技成长属性的赛道。在起飞、巡航、降落等全过程中，空管系统提供通信、导航、监视和信息管理等服务。飞行器技术还在不断持续迭代，飞行器形态和续航能力也在不断优化，飞行器技术的成熟为低空经济的载体提供了坚实的保障，很大程度上解决了无人机本体飞行的安全问题，为低空经济的发展奠定了基础。

2. 围绕低空空域资源要素延伸各领域覆盖广泛的产业链

低空经济是以各种有人驾驶和无人驾驶航空器的低空飞行活动为牵引，辐射带动航空器研发、生产、销售以及低空飞行活动相关的基础设施建设运营、飞行保障、衍生综合服务等领域产业融合发展的综合经济形态。低空经济产业链分为上游、中游和下游：上游为原材料与核心零部件领域，包括研发、原材料和零部件；中游为低空经济核心部分，包括载荷、低空产品和地面系统；下游为产业融合部分，包括飞行审批、空域备案等，并延伸至低空经济与各种产业的融合应用。加强低空空域资源的开发利用，加快低空基础设施建设，将低空空域资源转变成类似"土地"资源的生产要素，将为开展经济活动提供要素保障。在基础设施建设方面，建立统一标准化的低空智能基础设施是降低低空经济运营成本的关键。首先，由政府主导建设可共享的基础设施能大幅降低企业建造和使用基础设施的成本，而标准化也会允许通过竞争将基础设施的制造成本和服务成本降到最低。其次，将公共能力放在基础设施承载，则可以降低企业的运营成本。最后，将飞行器原来要承载的航路规划以及飞行冲突解除等功能转移到基础设施上统一处理，将会降低飞行器成本。同时，精细化的基础设施以及规划允许大规模的低空飞行，规模化的业务也会降低低空业务的边际成本。全数字化的基础设施允许系统在规划和分配航路时，可以按照时间最短、成本最低或者时间最少等多个维度进行优化，用来降低不同业务类型的成本或增加其收益。

3. "低空经济+"与实体经济的融合实现丰富的应用场景转化

随着无人机对各行业的渗透程度越来越深，其对低空经济发展的主导作用越来越明显，以通航和无人机为主导的低空经济快速发展使得"低空经济+"应用场景也日益丰富。目前已经进行商业化探索的应用场景涵盖航拍、物流、交通巡逻、勘探测绘、农业植保、消防巡查等多个领域。随着低空经济被提升到国家战略后，"政策+产业"正不断推进"低空经济+"应用场景的落地，新的应用场景也在不断探索中。具体应用场景根据不同飞行器类型而异，例如直升机主要用于应急、消防、医疗救援和观光等领域，而无人机则广泛应用于物流货运、工业应用等。在垂直行业应用方面，低成本的垂直起降载人成为发展的关键方向。成本的显著降低有望推动低空经济的发展，支撑城市中低成本载人需求，并为各行业提供更多机型的作业支撑，最终形成真正的万亿级产业。

以2023年12月29日发布的《深圳经济特区低空经济产业促进条例》为例，深圳鼓励社会组织、企业和个人积极探索各类低空飞行应用场景。应急救援方面，推进低空飞行快速应急救援体系建设，加强低空飞行在应急处置、医疗救护、消防救援等领域的应用。城市管理服务方面，推动低空飞行在国土资源勘查、工程测绘、农林植保、环境监测、警务活动、交通疏导、气象监测等方面的应用。交通运输方面，推动开通市内、城际、跨境等低空客货航线，支持探索在机场、铁路枢纽、港口枢纽、核心商务区等开展低空飞行联程接驳应用。物流配送方面，加强无人驾驶航空器在快递、即时配送等物流配送服务领域的应用。文体旅游方面，推动低空文化园区、低空消费小镇、低空飞行营地等建设，鼓励开展低空运动、低空旅游等活动。

（二）气象科技作为构筑低空经济发展的关键链条和潜质产业

1.气象监测是低空经济融合基础设施不可或缺的重要构成

低空飞行安全是保障低空经济长远发展的关键一环，而气象条件是影响低空飞行安全的重要因素，对航路规划、飞行时间窗口等有重要影响。构建低空飞行"气象网"，提升低空气象感知能力，是支撑低空经济应用场景建设、赋能低空经济发展不可忽视的重要因素之一。低空飞行活动、管理与运营都离不开基础的物理设施，包括起降点、能源站等，出现异常状况时所需的备降点、迫降点等，以及日常运维的维修站，业务场景需要的接驳站、装卸站等。为了充分提高低空经济的业务效率和设施使用效率，这些基础物理设施的服务能力必须是数字化的，并且需要实时更新其状态，以便通过数字系统对其进行调度并优化使用效率。气象监测设施是基础设施的重要组成部分，需要通过构建更加精密的低空气象监测网络，强化低空气象数据的采集、分析，提升中小微尺度的数值预报能力，支撑低空经济应用场景建设、赋能低空经济产业发展。

2. 气象数据供给是确保低空飞行安全与效率的核心要素

低空空域飞行任务多数为短距离飞行。随着低空飞行器数量的增加，为保障低空空域飞行的安全，低空信息基础设施技术需不断完善，精细度需不断提升以获得更细空间粒度的信息，以及动态的实时或者准实时的信息。对此，针对低空物流交通等应用，有必要提供低空空域内的气象综合监测、气象灾害辅助决策服务，减少恶劣天气给低空飞行带来的影响。气象可以提供的低空服务实况监测产品主要包括风速、降雨、雷电、雷达回波、温度、能见度监测等。低空服务预报产品主要包括风速、降雨、雷电短临预报，以及短期风、温、湿、雨逐时逐日预报。基于数据可以构建低空阈值预警体系，对重点关注对象进行气象风险告警，包括大风、降雨、雷电、低能见度的实况与预报阈值告警。

3. 气象科技与服务需求拓展产业发展新方向、注入新动能、开辟新空间

粤港澳大湾区城市群既是中国经济密度最大的地区，也是天气变化最复杂的地区，气象科技的宏观投入产出比相对会更高，对地区经济发展的综合贡献价值较大。同时，气象科技具有较强的供给侧效应，可以促进很多关联产业的发展。面向深圳建设"先锋城市""全球海洋中心城市"等新质生产力高要求，深圳气象已不再是用简单的天气预报、常态化的服务产品就能满足服务需求，精细化、个性化、专业化、数智化、多样化的气象服务已成为总趋势，将气象服务与科技力量融合形成新质气象科技产业，为气象服务拓展渠道、增加供给、提升效益，充分满足乃至丰富各类气象服务新质需求已成为发展总态势。围绕科技创新核心，气象科技开始在很多细分领域发挥更重要的作用。在以低空经济为代表的战略性新兴产业赛道，气象科技已经成为诸多核心关键技术融合创新发展领域。特别是对未来万亿级新兴产业——人工智能和数字经济，气象科技有着重要的经济赋能和推动经济发展作用，能够拓展产业发展新方向、注入新动能、开辟新空间。

二　机遇分析

（一）低空经济赋能新质生产力成为高质量发展新引擎

1. 低空经济受到自上而下的政策引导和地方举措的积极落实

2023 年，中央经济工作会议将"低空经济"确定为国家战略性新兴产业。2024 年国务院《政府工作报告》中，党中央对 2024 年工作做出了全面部署，明确提出积极培育新兴产业和未来产业，积极打造生物制造、商业航天、低空经济等新增长引擎，凸显了低空经济作为战略性新兴产业的重要地位和发展前景。2023 年 5 月 31 日，由国务院、中央军委公布的《无人驾驶航空器飞行管理暂行条例》自 2024 年 1 月 1 日起施行，其正式发布标志着无人机进入元年，是低空经济发展的重要里程碑。国家鼓励无人驾驶航空器科研创新及其成果的推广应用，促进无人驾驶航空器与大数据、人工智能等新技术融合创新，并要求地方提供支持。密集法规政策的出台标志着科学、规范、高效的低空飞行及相关活动管理制度体系初步构建成型，将为防范化解安全风险、助推相关产业持续健康发展提供有力法治保障。据不完全统计，仅 2023 年就有超过 16 个省份将低空经济、通用航空等相关内容写入《政府工作报告》，并陆续出台支持政策。

2. 低空经济产业规模持续扩大、带动增长效应稳步提升

据粤港澳大湾区数字经济研究院预测，到 2025 年，低空经济对中国国民经济的综合贡献值，将达 3 万亿元至 5 万亿元。围绕低空经济产业链关键环节，在飞行器方面，促进轻小型固定翼飞机、民用直升机、无人机、eVTOL 等低空飞行器制造发展，培育更加丰富的低空应用场景与服务新业

态，其核心产业规模成长空间过万亿元。在低空空域管理与开发利用带动方面，以通用机场、直升机起降点、低空新型基础设施等相关产业链上下游所拉动的投资空间过万亿元。在行业应用与跨界融合新生态方面，以制造创新协同促进科技服务发展、服务模式延展促进空中交通运输发展和飞行体验促进消费变革等各类经济活动，间接带动经济增长的潜力空间过万亿元。从长远来看，高层重视、技术条件储备、市场机遇等因素使得低空经济有望取得盈利，并成为重要的发展方向。

（二）深圳以"20+8"产业集群为依托着力发展低空经济新产业

1. 深圳对战略性新兴产业总体部署和持续推进产业体系建设有抓手有突破

2022 年 6 月，深圳市人民政府印发《关于发展壮大战略性新兴产业集群和培育发展未来产业的意见》，该意见提出 20 个战略性新兴产业重点细分领域及 8 个未来产业重点发展方向。2024 年 3 月，中共深圳市委办公厅、深圳市人民政府办公厅印发《关于加快发展新质生产力进一步推进战略性新兴产业集群和未来产业高质量发展的实施方案》，在总结产业集群发展规律的基础上，结合深圳发展实际，与时俱进滚动完善、持续提升"20+8"产业集群体系，加快发展新质生产力，进一步发展壮大战略性新兴产业集群和培育发展未来产业。方案重点部署了动态调整集群门类、分类推进培育发展、优化调整重点方向、统筹各区错位发展、夯实产业发展基础、加强创新体系建设、完善服务供给体系和积极拓展应用场景等八大任务。其中，深圳结合发展实际，在战略性新兴产业集群中，新增低空经济与空天产业集群，并将其作为具有战略意义、处于风口期、资源投入大的战略重点类产业集群，举全市之力集聚资源，以超常规力度支持培育。

2. 集聚资源持续发力，促进低空经济技术创新与产业增长

深圳抢抓低空经济产业密集创新和高速增长的战略机遇，按照系统谋划、整体推进原则，构建"1+1+1+N"工作体系。组建了深圳市低空经济发展工作领导小组，高位统筹推动全市低空经济工作；印发了低空经济产业创新实施方案。提出构建协同推进机制、开展核心技术攻关、夯实低空智能融合基础设施、培育特色应用场景、集聚资源强链补链、健全规则制度体系、提高安全管理能力等重点任务，明确到 2025 年逐年工作任务目标及责任单位；颁布和实施《深圳经济特区低空经济产业促进条例》；推动建设统一的低空运行规则与标准。深圳以大量低空应用为牵引，面向真实场景，建立一系列统一的低空运行规则与标准。通过与行业标准组织、行业协会和研究机构共同合作快速形成地方性标准，并推动相应行业标准和国家标准体系的建立，统一行业规范，降低市场进入门槛，促进低空经济的创新高效发展；构建多个推进低空经济发展的服务平台。组建低空经济专家委员会，为深圳制定低空经济发展相关规划、政策、法规和标准提供建议。成立低空经济产业协会，聚集一批科研机构和头部企业，助力行业规范化发展。研究制定《深圳市支持低空经济高质量发展的若干措施》等鼓励措施，支持低空智能融合基础设施的建设。

（三）深圳气象高质量发展试点与先行示范是低空气象融合发展的基础

1. 深圳持续推进气象高质量发展迈上新台阶、进入新赛道

中共深圳市委七届八次全会暨市委经济工作会议中提出，要以科技创新引领现代化产业体系建设，加快建设具有全球重要影响力的产业科技创新中心，全方位打造创新之城。气象工作关系生命安全、生产发展、生活富裕、生态良好，气象科技能力现代化和气象社会服务现代化是保障"双区"建设、协同构建深圳产业科技创新中心的有机组成和重要支撑。深圳发展的新目标、新定位与新使命，对深圳气象发展提出了更新更高要求。在中国气象局、广东省气象局、深圳市人民政府的大力支持和指导下，深圳持续推进气象高质量发展。2023 年 8 月，深圳市人民政府印发了《深圳市加快推进气象高质量发展的若干措施》，明确"3433"发展战略，在气象防灾减灾体系、智慧气象服务、气象科技产业发展三个方面先行示范，在综合气象观测体系、资料同化技术、人工智能气象预报技术、预警靶向精准发布技术四个方面竞标争先，开辟气象科技产业创新平台建设、影响预报和风险预警、人工智能气象应用三条新赛道，创新气象基层服务、公众服务、专业服务三个方面的体制机制和方式模式。在此基础上，中国气象局将深圳市列入全国气象高质量发展试点城市，先行探索气象产业市场发展与气象产业行业赋能的政策措施、实施路径、发展模式，为深圳经济社会高质量发展提供高水平气象支撑。

2. 气象作为深圳战略性新兴产业集群的发展助推器在多产业领域取得初步成效

气象是深圳战略性新兴产业集群的发展助推器。气象科技产业具有良好的行业扩展性，是行业发展不可或缺的基础要素，大量的细分领域都需要精细化的气象数据和气象智能设备作为支撑。在深圳市"20+8"产业集群中，有 11 个涉及气象高科技，其中 2 个细分领域与气象科技紧密相关。气象科技既是安全节能环保产业集群的重要组成部分，也是海洋产业集群发展的重要保障，还是智能终端产业集群和智能传感器产业集群的重要载体，并且对软件与信息服务产业集群具有重要推动作用。同时，发展气象科技产业，可以为包括人工智能、高精传感器、无人驾驶、新能源、环境保护在内的 9 个重点细分领域提供大数据应用场景、机器学习素材、模式分析、超高速计算、极端天气压力测试等技术支撑，并助力全球海洋中心城市发展。

三　主要挑战

随着低空飞行活动的持续发展，高质量的低空气象服务对于确保低空飞行器的飞行安全和提升作业效率变得尤为关键。尽管当前的气象服务手段已在实际生产和运营中取得了一定成效，满足了部分需求，但针对行业和产业发展的全面需求而言，仍有很大的提升空间和发展潜力。当前面临的主要挑战如下。

（一）气象科技支撑离低空经济产业发展要求有一定差距

低空气象服务的精细化与高准确性对气象科技提出了较高要求，需要发展先进的气象监测技术和预报模型，以提高低空气象条件预测的细节程度和准确性。例如，提升降雨预报的空间和时间分辨率，以便于更精确地规划和调整无人机的飞行任务。风速和风向预报增加了高度层和局部性考量，包括海拔、建筑物、地形等地表特征的影响。尽管气象是支撑低空经济应用场景建设、赋能低空经济发展不可忽视的重要因素之一，但目前针对低空的气象科技水平还不足以支撑更完善的低空气象服务。当前深圳市气象网地表自动站监测能力分辨率最高的区域网格为 2.6 公里×2.6 公里，离满足低空飞行器对低空小颗粒度（百米级）积云、降雨、风切等更精密、复杂的气象监测需求相差甚远，难以精准精细监测、预测低空飞行航线的气象变化。当前的常规气象服务产品仅提供分区预警、每日天气预报等基本信息，无法为企业提供低空飞行航线规划、起降服务、安全飞行等精细化管控服务。需要进一步加大对低空气象网装备的技术研发力度，构建完善的低空飞行"气象网"，强化低空飞行安全保障。

（二）气象数据要素利用与流通支撑低空气象的数字化能力需进一步加强

数据是气象信息监测以及生产、分析、供给的"原料"。当前在全市数据要素利用与流通尚未完善的条件下，需要先行探索气象数据的利用机制与路径。深圳气象在数据要素流通上已经具备一定的能力基础，已制定气象数据公共目录，正在探索气象公共数据授权运营、流通监管专项试点，并推动高质量气象数据要素流通与价值利用，打造气象数据运营和交易试点。在此基础上，特别是面向未来低空经济发展，需要加强低空气象服务预报数据维度的拓展。低空企业合作与气象数据采集的创新，将常态化运营的无人机作为一种高效的气象数据采集工具，利用其大规模、灵活性和高频次的优势，实时收集低空区域内的气象数据；运行企业与气象服务机构之间需要开展技术合作，通过共享无人机采集的气象数据来反哺和提升气象预报模型的精准度和可靠性。需要开发综合性、有更多维度情报服务的低空气象服务平台，提供包括雷暴、冰雹、微下击暴流、风切变等多种影响飞行安全的气象因素综合预报，且深圳高层楼宇林立、地形复杂，近地面气象要素特别是风、降雨、雷电等局地性极强，有针对性地对气象相关要素进行加密监测十分必要。当前深圳市已提出建设低空气象服务中心的相关规划。

（三）低空气象融合发展所需气象赋能服务产业的资源相对匮乏

当前气象赋能低空经济产业发展的产业基础条件比较薄弱，市场规模有限，精细化气候服务产品研发不足。深圳在气象服务发展供给端仍有很大发展空间，过往依靠深圳市气象台和气象服务中心提供的公共或专业气象的服务类型已无法满足日益发展和细分的气象科技服务需求。现有的专业气象服务领域不够广、场景化服务水平不够高，缺乏需求贴合度高的服务产品，气象服务的针对性和有效性不高，专业气象服务的经济效益和社会效益不够明显。而当前全市气象产业市场主体规模整体偏小且分布散乱，规模较大的气象类服务主体主要集中在北京和长三角地区。同时，深圳研发类主体占比小，在深专门从事气象科技研发的机构只有1家，具有气象科技研发能力的机构不足5家，在深圳的涉气企业以设备销售、安装、维护，气象信息化支撑服务，气象灾害防御安全辅助，气象科普宣传等业务为主，不涉及气象科技的核心技术，整体技术水平偏低。此外，在保持现有气象机构体系体制制度不变的情况下，应厘清气象科技创新成果商业化模式的可行路径。中国气象科技一直是政府主导的事业发展模式，决定了中国气象科技发展以公益目标为主，气象事业链发达，但延伸气象产业链仍相对模糊，商业气象服务市场发育不良，需要政府引导。

四　策略选择

（一）加快推进低空气象基础设施建设，提升低空气象监测能力

协同气象系统及社会有关力量，整合现有的气象观测台站设施设备，支持建设无人机气象监测站点，配套建设更加精密的低空气象监测基础设施。加速构建低空通航观测站网络，创新低空气象观测装备技术研发。鼓励和支

持社会力量参与低空气象基础设施建设,将社会监测站数据接入气象局数据库,提升低空气象监测能力,探索低空立体气象监测布局体系规划和建设标准的研究。

一是加快建成气象监测基础设施服务体系。研究开展基于5G-A通信基站的气象探测技术,依托高层楼宇、智能杆等加密气象监测网络,围绕低空需求在重点飞行区域地面部署低空飞行气象站,覆盖影响低空飞行的风速、风向、湿度、温度、气压、降雨、云高、垂直能见度、光照强度、大气电场、磁暴等11种重要气象要素,提高时空分辨率,减少观测精度误差,同时支持实况直连、临近预报、模式预报服务。建成接入低空飞行数字化管理系统的低空气象服务体系,实现对低空航路航线气象信息高频次监测与预报服务。

二是主动服务开展低空气象服务试验。与低空经济企业开展对接,结合现有布局主要试验区,配套建设更加精密的气象监测基础设施,结合需求开发提供精细化的气象服务产品。通过借鉴地铁运营精细化、数字化、网格化、标准化气象保障服务的成功经验,以试验区航线为中心,3公里半径为风险防御圈,结合无人机飞行的特点,梳理出不同气象要素的影响阈值,实现对影响飞行的气象条件的自动提示,最终形成符合低空物流服务渠道的服务需求产品。通过服务中台以微网页形式提供专业气象服务,为实现低空物流气象保障"气象网"的系统化、集约化、自动化、智慧化奠定基础。

三是深度融入全市低空经济智能融合基础设施建设。加强与全市低空经济统筹建设单位对接沟通,加快推进建设低空气象服务中心。主动与市交通运输局、粤港澳大湾区数字经济研究院、民航深圳空管站等相关单位联合,参与相关系统的建设、标准的制定,在气象监测基础设施、气象预报预警、气象服务、气象标准等方面发挥优势,形成引领。探索低空立体气象监测布局体系和建设标准的研究,研究利用无人机飞行大数据反演立体空间气象要素场等关键技术。

（二）提升低空气象数字化预报能力,强化低空应用场景气象保障

结合全市域的CIM平台建设,融合打造基于CIM平台的气象赋能低

空经济场景应用，提升低空气象数据采集、分析中小微尺度数值预报能力。结合各类低空飞行器的运行服务场景，针对性、持续性研发智能化、精细化低空气象服务产品，在航线规划、起降服务、安全飞行等方面提供服务。

一是打造低空飞行气象数字孪生运行环境。基于深圳市城市 CIM 底座及地形数据，开展对气象雷达信息、卫星云图、地面天气、空中风探测信息、雷电探测信息、风暴云端信息等气象数据进行多维融合预处理及模型建模，构建面向各类气象信息的高分辨率立体网格，支撑深圳市三维气象可视化分布展示及气象发展趋势预测。面向各类场景下的低空飞行活动，融合实时低空气象立体分布、低空气象趋势预测，对雨雪、强对流、低能见度等恶劣天气下的低空运营活动进行低空飞行模拟仿真，保障各类低空飞行活动安全有序进行。

二是突破低空气象短临精细预报预警能力。面向物流、交通等动态实时需求，核心解决 2km 以下、100m×100m×10m 网格的实况数字孪生大气和临近预报问题，将气象数据要素从传统的 6 种拓展至 11 种。研究数值智能双驱动高分辨率气象预报，强化算力、数据等人工智能技术应用基础支撑能力。开展人工智能大模型在气象观测、预报与服务领域关键技术攻关，将预报时间维度丰富为 5 秒实况、30 秒实况、15 分钟预报、45 分钟预报、2 小时预报。针对低空环境复杂、天气变化快的特点，结合气象临近预报预警数据开展气象风险分析（出现和持续时间、强度、影响范围等），实时将风险定位到对应的低空运营对象，实现灾害天气下低空飞行实时精准预警。

三是推进低空气象数据众创利用与众智赋能。按照"原始数据不出域，数据可用不可见"原则，打造气象数据众创利用平台，建立气象数据众创利用工作服务机制。加强低空经济领域气象数据与服务供需对接，推动行业气象服务需求方和供给方在平台上开展合作交流。通过推动气象相关创新创业项目的发展，孵化一批行业气象创新产品，加快培育气象领域数据服务商，提升气象数据价值挖掘能力。加大对高价值气象数据产品的研制力度，探索低空经济专业气象服务领域气象数据产品交易场景试点；

探索在深圳数据交易所与深港科研院所合作开展跨境数据交易流通试点，引导各类市场主体运用气象数据和产品，激活并促进政企数据、行业数据深度融合。

（三）创新气象产业赋能模式，培育气象科技赋能产业链条

融合利用气象科技创新平台和产业创新平台，赋能先进低空飞行器装备研发。探索低空气象装备技术研发的产学研配套政策与机制，依托政府投资引导基金，多元孵化低空气象感知装备制造与技术创新产业链，抢抓低空经济高速发展的"黄金窗口期"。

一是打造产业细分领域科技创新平台。积极探索打造"一领域、一平台、一龙头、众创式、多场景"的气象科技产业发展组织模式。联合央、国企打造产业科技创新平台，围绕深圳市"20+8"产业集群，面向细分领域产业关键需求问题开展核心技术攻关，赋能高科技产业，占据同类产业制高点。联合建设中试公共服务平台。通过数字化、智能化的平台建设以及"低空+气象"产业上下游全链条运营，打通科技成果转化为样品、再到产品的关键环节，支持产业实现谋划一批、建设一批、储备一批的研发转化路径。

二是建设多元融合参与产业创新生态。打造专业气象服务大联盟深圳落地模式。构建国家、省、市专业气象服务大联盟深圳先行先试示范模式。与央、国企合作，引进国家、省、市的先进算法、产品和人力，共同开拓和满足深圳专业气象有偿服务大市场。采用"有形产业园"与"数字产业园"双向驱动并互动的模式，在吸收、吸纳、吸附本地气象科技企业的同时，积极整合域外产业资源，重点培育科技高成长型企业，夯实深圳气象科技产业基础。

三是强化产业科技创新生态合作与人才要素供给。完善局校合作工作机制，与哈工大（深圳）推进中国气象局人工智能实验室建设，与中国气象科学研究院合作开展区域气象预报大模型的业务应用。制定实施气象人才专项计划。将气象人才建设纳入市相关人才计划，支持气象部门设立特聘岗

位，面向全球引进气象高层次人才。在科研立项、教育培训、评先表彰等方面对气象专业技术人才给予支持。鼓励本地高校开设气象类相关专业，推动跨学科人才联合培养。

五　结语

低空经济作为战略性新兴产业，科技含量高、创新要素集中，具有产业链条长、应用场景复杂、使用主体多元、涉及部门和领域多等特点，具有明显的新质生产力特征，发展空间极为广阔。气象条件是影响低空飞行安全性的重要因素，是关系低空经济可持续发展的重要影响因子。在新质生产力理论指导下，立足气象数据要素，推动科技支撑与现代服务产业链融合发展、创新发展、安全发展、高质量发展，不断扩大低空气象的影响力，提升其质效和显示度，持续提升气象创新能力，扩大科技产业规模，努力促进气象与实体经济、战略性新兴产业集群，以及未来产业的深度融合，将大有可为。气象科技创新进一步支撑现代化产业体系的新质构建，赋能实体经济与社会高质量的发展，也将大有作为。基于气象科技的基础支撑作用与杠杆效应，通过对气象科技创新资源的优化与整合、政府与市场的协同合作，能够产生许多新的科学技术、衍生新的生产方式、催生新的产业形态，形成了气象科技赋能深圳低空经济创新发展和持续打造新质生产力的良性互动循环机制，将为助力深圳打造"天空之城"贡献气象力量。

参考文献

《政府工作报告——2024 年 3 月 5 日在第十四届全国人民代表大会第二次会议上》，中国政府网，2024 年 3 月 12 日，https：//www.gov.cn/gongbao/2024/issue_ 11246/202403/content_ 6941846. html。

《关于印发〈生产性服务业统计分类（2019）〉的通知》，国家统计局网站，2019 年 4 月 17 日，https：//www.stats.gov.cn/xw/tjxw/tzgg/202302/t20230202_ 1894027. html。

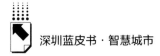
于凤霞：《加快形成新质生产力　构筑国家竞争新优势》，《新经济导刊》2023 年第 Z1 期。

《中共深圳市委办公厅　深圳市人民政府办公厅印发〈关于加快发展新质生产力进一步推进战略性新兴产业集群和未来产业高质量发展的实施方案〉》，"深圳特区报"百家号，2024 年 3 月 15 日，https：//baijiahao.baidu.com/s？id=1793525003635263032&wfr=spider&for=pc。

普华永道中国、贵州省气象信息中心、贵阳大数据交易所：《气象数据估值系列白皮书之一：解锁气象数据价值新方程》。

地 区 篇

B.11

深圳前海数字孪生城市 CIM 平台建设研究报告

郑承毅　古耀招　黄焕民*

摘　要：　深圳前海数字孪生城市 CIM 平台建设目标是打造基于数据驱动、软件定义、平台支撑、虚实交互的城市信息模型，实现城市全方位数字化、智能化，建设内容包括创建城市三维空间信息模型、推进数字化规划设计应用、搭建工程建设数字化管理平台、搭建城市基础设施智慧运维管理平台以及推进城市产业服务应用五大功能模块。目前深圳前海数字孪生城市 CIM 平台建设已整合多种模型，但也面临技术挑战多、行业标准不完善、跨部门协作难和数据开放程度不足等问题与挑战。针对这些问题，建议深圳前海持续研发，打破技术瓶颈；加强国际交流，完善 CIM 标准；统一目标，建立跨部门协作机制；建立数据分级及共享机制，扩大共享开放程度；加强人才

* 郑承毅，深圳市前海管理局数据管理处副处长，主要研究方向为大数据、人工智能、数字孪生；古耀招，深圳市前海数字城市科技有限公司技术工程师，主要研究方向为数字孪生、城市信息模型；黄焕民，深圳市前海数字城市科技有限公司技术研发部副部长，主要研究方向为数字孪生、空间智能。

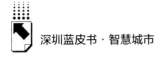

培养，提升公众参与度；挖掘需求，深化应用场景；降低技术门槛，实现规模化应用；借鉴国际先进经验，探索数据共享与交易模式；探索空间智能应用，开启新篇章。

关键词： CIM 平台　数字孪生城市　深圳前海

前海深港现代服务业合作区（以下简称"前海"）位于深圳城市"双中心"之一——"前海中心"的核心区域，于 2010 年 8 月 26 日经国务院批准设立。前海片区肩负着国家自由贸易试验区、粤港澳合作、"一带一路"倡议、创新驱动发展等重大使命，地位极为特殊。

2018 年 11 月，深圳市人民政府正式批复《中国（广东）自由贸易试验区深圳前海蛇口片区及大小南山周边地区综合规划》，提出将前海蛇口自贸片区建设成为依托港澳、服务内地、面向世界的"一带一路"倡议支点、粤港澳深度合作示范区和城市新中心。打造自由便利的繁荣开放之城、深港共建的国际创新之城和宜业宜居的绿色人文之城。

根据前海国家级新区的战略定位以及未来规划建设目标，前海迫切需要将互联网、物联网、大数据等先进信息技术与城市规划设计、建设与运维管理等理念进行有机结合，大力开展数字孪生城市建设，使数字城市与现实城市同步规划、同步建设，实现全过程、全要素数字化，做到城市运行全状态实时化、可视化，以及管理决策与运维服务的协同化、智能化，打造前海数字"透明"城市。前海数字孪生城市的打造有利于抢占城市发展制高点、提升区域竞争力、打造城市新名片，更好地履行国家赋予的重大使命。

一　深圳前海数字孪生城市 CIM 平台建设背景和目标

数字孪生是以数字化方式模拟物理实体，借助设计工具、仿真工具、物联网、大数据、虚拟现实等数字化手段，将物理实体的各种属性映射到虚拟空间中，辅以人工智能、机器学习和软件分析，利用数据模拟物理实体在现实世界发生的行为，通过传感器实现物理实体与数据模型的虚实交互，反映相对应物理实体的全生命周期过程。数字孪生是一种超越现实的概念，可以被视为一个或多个重要的、彼此依赖的装备系统的数字映射系统。

数字孪生城市具有传感监控即时性、城市信息集成性、信息传递交互性、发展决策科学性、控制管理智能性、城市服务便捷性等特征，通过数字孪生城市的建设，在虚拟空间再造一座城市，作为现实城市的映射、镜像、仿真、辅助与实验，通过大规模仿真、推演、预测，分析未来城市运行中可能遇到的瓶颈与各种风险，以数字化手段助力城市精细化管理。

（一）目标和预期成果

前海数字孪生城市 CIM 平台是数字孪生技术在城市规划设计、建设与运维管理全方位的深度应用，是基于数据驱动、软件定义、平台支撑、虚实交互的城市信息模型。

前海倡导的"数字孪生城市"，是以 GIS、BIM、物联网为虚拟城市模型的信息基础，搭建与物理城市同生共长的三维城市空间模型和城市时空信息的有机综合体。结合大数据、机器学习等技术，搭建工程建设数字化管理平台、城市基础设施智慧运维管理平台以及城市综合服务平台，实现城市规划设计、建设与运维管理的数字化、智能化，优化城市公共服务，构建城市治理生态圈。

（二）建设主要内容

前海数字孪生城市 CIM 平台的建设内容包括创建城市三维空间信息模型、推进数字化规划设计应用、搭建工程建设数字化管理平台、搭建城市基础设施智慧运维管理平台以及推进城市产业服务应用五大功能模块。

一是创建城市三维空间信息模型。基于 GIS、BIM 创建城市三维空间信息模型，打造"数字孪生城市"基底，完成 10 种主流数据格式、数据容量100G 以上的 BIM 模型的整合。在模型整合过程中，有效保障模型不丢失信息。模型整合后支持数据语义解析，并为第三方提供数据共享服务。

二是推进数字化规划设计应用。在提高规划设计效率、加强沟通与协作、提升项目质量与可持续性等方面都具有重要意义，能够有效推动城市规划与设计领域的创新发展。

三是搭建工程建设数字化管理平台。在对工程施工科学管控的同时，全面记录新城建设过程信息。

四是搭建城市基础设施智慧运维管理平台。开展城市建筑的智慧运维管理，提高公共建筑运维管理效率，节约运维成本。

五是推进城市产业服务应用。提供政策发布、产业动态、企业信息、产业空间、物业管理等服务。

二 深圳前海数字孪生城市 CIM 平台建设现状分析

（一）城市三维空间信息模型

2022 年 7 月，前海数字孪生城市 CIM 平台作为深圳市数字孪生城市 CIM 平台的二级子平台，开展了以前海桂湾片区为试点的平台建设。2023 年，在桂湾片区试点平台基础上，前海数字孪生城市 CIM 平台进一步梳理妈湾和前湾片区建筑项目 BIM 模型，推进三湾片区 CIM 平台建设。前海数字孪生城市 CIM 平台已累计创建整合了三大基础模型（规划、地质、地理）和 178 个项目级 BIM 模型。三大基础模型包括三湾片区 15 平方千米的倾斜摄影实景模型、地质模型和规划模型。项目级 BIM 模型包括 78 个房建类项目级 BIM 模型（296 栋单体建筑模型，总建筑面积达 1000 万平方米）、95 个市政类项目级 BIM 模型（包括道路模型 43.3 千米、地下道路模型 7.2 千米、地下空间模型 20 万平方米、景观桥梁模型 7 座、地下管网或管廊模型 221 千米、景观模型 50 万平方米、地铁站点模型 8 座）、5 个水务类项目级 BIM 模型。

创建城市三维空间信息模型的关键技术问题在于解决海量"多源异构 BIM 模型（模型格式包括 ＊.max、＊.rvt、＊.fbx、＊.obj、＊.skp、

＊.3dm、＊.dgn、＊.cat、＊.stl、＊.dwg，模型数据量超过 100G）"的创建与整合，并要求做到模型整合过程中基本不丢失信息。

城市三维空间信息模型作为城市信息的载体，既包含几何信息，也包含非几何信息。将整合后"多源异构"模型按照统一的技术标准进行语义化解析，实现模型数据的结构化，对确保数据的开放性与共享性具有重要的意义。在模型语义化解析过程中，按照数据间存在的业务逻辑关系，实现数据之间的属性关联。同名属性、关键字段、唯一属性等相关特征，使得多源模型数据保持关联关系，进而实现多源数据在物理和逻辑上的统一组织和管理。

（二）数字化规划设计应用

针对前海"规划编制迭代快、实施建设决策频、规划信息整合难"等痛点问题，聚焦服务规划决策、管控与协同过程的核心要点展开研究。

1. 数据赋能科学决策

整合湾区、海域、人、地、产等多维度数据，为规划科学决策提供有力支撑。

在三维仿真底盘基础上，实现实时流量数据的接入，进而构建片区活力、设施服务均好及交通可达等规划评估工具，这些工具能够在设施选址、规划验证及宏观谋划等场景，为科学决策提供关键支撑。

2. 场景赋能精致营城

围绕山海连城、环湾风貌与地下空间等方面，构建精细管控场景。

应用场景建设紧密结合前海当地特征，着重关注山海城市风貌特色彰显、滨海慢行体验与特色景观营造及立体空间建设，整合规划核心思路，搭建从宏观到中、微观联动的精致营城场景。

在山海连城场景中，集成山海连城"一张蓝图"，全面展示规划实施进展。通过路径分布与流量模拟相结合，提出针对设施布局优化的精细化空间指导意见。

在环湾风貌场景中，对视点、视廊管控要素进行三维建模，对视线廊道内的规划建设项目进行整体建筑形态、高度、排布模拟，从宏观风貌角度实现对单个项目的空间预控。

在地下空间场景中，集成地下轨道、市政、道路、水务、景观等专项模型，用于规划方案的冲突检测。例如，27号轨道线在实施过程中，通过场景预检发现冲突，取消地下开发区域，避免可能产生的截桩工程损耗，保障盾构的安全实施落地。

3. 平台赋能协同管控

平台在协同管控方面的作用，主要体现在规划成果要素化、检索核查智能化以及业务协同三个关键维度。

规划业务协同应用旨在实现地质、规划、建筑、交通、市政等多专业及部门之间的信息交互与业务协同，通过这种协同方式，能够有效减少沟通管理信息差，降低成本损耗。以国土空间规划、前海单元规划成果为基础，结合城市设计与专项规划结论，对规划管控成果进行三维建模，夯实协同管控的重要基础，为后续的应用提供了数据支撑和可视化呈现方式。在重大项目实施阶段，通过三维管控核查功能，能够精准辨认冲突情况，从而辅助专项规划高质量实施。并且，该功能与可视化三维报建审批相衔接，广泛应用于前海规划交底、工规管理、BIM自动报建等业务环节，确保项目实施的高效协同和精准管控。

4. 基础设施规划分析

依托大数据技术，构建动态分析模型，旨在全面剖析基础设施规划方案中的拆迁、能耗、交通、管线等多个关键要素。该模型通过科学的数据处理与分析，为规划决策提供有力支持，确保决策过程的严谨性、合理性。

5. 重点片区城市规划方案集成推演系统

（1）前海深港国际服务城规划方案集成推演系统

在妈湾打造智慧城市与CIM平台的总体要求下，以全流程智慧化提升为导向，基于规划方案数字化场景，以直观可视化的方式辅助科学决策，高效推进规划落地；通过CIM技术深度应用，实现妈湾建设、运营、管理全生命周期业务流程数字化设计与重塑，为片区规划建设降本增效提供抓手。

（2）海洋新城规划方案集成推演系统

在前海现有 CIM 数据及能力的基础上进一步拓展开发，建设海洋新城"CIM+"规划推演系统，制作海洋新城规划 CIM 三维数字模型，支持三维可视化展示、实时交互及专题图层操作等功能。实现现状场景与规划场景的无缝对接，确保集成规划数据的全面性和准确性，为规划方案决策及实施提供有力支撑。

（三）工程建设数字化管理平台

参考 PMBOK 五大过程组和九大知识领域的项目管理行业标准，以项目为主线、以 BIM 与三维 GIS 为核心、以业务流程为驱动，搭建前海工程建设数字化管理平台，增强工程建设综合分析管控及辅助决策能力。实现数据、业务、管理一体化，实现对前海新城建设项目群的计划、进度、质量、安全、招标采购、合同、投资、资料等建设信息全过程的综合管控。

1. 全过程管控

以项目为主线，以项目信息为主数据组织项目管理业务，项目管理过程中的计划执行、合同执行和项目文档等都可以按项目进行归集和查询。

以 BIM 与三维 GIS 为核心，依托 BIM 与三维 GIS 的结合，可视化展示项目的总体概况及总体进展，并将基本的业务数据与 BIM 相结合，如安全隐患、质量缺陷等信息。

以业务流程为驱动，以 3 条业务主线进行项目管控：一是计划与进度，各项目统一编制内控计划，以内控计划中的里程碑节点为核心，串联项目管理工作，并实现实时预警；二是投资与支付，将项目合同的投资计划、验工计价、合同支付进行串联，将项目的资金计划与实际支付进行数据流向管理；三是合同履约评价，以安全隐患整改情况、质量验收及检查问题整改情况、进度反馈情况、支付情况为合同履约评价的指标，评估合同履约情况，并进行全项目排名。

实现项目管理和职能管理的有效衔接，梳理项目管理和职能管理的逻辑关系，实现项目的管理工作信息与职能部门业务管理需求数据的全面对接。

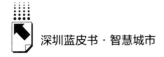

2. 两级门户实现多维度展现, 各层级进行精细化管理

项目群门户: 管控工作台展示所有工程项目的相关数据信息及项目预警信息, 实现对项目群施工建设状态的多维度展现和管控。

单项目门户: 项目工作台展示该项目进度、质量、安全、投资等统计信息, 将项目的执行情况和各类业务操作集成在一起, 方便项目管理人员使用。

3. 提炼整合系统数据, 提升统计分析能力

工作台展现项目执行情况, 整合系统中所有统计报表, 实现信息汇总分析功能, 主要包括项目汇总查询、项目合同台账、项目合同信息、项目合同投资与支付情况、质量验收一览表、项目安全统计表等, 并将关键信息推送到用户桌面, 为不同层级管理人员提供不同的数据支持。

(四)城市基础设施智慧运维管理平台

深圳前海通过数字孪生城市 CIM 平台建设, 将 BIM 模型运用于城市基础设施(公共建筑、公园、货运接驳站、道路桥梁等)的运维管理中, 构建基于 BIM 技术的城市基础设施运维管理平台。配合 BIM 技术的信息集成、有效传导和可视化等特点, 将运维管理所需的各类信息整合到系统内, 以提高运维管理效率, 降低运维成本。

1. 运维知识图谱构建及应用

知识图谱由模式层和数据层构成。模式层是由领域概念及其相互关系构成, 是知识图谱的核心, 体现为本体模型, 是知识图谱的大纲。数据层是由领域实际数据抽取出的实体、实体间关系及实体属性值构成, 是知识图谱的实例。知识图谱大纲的建立, 通过分析处理来自互联网和书籍专著的知识, 以及来自 BIM 模型的数据和运维合同的条文等文档相关信息资源实现。

围绕项目目标, 首先调研城市基础设施运维管理数据资产的类别, 梳理运维管理知识体系, 建立运维管理知识图谱大纲; 其次结合示范项目的数据, 建立一个运维管理知识图谱的实例, 并利用现有的开源软件进行管理; 最后面向基础设施运维管理数据资产应用的实际问题, 基于开源软件或市场主流 BIM 软件，研究开发运维管理知识图谱的一系列应用模块，包括面向建模技术人员的模型合理性自动检查模块、面向公共用户的设备使用操作与维修自检的智能问答模块等。

2. 以 BIM 模型为数字基底的运维管理系统

基础设施运维管理围绕设施设备维护检修、能耗管理两个核心需求驱动，基于 BIM 模型打造统一的开放式数据平台，以信息的高度整合、广泛的数据服务（大数据）为基础，结合检测传感技术和移动互联技术的应用，实现面向运维管理的辅助决策功能。

运维管理系统是一个集 BIM 模型数据三维可视化、运维业务数据采集与清洗、数据中心、智能算法、业务功能模块于一体的软件系统。

产品基于"BIM+AIOT"的技术构建"1+2+3+N"的体系，涵盖 1 个基于 BIM 的数据资产中心、2 项设备故障量化诊断和能源调度优化算法、3 个"服务+管理+监管"服务端、N 个业务系统。

3. 智慧公园运维管理构建及应用

桂湾公园智慧公园以"BIM+GIS"模型为数字基底，以物联网技术、云技术等为支撑，将公园的游客、娱乐设施、设备、环境等数据汇聚到统一的平台，各应用系统之间互联互通、资源共享，通过数据挖掘和分析形成的数据智能，为游客提供优质的游园体验，为运营管理人员提供高效的数字化管理模式。

智慧生态：通过"六项"生态指标感知（空气、土壤、噪声、水环境、虫情、植物健康），建立全方位的生态数字化管理体系，实现公园的生态重建，打造人、植物、动物和谐互动的生态公园。

智慧管理：基于"BIM+GIS+AIOT"建设的全息数字中台实现"一张图管理"，通过"七个"场景的智能识别预警，建立主动式、智慧化的公园管理模式。

智慧体验：通过虚拟旅游、拍照识花、AR 导览等多项具有分享性、互动性、科普性的智慧应用，提升游客的游园乐趣。

4. 基于CIM的重要基础设施的沉降监测

前海合作区沿海区域有大量填海土地，填海区沉降监测较为明显，传统沉降监测监控时效性不足，借助"CIM+Insar"监测等技术，将前海三湾核心区范围内重点设施的沉降监测数据统一接入城市信息模型，弥补了实时感知手段的不足。通过在三维城市空间数字底板上展示沉降数据，实现对道路桥梁沉降状态的实时监管，提高了监管效率，解决了传统监管方式效率低下的问题。利用物联感知设备实现智能预警，能够及时发现潜在沉降风险，以便采取相应措施进行处理，解决了缺少预警机制的问题。

5. 基于CIM的超高层建筑电梯安全运行的监控

利用传感器和监控设备对电梯运行状态进行实时监测，包括电梯所在楼层、运行速度、门的状态等信息，识别潜在故障并及时警示，减少故障对用户的影响。通过分析电梯的使用情况和运行数据，制订合理的维护计划，确保设备的正常运行，减少故障发生的可能性，提高设备的可靠性。

6. 南山区跨境货物运输综合接驳站——智能监测与应急调度平台

南山区跨境货物运输综合接驳站——妈湾场站位于前海合作区妈湾片区，是南山区三大接驳站之一。该系统将接驳站道闸、摄像头、测温等物联网数据和运输车辆预约、泊位分配、作业调度等业务数据整合，接入CIM平台，形成接驳站数字孪生体，实现布防空间直观可视、接驳运行轨迹精准可循、防控数据敏捷可信、指挥调度科学可行。

（五）城市产业服务应用

产业地图汇总前海开发区产业要素存量及产业发展活力指标，包括新增企业、专利、投资动态、舆情动态等数据，一图看清前海地区企业分布及产业集群现状，了解地区产业动态，摸清全域产业发展实力，为产业精细化治理及引导产业健康合理发展提供数据支撑。

产业图谱模块依托前海地区几大重点建设的产业链条数据，结合企业工商信息、产品覆盖度、行业竞争力、知识产权、供应链韧性、资本关系链等数据，统计各个生产环节的参与企业，绘制企业精准画像，实时监测，精准匹配要素资源。应用产业短板甄别定位索引算法，识别域内重点产业链短板环节，预警产业链"缺链""断链"风险，为"建链、补链、强链、延链"的政策制定和生态构建提供决策支撑，为下一步精准招商提供辅助支撑。

靶向企业子模块将产业链弱环"缺链"信息与前海产业园区数据结合，绘制全球范围靶向企业分布图，结合靶向招商企业的综合评价、技术能力、关键产品、产业链环节等，可以为产业招商工作提供支持工具，为相关政策制定、营商环境搭建提供决策依据，同时重点标记香港地区符合相关条件的企业，为深港企业合作提供方案。

承载平台汇集产业园区租赁场地面积、租金、交通、配套设施、入驻优惠政策等数据，结合高精度三维模型，建设智能搜索引擎。该平台为连接政府、企业与园区的桥梁，一方面可助中小企业快速找到适配办公用地，节省时间精力，专注核心业务；另一方面也简化了产业园区招商工作，达到精准服务企业与园区的目的。

三 深圳前海数字孪生城市 CIM 平台建设存在的问题与挑战

（一）技术挑战多

"多源异构"数据整合挑战。前海 CIM 平台需整合海量的"多源异构"数据，包括但不限于 GIS、BIM、物联网等，每种数据类型都有其特定的格式和存储方式。这导致了数据整合过程中需要解决数据标准不一致、格式转换复杂、数据质量参差不齐等问题，增加了数据处理的复杂性和工作量。

高精度模型构建与性能优化难题。为了满足城市级仿真和管理的需求，CIM 平台需要构建高精度的三维城市模型。然而，高精度模型在提升视觉效果和仿真精度的同时，也对硬件资源提出了更高要求，如大规模模型数据的存储、传输和渲染都需要消耗大量计算资源。如何在保持模型精度的同时，优化系统性能，确保实时响应，是当前面临的一大挑战。

实时数据更新与同步机制待完善。CIM平台需要实时反映现实世界的变化，因此要求数据能够快速更新并同步到虚拟模型中。然而，当前的数据采集、传输和处理流程仍存在时间延迟和误差累积等问题，影响了数据的实时性和准确性。如何构建高效、稳定的数据更新与同步机制，确保CIM平台与现实世界的紧密同步，是亟待解决的问题。

大数据与人工智能应用深度不足。尽管大数据和人工智能技术在CIM平台中有一定的应用，但当前的应用深度和广度仍有待拓展。如何利用大数据技术进行数据挖掘和分析，为城市规划、建设和管理提供更加科学的决策支持；运用人工智能技术优化模型构建、数据处理和仿真预测等环节，提高CIM平台的智能化水平，是未来需要重点探索的方向。

（二）行业标准不完善

CIM数据标准体系不健全。目前CIM领域尚未形成统一的数据标准体系，不同平台、系统间的数据难以互相操作。这不仅增加了数据整合的难度和成本，也限制了CIM平台的应用范围和深度。推动CIM数据标准体系的建设和完善，促进数据的标准化、规范化和共享化，是未来需要重点努力的方向。

（三）跨部门协作难

跨部门数据共享壁垒较高。前海CIM平台建设涉及多个政府部门和企业单位，各部门之间的数据权属、利益分配和隐私保护等问题，导致数据共享壁垒较高。如何建立有效的跨部门数据共享机制，打破"数据孤岛"，促进数据资源的有效整合和利用，是当前面临的重要挑战之一。

目标不一致。政府和企业，甚至政府不同部门之间在CIM平台建设中可能存在不同的目标和优先级，导致资源分配不均和方向偏离。缺乏统一的战略规划和协同目标，未能形成合力，也是今后工作面临的挑战之一。

协调机制不完善。前海数字孪生城市CIM平台建设是一个复杂的系统工程，需要多个部门、企业、单位的紧密协作和配合。然而，当前协调机制尚不完善，各部门之间的沟通不畅、协作不力等问题时有发生。如何建立更加完善、高效的协调机制，确保各方之间的顺畅合作和资源共享是亟待解决的问题之一。

（四）数据开放程度不足

现阶段城市信息模型相关数据主要由政府进行采集、加工与管理，如何在保障数据安全的同时，做到非敏感数据面向社会公众开放，是当前整个行业的重点研究课题。数据要发挥价值，体现"数据要素×"的效益，数据须对外有步骤、有选择性地实现共建共享，如何进一步挖掘数据价值，提升数据共享程度，也是一项重大的、需要整个行业共同研究的课题。

四 推进深圳前海数字孪生城市 CIM 平台建设的对策建议

（一）持续研发，打破技术瓶颈

深化"多源异构"数据整合技术。研究并应用先进的数据整合技术，如数据清洗、转换、融合等，提高"多源异构"数据的处理效率和质量。同时，探索基于云计算、大数据等技术的数据分布式存储和并行处理方案，降低数据存储和处理的成本。

优化高精度模型构建与渲染技术。研究并应用先进的模型构建和渲染技术，如轻量化建模、实时渲染等，降低高精度模型对硬件资源的依赖程度。同时，通过算法优化和硬件加速等手段提高模型渲染的实时性和效果。

完善实时数据更新与同步机制。建立基于物联网、传感器等技术的实时数据采集和传输系统，确保数据的实时性和准确性。同时，开发高效的数据处理和同步算法，提高数据更新和同步的效率和稳定性。

深化大数据与人工智能应用。加强大数据和人工智能技术的应用研究，

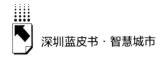
探索基于大数据分析的决策支持、基于人工智能的自动化建模和优化等创新应用模式。同时，注重数据安全和隐私保护技术的研究和应用，确保数据使用的合法性和安全性。

（二）加强国际交流，完善 CIM 标准

加快 CIM 数据标准体系的建设工作，制定统一的数据标准规范和行为指南。同时，加强与国际标准化组织的合作与交流，推动 CIM 数据标准的国际化进程。通过标准体系的建立，促进数据的标准化、规范化，最终实现数据的共建共享。

（三）统一目标，建立跨部门协作机制

统一目标与战略规划。制定明确的 CIM 平台建设目标和战略规划，确保各部门在项目建设过程中保持一致的方向和优先级。

完善跨部门数据共享配套政策。建议政府出台相关政策法规，明确各部门在数据共享中的职责和权益分配机制，建立跨部门数据共享机制。同时，加强数据共享的宣传和推广工作，提高政府部门及社会层面对数据共享重要性的认识和参与度。

建立高效协调机制。加强跨部门之间的沟通与协作，建立定期会议召开、信息共享和联合办公等机制，确保各方之间的顺畅合作和资源共享。同时，明确各部门的职责和任务分工，避免重复劳动和资源浪费。

（四）建立数据分级及共享机制，扩大共享开放程度

为了更好地发挥 CIM 数据的价值，有必要对数据进行分级管理。通过采用先进的脱敏加密技术，可以有效地保护敏感数据的安全，同时实现非敏感数据的共享。

具体而言，可以根据数据的敏感性程度，将 CIM 数据分为不同的级别。对于敏感数据，应采取严格的保密措施，确保其安全性。而对于非敏感数据，可以在进行适当的脱敏处理后，向社会开放共享。这样既可以满足政府

内部对于数据保密的要求，又能够充分发挥非敏感数据的价值，为社会各界提供更多的大数据服务。

（五）加强人才培养，提升公众参与度

加强人才培养。加大对 CIM 领域专业人才的培养力度，通过设立专项培训计划、引进高层次人才和开展国际合作等方式，提高人才队伍的素质和能力。同时，加强与高校、科研机构和企业之间的合作与交流，形成产、学、研、用相结合的人才培养体系。

提升公众参与度。加强 CIM 平台建设的宣传和推广工作，提高公众对 CIM 技术的认识和了解。通过举办展览、讲座和体验活动等方式，吸引公众积极参与 CIM 平台的建设和应用。同时，建立公众反馈机制，及时收集和处理公众的意见和建议，不断完善和优化 CIM 平台的功能和服务。

（六）挖掘需求，深化应用场景

当前，前海数字孪生城市 CIM 平台在城市规划方面直观呈现不同规划方案效果，为决策提供参考；在建设过程中实时监测工程进度和质量；在运营阶段优化资源配置和提升管理效率。然而，当前大部分应用场景存在不足，不少应用着力于可视化展示和定性分析，未能充分挖掘大数据分析价值。未来，需要进一步深入结合政府、企业以及民众的实际需求。通过广泛走访、问卷调查和数据分析，精准把握各方的深层次需求，积极探索高频、实用的应用场景。例如，在应急管理中实现快速响应和精准决策，在交通规划中优化路线和缓解拥堵等。最终实现城市数据要素的价值，助力前海高质量发展，提升城市竞争力和可持续发展能力。

（七）降低技术门槛，实现规模化应用

数字孪生城市建设作为一项前沿且极具潜力的领域，目前其仍面临着一系列严峻的技术挑战。

首先，数据采集处理成本高这一问题尤为突出。数据采集需要大量先进

的设备和专业的技术人员，从传感器部署到数据存储与分析，各个环节都耗费巨大。其次，不同来源的数据格式、精度等各异，"多源异构"数据融合成为一大难题。要将地理信息、传感器数据、建筑模型等多种数据整合，并非易事。最后，城市级三维模型渲染也面临巨大挑战。它对计算资源的需求极大，既要保证高逼真度的可视化效果，又要满足实时渲染的要求，这对硬件和软件技术都是极大的考验。

要解决上述问题，亟须在新技术上实现突破。例如，SLAM、3DGS等3D重建技术能有效提高数据的准确性和完整性。在"多源异构"数据融合上，可充分利用人工智能的图形处理和渲染能力，通过智能算法高效整合不同类型数据，降低技术门槛及成本，真正实现数字孪生城市的规模化应用。

（八）借鉴国际先进经验，探索数据共享与交易模式

三维空间数据因其独特的空间特征和丰富的信息含量，在智慧城市、虚拟现实、地理信息系统等领域具有广泛的应用前景，其重要性日益凸显。为了推动数字经济的发展，需要积极探索三维空间数据要素的交易机制。制定相关政策，探索三维空间数据的共享与交易模式，为数据的高效流通和应用提供保障。为了确保三维空间数据交易的安全性和合规性，也需要制定一系列配套措施。这些措施包括但不限于数据交易标准、数据隐私保护、数据交易监管等方面的政策。在制定政策过程中，需借鉴国际先进经验，学习其他国家在数据交易标准、数据隐私保护等方面的成功做法，从而为三维空间数据交易机制的发展提供有益参考。

（九）探索空间智能应用，开启新篇章

随着人工智能技术的飞速发展，特别是以大语言模型为核心的技术在市场上的广泛应用，文本、图像等虚拟载体的人工智能应用逐步在诸多行业领域落地。如何将人工智能等新一代技术与数字孪生城市相结合并开发有价值的应用，亟须借鉴国内外相关优秀案例进行探索实践。例如，谷歌等科技巨头在三维空间感知与重构方面的研究成果，以及李飞飞团队在图像到三维形

状转换的创新实践等。

随着空间智能与人工智能技术的深度融合，数字孪生世界将不再仅仅是虚拟的镜像，而是能够与现实世界无缝连接、互动共生的智能系统。未来，无论是城市规划、工程建设还是城市管理，都将迎来前所未有的变革与提升。前海数字孪生城市 CIM 平台建设应用实践，将继续探索人工智能在数字孪生领域的应用，挖掘与空间智能相关的创新型应用场景。

B.12
深圳市光明区基层治理数字化
研究报告

张秋明　杨婷婷　郑才银　陈弘毅*

摘　要： 通过对深圳市光明区基层信息化工作情况的全面梳理，发现基层单位在应用信息化系统中存在信息化建设统筹规划不足、基层治理信息化工作机制有所欠缺、基层信息化人员专业性不强等问题，从某种角度上看信息化应用工作对于基层来说反而会加重工作负担。以解决基层问题为出发点，以统一全区事件管理、实现事件和任务精准分拨为目标，深圳市光明区针对性打造基层治理数字化平台2.0，将基层产生的"人、法、房、事"等数据"反哺"给社区等基层管理单位，为基层治理工作者增效减负，提升基层治理效能。同时，进一步加强数据治理，满足部门间规范有序使用数据的需求，解决数据资源分散、数据复用率及效率低等基层问题。最后，围绕基层数字化工作，提出完善跨部门、跨层级、跨领域的工作机制，深化数据共享机制，加大数字化转型力度，统一各业务领域信息系统访问入口，建立全生命周期管理机制，完善数字人才培训体系等对策建议。

关键词： 基层治理　信息化　数据共享

　　基层治理是城市治理现代化的重要内容之一，近年来，随着互联网、云

---

*　张秋明，广东省深圳市光明区大数据运营中心主任，主要研究方向为智慧城市、信息安全、大数据；杨婷婷，广东省深圳市光明区大数据运营中心综合应用建设部负责人，中级工程师，主要研究方向为信息化管理；郑才银，广东省深圳市光明区大数据运营中心综合应用建设部工程师，主要研究方向为信息系统集成；陈弘毅，广东省深圳市光明区大数据运营中心综合应用建设部工程师，主要研究方向为信息系统集成。

计算、人工智能、大数据等新兴技术的发展，信息化技术在基层治理中的应用得到了进一步体现，基层治理数字化基础也得到了进一步夯实，基层信息化工具越来越多样。在现阶段，基层治理相关信息系统覆盖业务类型多、范围广，在业务工作开展、效率提升、基层管理和数据辅助决策方面也发挥了巨大作用，促使基层治理工作水平迈上了新台阶，但也暴露出一些问题，主要表现在：信息化建设统筹规划不足、基层治理信息化工作机制有所欠缺、基层信息化人员专业性不强。结合实际情况分析，造成以上问题的主要原因是：基层治理职能分散在不同层级和不同管理部门，形成了以"块"为单元的属地管理和以"条"为界限的部门管理两种分割的模式，条块之间的权力分割造成的"碎片化"问题长期困扰基层数字化治理，导致基层治理数字化系统建设主要是各部门围绕本部门业务进行，缺少各系统之间的协同和省、市、区各层级的沟通，同时基层工作人员面临高效、高质量、高标准完成工作任务的压力，没有过多精力投入基层治理数字化转型工作中。

在加速治理能力现代化的形势背景下，为了解决基层治理数字化"碎片化"问题，深圳市光明区结合辖区实际，以数字赋能基层治理为主线，持续优化治理平台，强化数据服务能力，结合大数据、AI识别等信息化技术手段，针对基层治理现状、特点，通过对已有信息化系统的整合和升级利用，打造基层治理数字化平台2.0。这套系统为基层治理数字化应用提供应用中台、事件分拨业务中台、数据中台、视频AI识别能力平台等支撑平台，截至2024年6月，该系统已采集近700万条数据，整合城市管理、应急管理、群众诉求等领域共计10个系统入口，后台整合民意速办、妇女儿童关爱等共5个业务系统，真正让基层治理信息化软件建设模式由烟囱式向平台化模式转变。

一　深圳市光明区基层治理数字化现状分析

（一）使用概况

1. 从层级上看，市级信息系统的使用数量最多

深圳市光明区6个街道37个社区共使用各层级信息系统151个（含16个移

动端系统），其中国家级系统 21 个（含 4 个移动端系统）、省级系统 31 个（含 1个移动端系统）、市级系统 63 个（含 6 个移动端系统）、区级系统 36 个（含 5个移动端系统）。此外，街道自行建设的系统有 8 个（含 1 个移动端系统）。

2. 从行业类型上看，计生民政类信息系统占比最大

根据系统业务类型及服务对象，151 个各级系统分为计生民政、城市管理、党建人事、政务服务、财务采购、应急防灾、行政办公、行政执法、网格管理、文体旅游、学习培训、舆情监测、安全生产、军人管理、劳资纠纷、媒体宣传 16 类。其中计生民政类系统数量最多（21 个）、占比最大（占 14%）。

3. 从具体用途上看，超过 2/3 的信息系统需基层上报数据

151 个系统中，用于数据上报、业务办理类系统共计 103 个，分别为国家级系统 18 个、省级系统 20 个、市级系统 43 个、区级系统 22 个，数量上前五位的分别为城市管理（18 个）、计生民政（17 个）、财务采购（12 个）、党建人事（9 个）、应急防灾（9 个）；用于辅助工作（查询、监控）、行政办公、学习培训、对公众信息发布类系统共计 48 个，分别为国家级系统 3 个、省级系统 11 个、市级系统 20 个、区级系统 14 个，数量上前五位的分别为行政办公（10 个）、政务服务（8 个）、学习培训（6 个）、党建人事（5 个）、计生民政（4 个）。

（二）存在的问题

1. 信息化建设统筹规划不足

（1）同行业信息系统偏多

各部门缺乏统一的规划和指导，信息化水平参差不齐，未能按照一体化的总体架构统筹推进工作。各部门业务流程存在差异，缺乏高效协同机制，业务协同和数据共享质量不够高，导致信息系统越建越多，特别在跨领域、跨层级方面难以有效衔接，统筹协调工作机制还需进一步理顺。例如，计生民政类信息化系统有 21 个（其中国家级系统 4 个、省级系统 8 个、市级系统 7 个、区级系统 2 个），城市管理类系统有 20 个（其中国家级系统 4 个、省级系统 2 个、市级系统 9 个、区级系统 5 个），政务服务类系统有 14 个（其中省级系统 2 个、市级系统 8 个、区级系统 4 个）。

（2）同领域信息系统缺少统一入口

职能部门权责范围内细分业务多，且项目谋划设计深度、广度、质量不足，以致大多数业务领域均需使用两个或以上的信息系统，对应业务系统呈现"多、小、杂"现象，无统一入口，基层人员需频繁切换访问的网页地址，极大增加基层人员工作负担。例如，"广东省一体化信访信息系统""云安访信信息管理平台系统"同属于信访领域，但无统一的访问入口；"深圳市危险化学品安全生产风险监测预警系统"、"光明区安全管理综合信息系统"、"光明区安全生产管控平台"和"智慧安全应急服务监控平台"，以及"安监巡办"App 和"火知眼在线"App，同属于应急领域，但无统一的访问入口；"全国残联信息化服务平台"和"广东省残联信息化服务平台"同属于残疾人服务领域，但无统一的访问入口。有类似问题的业务领域还有司法矫正、党建、出入境、劳资纠纷、军人管理、学习培训、文体旅游、网格采集、行政执法、计划生育、社会心理等。

（3）同类数据重复采集上报

同领域或跨领域的业务系统中，业务存在交叉或重叠现象，同类数据存在重复采集上报现象。例如，"全国应急信息员管理系统"与"广东应急一键通"在录入、更新信息员信息时，都需要录入姓名、行政区划、单位、职务、办公电话、手机号、信息员类型等应急值班人员信息；"深圳市一窗综合服务受理平台"和"深圳市智慧养老服务平台"在录入高龄津贴发放信息时，都需要录入姓名、身份证号、电话号码等老年人补贴申请信息；"光明区舆情应对调度指挥平台"、"光明区民生诉求平台"、"光明区群众诉求服务平台"和"光明区社会心理服务系统"存在相同事件重复处理报送的情况，都需要报送姓名、身份证号、电话号码、诉求内容等相关信息。

2.基层治理信息化工作机制有所欠缺

（1）重视建设忽略运营，未有效建立运营机制

大部分信息系统建设部门虽然制定了辖区信息系统建设制度，但在运营

和维护等方面却有不同程度的欠缺，未能充分重视系统的后续运营和维护。信息系统投入运行后，基层用户反馈的使用问题得不到有效解决，使得信息系统无法持续优化以满足用户使用要求。例如，"深圳市社区网格综合管理信息系统"实有人口查询页面缺少单页显示信息条目、导出等功能，批量操作效率较低；"光明区安全管理综合信息系统"缺少街道日常巡查和用户交流互动等功能；"光明区数字化城管系统"在街道层级需要人工分拨事件，并且系统没有及时同步户外广告备案业务台账数据。

（2）数据共享审批流程复杂，数据共享渠道不通畅

市、区层面虽然分别建立了数据共享机制，但数据流通、应用实施的成本比较高，基层部门申请数据还需要多头沟通、层层审批，甚至存在无法通过申请的情况，导致从基层收集上来的数据不能有效反哺。例如，部分区直部门未能将本部门管理的系统数据与基层共享，社区网格部门采集辖区居民、楼栋等网格基础数据，并通过市采集系统上报至深圳市社区网格管理办公室，社区其他业务部门无法通过数据共享方式获取网格基础数据，进行数据筛选、比对与核实，无法利用数据协助开展业务工作。又如，社区城建部门无法基于网格基础数据快速报送城中村住户、人口摸底情况，社区民政部门无法通过筛选网格基础数据高效完成健康素养入户调查工作。

3. 基层信息化人员专业性不强

（1）基层缺少专岗专职的信息化专业技术人员

以深圳市光明区街道为例，信息化工作主要是由街道的公共服务办负责统筹和对接，在承接多领域业务的同时，人员紧张，缺少专岗专职的信息化人员来研究、推进信息化业务。凤凰街道公共服务办共有13人，其中5人负责民生诉求业务、5人负责政务窗口服务业务、2人负责政务公开和信息安全业务，信息化工作由部门负责人和信息安全业务人员兼顾；光明街道信息化、政务公开和网络运维业务由公共服务办4名非编工作人员负责，缺少专业的信息化指导。

（2）基层人员信息化意识和经验不足

街道人员调动、调整十分频繁，信息化意识与经验很难能够有效积累和

传递，部分街道相关人员接触信息化时间较短，经验欠缺，对系统建设规则、路径、方向、要求等掌握不充分。例如，凤凰街道公共服务办部门负责人从事信息化工作时长不足 1 年，光明街道公共服务办部门负责人从事信息化工作时长不足 2 年。

二 深圳市光明区基层治理数字化平台建设

针对基层治理数字化系统存在的"碎片化"问题，同领域系统缺少统一入口、跨部门业务和数据不协同等情况，深圳市光明区以基层治理数字化平台 2.0 建设和运营为契机，坚持在实践中微创新，破解基层治理数字化难题，将基层治理数字化平台 2.0 打造成全区统一事件管理、巡查任务流转处置、动态表单数据收集、轻量化应用搭建的平台。

基层治理数字化平台 2.0 具有灵活性高、适配性强的特点，可以覆盖网格基层治理全流程，适配任意网格基层治理模式，不论角色、流程、事项、考核机制如何变，平台都能够实现"零代码"配置，从而为实现精细管理、精准服务提供支撑。同时改变了各渠道数据分散不通、系统不关联、业务不协同、信息不共享的状态，进一步加强数据治理，理顺数据归集使用，满足部门间规范有序使用数据的需求，切实解决数据资源散、数据复用率及效率低等基层问题，实现将基层产生的"人、法、房、事"等数据"反哺"给社区等基层管理单位，为基层治理工作者增效减负，提升基层治理效能。基层治理数字化平台 2.0 先后荣获"2023 数字政府管理创新类""2023 年广东省政务服务创新案例"奖项。

（一）搭建"1+3"系统架构

基层治理数字化平台 2.0 由三个子平台组成，分别为统一分拨平台、治理通 App、基层治理工作台。其中统一分拨平台负责事件任务流转和处置、事件管理、流程表单配置、日常运营管理等；治理通 App 为基层治理应用移动端入口，实现网格化管理、民意速办和群众诉求的统一移动办理；基层治理工作台为基层管理者用数的可视化载体，并支持区、街道、社区、红色小分格四级联动指挥调度。

基层治理数字化平台 2.0 支撑妇女儿童维权关爱案件管理、智慧巡检（AI）事件管理、楼长通/i 深圳基础网格事件管理、消防通巡查任务、群众诉求系统民意速办事件管理、数字城管案件管理等六大业务。

基层治理数字化平台 2.0 平台架构如图 1 所示。

（二）具备中台能力

基层治理数字化平台 2.0 为基层治理应用建设提供了以下支撑能力。

1. 应用管理

包括系统管理（用户管理、组织架构、角色、权限、菜单等）、统一接口管理，为上层应用提供公共的基础组件、集成组件、统一的 API，集成各类业务系统，支撑应用系统的开发、整合和利用。

2. 业务中台

包括统一事项管理、流程引擎、表单引擎、一键数据填报、分拨推荐、统一待办、统一日志管理等，以组件化的形式封装并提供共性核心的业务能力，实现服务在不同场景中的业务能力调用，并以接口的形式提供给前台使用。

3. 数据中台

该组件通过部署 ClickHouse 实时大数据平台，汇聚基层治理系统数据，开展数据融合、数据治理、数据统计分析等工作，该平台已支撑基层治理工作台集成上百万条数据、120 个统计分析指标和大屏图表展示。

4. 技术中台

该组件对接区视频共享平台视频流，提供 AI 分析软件平台，利用 AI 技术实时分析市容市貌违规事件和交通违规事件，并将事件推送到分拨平台和治理通 App 进行统一分拨处置。

基层治理数字化平台 2.0 能力架构如图 2 所示。

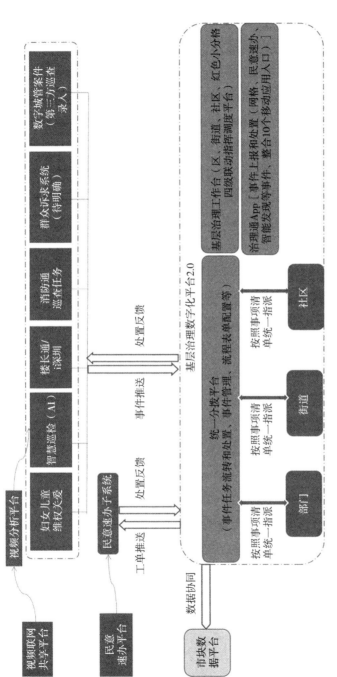

图 1　基层治理数字化平台 2.0 平台架构

注：以基层治理数字化平台 2.0 为区事件和流程管理底座，实现一事一流程、一策一方案，实现事件处置"一网统管"。主要用户群体有：区直部门、各街道职能部门工作人员、网格员、综合巡查纠治岗、分格长、区社区工作人员等。
资料来源：笔者自制。

193

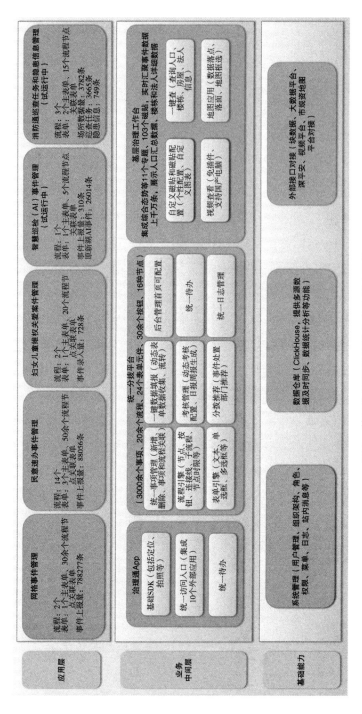

图 2　基层治理数字化平台 2.0 能力架构

资料来源：笔者自制。

（三）满足多种外接需求

针对外部业务，基层治理数字化平台 2.0 提供了两种对接模式。

一是单点登录对接模式。适用于不容易改造、不适合将事件管理剥离出来的已有的系统，业务模块无须改动，只需通过单点登录集成到基层治理数字化平台 2.0，即移动端页面集成到治理通 App 入口，PC 端业务集成到统一分拨平台入口（也可将业务不同的页面分拆集成到不同的菜单链接入口），避免重复登录，方便用户使用。采用这种对接模式的移动端业务有"警务助手""数字标识""小散巡查""环保督察""楼栋管理""水务外勤""住房租赁监管"等，后台 PC 端业务有楼长通管理平台。

二是事件管理中台对接模式。在基层治理数字化平台 2.0 事件中台的基础上进行开发，实现全区事件和任务统一管理、统一流转和处置、统一待办，避免用户使用多个系统。新业务且体量小的业务可以基于平台开发，如消防巡查、安全生产巡查、三防调度业务。成熟业务可调用中台 API 将事件对接到数字化平台流转，通过平台添加事项、配置流程和表单。目前为深圳市光明区民意速办、群众诉求、数字城管等业务配置 3836 个事项、124 个业务流程、14 个表单。

1. 对接案例——民意速办业务

（1）案例背景

民意速办系统是深圳市光明区在 2020 年的改革创新项目，该系统针对市、区多渠道民生事件，创新打造集前期民生信息收集、中期事件处置、后期跟踪反馈等功能于一体的平台。该平台赋能城市治理服务，立足大数据应用，坚持党建引领、科技赋能、多网联动和多元共治，着力探索以服务智能化推动社会治理现代化新路径，在为群众日常生活带来便利的同时，也为城市治理者提供了决策参考，使城市治理更智慧、更高效、更精细，同时为光明区加快打造世界一流科学城和深圳北部中心提供优质高效的政务数据服务支撑。

随着深圳市推行民意速办改革、整合多个民生渠道，该系统汇聚多渠道民生事件，统一实现民生事件的受理、分拨、处置、反馈，完成事件办理、事件质量考评、民主评议等，并通过对民生事件数据收集、统计、分析，实现深圳市光明区民生综合态势展示，为光明区基层民生治理提供强有力的数据支撑和决策分析。

（2）存在问题

一是民意速办系统在分拨、待办、协办、短信通知、表单及工单等方面都需进行优化，同时为应对业务管理的需要，应对统计报表进行调整。二是民意速办系统中的流程、表单等不支持配置，如业务发生变化，会导致流程、表单等发生变化，需要开发人员对系统进行优化和调整。三是民意速办系统无法实现移动办公，不满足区、街道二级部门一线人员移动办公需求。

（3）解决思路

通过将民意速办事件融入基层治理数字化平台2.0，复用基层治理数字化平台2.0具备的事项、流程、表单等可配置能力，解决民意速办子系统存在的问题。后续如出现事项、流程等变化，在统一分拨平台进行配置即可满足相应的要求，不需要在民意速办子系统层面进行较大的优化或改造。同时依托治理通 App 实现移动办公，使基层治理工作人员可用手机对民意速办事件进行办理，提升工作效率。

民意速办对接基层治理数字化平台 2.0 后，新增事项 3456 项、配置流程 14 个、配置表单 50 多个。其对接架构图如图 3 所示。

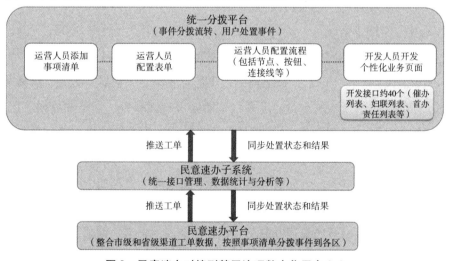

图3 民意速办对接到基层治理数字化平台2.0

资料来源：笔者自制。

2.对接案例——群众诉求业务

（1）案例背景

深圳市光明区深入贯彻落实习近平新时代中国特色社会主义思想，整合现有资源，坚持重心下移、资源下沉，搭建"区—街—社区—重点场所"四级群众诉求服务平台，主动听取群众的诉求，就地化解群众矛盾，创新和发展超大城市信访工作光明模式，群众诉求业务建立健全源头治理机制，拓展服务内涵，加强服务联动，推动智治建设，有效实现将矛盾纠纷预防在先。

（2）存在问题

群众诉求系统事件量和市民生诉求渠道事件量（融合市 12345 数据）基本相当，且两个系统事件量都呈逐月上升的趋势。群众诉求系统事件以矛盾纠纷、心理服务、法律服务为主，民意速办系统事件分布更全面。越来越多的群众通过线上提交诉求，群众诉求业务的线下渠道案件占比逐渐下降。一是市民线上反馈诉求存在多入口，体验不统一，同时存在重复提交的问题。群众诉求系统有治理通 App、群众诉求小程序，民意速办系统有"i 深圳"App、@光明—民意速办小程序等。市民有多个线上诉求反馈渠道，可能导致同类事件重复上报。二是街道、社区分别由两个不同部门牵头使用两个系统，考核标准不统一，基层工作效率较低。街道是政法相关部门管理群众诉求系统，公共服务办管理民意速办系统，团队人员和经验不能最大化复用，社区也存在同样的问题。三是同类事件处置流程不一样，不符合党建引领民生诉求"一网统管"改革要求。群众诉求中的矛盾纠纷事件和民意速办中的矛盾纠纷事件处置流程不一样，群众诉求的矛盾纠纷事件主办部门是社区，社区办结不了的需要发令协调职能部门进行处理，民意速办系统则按照事项清单分拨给区职能部门或街道处理，逐级转发。

（3）解决思路

为解决群众诉求业务和民意速办业务存在一定重复问题，深圳市光明区积极思考对策，将群众诉求系统和基层治理数字化平台 2.0 融合，分两步实施，打造群众办事线上线下深度融合的光明模式。

第一步，实现系统融合，关停群众诉求小程序入口，线上仅保留民意速办入口和治理通App网格员登记入口，解决市民端反馈诉求多入口问题。采用事件管理中台对接模式将群众诉求系统事件推送到数字化平台进行分拨流转，避免基层使用多系统，同时增强系统配置的灵活性，提升系统用户体验。

第二步，实现业务融合，统一矛盾诉求类事件处置流程。民意速办清单中和矛盾纠纷相关的事项有101项，其中属于街道办处置的有50项、社区处置的有13项。将民意速办平台中的101项矛盾纠纷类事项（含属于街道办处置的50项、社区处置的13项）采用群众诉求光明模式办结，直接分拨到社区办理。将民意速办系统中的事件自动分拨到街道二级部门，提升分拨效率。在数字化平台中直接配置流程，自动分拨事件到街道二级部门，不再需要街道人工二次分拨，并支持各街道进行个性化配置，快速满足街道的个性化需求。

3. 对接案例——数字城管业务

（1）案例背景

深圳市光明区智慧城管系统建设开始于2018年，在使用中不断补充和完善，截至2023年，已建设数字城管系统、环卫精细化监管系统、绿化精细化监管系统、一张图管理系统等多个系统，基本形成综合性的智慧城管系统体系，推动城市管理由"管理"向"治理"转型、向"服务"转变。其中数字城管系统根据《数字化城市管理信息系统　第2部分：管理部件和事件》（GB/T 30428.2-2013）要求，将城市管理事件分为六大类83小类，实现城市管理问题的闭环管理，确保城市管理案件第一时间发现与处置，2021年，6个街道共接收案件303134宗，结案301396宗，结案率为99.43%。

（2）存在问题

数字城管系统和基层治理数字化平台2.0两个平台在事件分拨、处置等方面，存在事项类别和标准不统一、处置要求不统一、考核标准不统一等问题。基层治理数字化平台2.0的定位是全区多部门的事件分拨平台，数字城管系统是以分拨城市管理事件为主，满足城市管理相关业务需求，同时数字城管系统已经和深圳市智慧城管平台打通，为满足市城管局的监管和考核要求，无法使用基层治理数字化平台 2.0 对深圳市光明区城管类事件进行分拨，给基层治理人员带来一定的负担。

（3）解决思路

为解决数字城管系统和基层治理数字化平台 2.0 之间的割裂问题，深圳市光明区采用事件管理中台对接模式，将数字城管系统事件推送到数字化平台进行分拨流转，街道执法人员只需要使用一个治理通 App 和一个电脑端后台处置城管案件和网格事件。其对接架构图如图 4 所示。

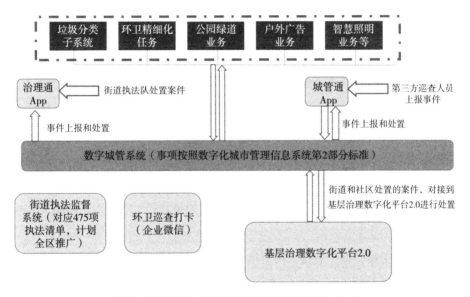

图 4　数字城管对接到基层治理数字化平台 2.0

资料来源：笔者自制。

（四）业务成效

1.统一事项管理，提升职能部门响应效率

针对基层治理事项来源渠道众多、协调机制不顺畅等问题，编制场景式网格巡查事项清单 217 项、民意速办事项清单 3456 项，统一事件分类、巡

查、整治标准体系,规范分级分类处置流程,并依托全区统一分拨体系,实现"一个入口受理、一个平台分拨、一个标准考核",大幅优化办事流程、提高办事效率。

2.整合移动应用,减轻基层工作负担

将网格员及街道执法人员使用的所有 App 全部整合到治理通 App,集成"警务助手""数字标识""小散巡查""环保督察""楼栋管理""水务外勤""住房租赁监管"等应用,统一各类事件上报入口,工作人员仅需一个治理通 App 账号就可完成各类任务事项的上报,并优化填报页面,提供"千人千屏"的个性化功能界面,实现操作更方便、责任更明晰、数据更安全,切实为辖区 2500 多名网格员及街道执法人员减负增效。

3.灵活配置,快速适配基层业务工作需求

通过对各类事件进行统一编号、统一分类、统一标识,建立统一事件编码标准体系,全面支撑各类事项的层级、流程等自定义配置,为综合网格等多种基层业务提供快速的应用入口、系统菜单、查询项配置等内容,无须再次开发优化即可满足角色、事项、统计分析与流程等方面的灵活自定义配置需求,让数据应用更鲜活、准确、直观,维护更便捷,使基层治理更科学、智慧、高效。

4.开发工具,提升数据采集复用的能力

开发"一键报"小工具,各街道可根据各自的需要,在系统上自定义信息采集表格,按照固定流程转给网格员,同时采集的数据将汇入基层数据池,数据池已有的数据可自动填充,实现临时任务的快速下发、重复采集数据的自动填充,提升业务数据采集效率。开发"一键查"工具,通过证件号码、房屋编码、楼栋编码、法人名称、事件编码、监控名称等关键字查询人口、楼栋、房屋、法人、事件等详细信息,并可复制复用,解决基层人员重复采集大量基础数据问题。

5.一屏通览,助力各级联动快速指挥调度

建立"区—街道—社区—网格"四级联合调度指挥工作台,汇聚近 900

万条数据，以一张图的形式将人口、房屋、法人、三小场所、网格队伍、治理事件、热点难点及相关时空数据等各类资源进行全局呈现、一体化管理，同时通过人口、法人、事件专题等多维度统计分析，真正将数据变活，将数据成果下沉到基层，各层级人员可实时掌握各类动态，实现心中有"数"，为基层治理精准研判、科学决策、指挥调度提供有力支撑，有效发挥数据价值。

6. AI赋能，推动违规事件源头治理

一是依托区视频联网共享平台搭建智慧巡检系统，设定各类治理场景，超门线经营、车辆乱停放、乱丢垃圾等"六乱一超"现象会被自动识别、抓取，并实时推送给网格员，识别准确率98%以上。二是构建高发事件类型、点位、时段、频次等多维度智能分析模型，实现实时掌握基层治理中的城市痛点、关键难点，让调度与整治更精准。如某一违规事件经反复整治仍然无法禁绝，可调取现场视频查看点位违规场景，分析原因，找到根治办法，实现标本兼治。三是在事件处置环节构建群众自治体系，通过楼栋编码自动同步和更新三小场所业主、楼栋长信息，发现违规事件第一时间以信息、电话等方式提醒，实现自行整改，减轻现场处置压力，以"无形的眼睛"激发群众参与、凝聚群众共识，推动形成多元有效共治格局。

（五）技术成效

1. 自定义表单，高效采集数据

基层治理数字化平台2.0的表单系统内置30多种基础元件，涉及数据填写的基层治理应用场景均可通过拖、拉、拽方式零代码配置表单，并灵活控制表单字段权限，将上报表单嵌入业务系统，或将表单分享给用户进行填报，表单还可以和流程进行关联，可让数据按照层级进行流转，满足业务多样化需求。

2. 自定义流程，支持快速开发应用

基层治理数字化平台2.0的流程引擎模块可以支持图形化配置表单

数据流转流程，配置完成后与表单建立关联，表单数据提交后，数据将会按照设定的流程进行流转，满足业务的快速开发需要。流程引擎模块支持流程发起节点、流程结束节点、抄送节点、子流程节点等16种节点类型，提供34个操作按钮、2种连接线，并支持节点时限控制、自定义短信等功能。

3.打破数据壁垒，加强数据融合治理

基层治理数字化平台2.0以时空信息云平台、视频联网共享平台等支撑平台为底座，共享群众诉求、民意速办等系统数据，并联动"数字城管""警务助手"等业务，搭建多样化、多层次、多维度的基层治理智慧化平台，实现全域信息数据互通，事件处置流转有章可循，为打造共建、共治、共享的基层治理现代化新模式提供强有力的支撑。

（六）经济及社会效益

经济效益方面。基于基层治理数字化平台2.0强大的自定义表单和自定义流程功能，快速开发上线基础网格业务、民意速办业务、智慧巡检业务、三小场所巡查业务、妇女儿童维权关爱系统，以及制作"一键报"等填报数据表单、基础数据导入表单等，满足业务事件流转处置需求，未来可基于该平台打造消防巡查、企业安全生产巡查等更多基层社会治理应用，快速满足系统开发部署上线要求，解决各部门独立分散建设系统、系统无统一入口等问题，节约经济成本。

社会效益方面。基层治理数字化平台2.0将产生的业务数据沉淀到平台，为数据挖掘、数据统计分析、数据共享打下坚实的基础。通过对大量业务数据进行汇聚、整合，推动跨部门、跨领域数据信息资源共享，实现多维度的综合分析，为各层级管理人员的分析研判、科学决策提供数据支撑，进一步提高基层事件处置效率和基层治理的管理质量，从而有效促进各级职能部门向服务型政府进行转型，增强公众对政府的信任度，整体提升政府形象。

三　推进基层治理数字化对策建议

（一）完善跨部门、跨层级、跨领域的工作机制

信息化主管部门必须从战略高度出发，强化跨部门、跨层级、跨领域的整体规划与顶层设计。构建一个自上而下，覆盖省、市、区三级的信息化工作体系至关重要。各区级单位应灵活承接市级平台资源，积极开发具有区域特色的应用及场景，以避免重复建设和资金浪费。新上线的信息化系统务必基于统一的基层治理信息化平台构建业务应用模块，以最大化利用系统复用价值，全面提升智慧城市发展的整体效能。

（二）深化数据共享机制

市级部门需积极建立与国家级、省级及央企部门的数据共享框架，秉持"不共享为例外"的原则，确保数据流动的畅通无阻。通过明确权责清单，发布数据共享目录，并依托市共享交换平台，实现数据按需订阅与获取。对于敏感或不宜共享的数据，应采取"一数一策"的策略，确保数据安全与合规。同时，完善与上级部门的数据回流机制，确保数据资源在各级单位间的高效流通。

（三）加大数字化转型力度

基层数字化是数字政府建设的基石。我们需积极推动基层单位的数字化转型，充分利用信息技术，实现核心业务线上化、数据采集工具化等目标。在此基础上，构建数据一张图，实现数据的全面可管可控，并加强业务协同、数据整合与融合治理。通过数据驱动，改进和优化核心业务流程，让数据成为基层治理的新引擎，提升治理效能。

（四）统一各业务领域信息系统访问入口

为提升基层工作者的工作效率，区职能部门和街道需加快整合存量政务

应用，统一各业务领域的系统访问入口。通过整合至统一的平台（如粤政易 App），实现信息资源的有效整合与共享，促进关键业务的协同应用。此举不仅能为基层工作者提供便利，还能有效减轻其工作负担，实现真正的"指尖上的减负"。

（五）建立全生命周期管理机制

区职能部门和街道应建立健全政务应用的全生命周期管理机制，确保系统运营的稳定性与高效性。通过收集基层业务场景、功能需求及优化建议，不断优化和升级业务系统，以满足基层管理和日常业务开展的需要。同时，加强归口管理，避免出现同领域多入口现象，促进公共信息资源的共享利用。

（六）完善数字人才培训体系

为了适应数字化时代的需求，市区层面需统筹完善数字人才培训体系，通过开办定制化课程、开展数字化技能培训、探索产学研联合培养等方式，培育并引进数字人才。领导干部应树立"用数据说话、用数据决策、用数据管理、用数据创新"的理念，提升自身的数字政府建设领导力和数字治理能力，推动政府朝更高效、更透明、更智能的方向转型。

B.13
深圳市坪山区民生诉求系统数字化
赋能城区治理研究

刘 洋 徐魏婷 梁雪辉*

摘 要： 本报告从城市基层治理存在的问题分析，针对民生诉求业务体系仍需规范完善、城市运行态势感知能力仍需加强以及数据资源能力平台集成效果仍不突出等问题，全面讲述了深圳市坪山区探索的解决路径，即通过民生诉求全周期管理体系的建立和持续的流程优化，构建起以民生诉求系统为基础的统一事件中台。同时，利用数据资源整合、物联感知等应用系统的迭代升级，构建全区统一事件中台、管理对象实体底板和全覆盖感知网络，促进城区治理能力提升，实现城区治理的数字化呈现、智能化管理、智慧化预防。深圳市坪山区这条"从问题出发、从基层出发"的逆向改革路径，看似一个"小切口"，实则是一次"深层次、渐进式"的改革，是社会治理能力现代化的一项创新举措，具有较强的创新性和可复制性。

关键词： 民生诉求 城区治理 数字化

党的十八大以来，习近平总书记站在战略和全局的高度，把城市工作摆在党和国家工作全局中举足轻重的位置，加强以城市基层党建引领基层治

* 刘洋，硕士，深圳市坪山区政务服务和数据管理局党组书记、局长，信息系统项目管理师、系统分析师，主要研究方向为城市治理、数字经济、数字政府建设；徐魏婷，硕士，深圳市坪山区政务服务和数据管理局民情研判部负责人，信息系统项目管理师，主要研究方向为政务服务、城市治理；梁雪辉，博士，深圳市城市经济研究会项目研究员，高级经济师，主要研究方向为区域经济、产业经济。

理，推进城市治理体系和治理能力现代化建设。2020年，国务院办公厅就已明确提出了《关于进一步优化地方政务服务便民热线的指导意见》。2022年，《全国一体化政务大数据体系建设指南》强调，在社会管理方面，要推进城市运行"一网统管"和社会信用体系建设，以大数据算法建模、分析应用为手段，推进城市运行"一网统管"，提高治理能力和水平。《广东省数字政府省域治理"一网统管"三年行动计划》提出，要进一步深化数字政府改革建设工作，促进信息技术与政府治理深度融合，打造理念先进、管理科学、平战结合、全省一体的"一网统管"体系，提升省域治理现代化水平，实现与政务服务"一网通办"、政府运行"一网协同"相互促进、整体发展，充分依托全省一体化数字政府基础底座，围绕经济调节、市场监管、社会管理、公共服务和生态环境保护五大职能，优化管理体系和管理流程，构建横向到边、纵向到底、全闭环的数字化治理模式，实现省域范围"一网感知态势、一网纵观全局、一网决策指挥、一网协同共治"。

深圳市坪山区位于深圳东部中心片区，是深圳市城市发展战略重点城区。早在2012年，深圳市坪山区（时为坪山新区）就制定了区级层面的《"智慧坪山"五年建设规划》，确立了统一规划、统一标准、统一平台、统一网络、统一管理的"五统一"智慧坪山建设总原则，是深圳最早启动智慧城市建设的区域。2017年坪山挂牌建区，在智慧城市建设初具成效的背景下，坪山区正式启动民生诉求系统改革，并伴随改革的深入，数字化赋能，持续融入CIM数字孪生、大数据、物联感知等各类资源能力，逐步构建了新型城区运行管理格局。同时，随着信息技术在城市治理中的深度应用、业务流程的持续升级优化，形成了民生诉求、数字政府、社会治理良性循环体系，进一步推动治理方式从传统的粗放式管理向精准化、智能化管理转变。

党的二十届三中全会审议通过的决定指出，坚持和发展新时代"枫桥经验"，提高市域社会治理能力，强化市民热线等公共服务平台功能，健全"高效办成一件事"重点事项清单管理机制和常态化推进机制。第一次将强化民生诉求平台功能与提高社会治理能力清晰、明确地联合表述，从民意表达的层面让治理的概念更加具象化，进一步凸显民生诉求平台功能与城区治理能力在资源整合、供需协调、多元协同等方面的深度关联，同时也再次强调了畅通诉求表达、提高处置能力、整合平台资源等在促进社会和谐稳定发展中的重要作用，也再次印证了深圳市坪山区从民生诉求改革切入推动治理能力提升的探索价值和现实意义。

一 城市基层治理存在的问题分析

（一）民生诉求业务体系仍需规范完善

1. 渠道分散、体验不友好

长期以来，群众反映、咨询、投诉、建议的渠道众多，线上线下、全领域及专业领域的均有，大致可以分为政府侧的政务服务便民热线（12345）、消费者投诉热线（12315）、环保热线（12369）等"12"开头的热线电话；政府官网的领导信箱、留言板块、意见征集板块等；各地自行开发的政务服务类 App，政务微信公众号、小程序等互动渠道；各类信访渠道；线下的各级党群服务中心、政务服务大厅，社区、村居委会的意见簿、意见箱等；以及人大、政协、媒体等主动开展的意见建议征集渠道、民生栏目互动板块等。

众多诉求渠道普遍存在标准不统一、流程不规范、处置不高效、体验不友好、监督不到位、资源不集约等情况，给群众、企业带来困扰和不便的同时，也给政府的形象带来较大的负面影响。比如，不同渠道由不同部门或机构负责，资源投入水平差异和管理标准繁杂混乱，导致资源分散、运维成本高、响应速度和办理质效参差不齐，诉求信息呈现碎片化状态，难以形成统一、规范的管理体系；且群众诉求复杂多变，处理各类诉求需要协同不同的部门，不同管理部门的权力地位及对诉求办理工作的重视程度极大地影响了协同能力，同一问题在不同平台反馈可能有截然不同的处置效果；还有大量的渠道因为圈粉难、用户活跃度低、运维经费保障难等，逐渐沦为"僵尸"

渠道。五花八门的诉求渠道对群众造成了选择难的困惑，参差不齐的办理质效让群众对政府产生更大的不满情绪，极大影响了政府公信力。

2. 流程繁杂、基层负担重

不同渠道的工作流程、回复标准等可能存在差异，渠道之间信息共享不及时或不充分。一部分渠道设有独立的分拨系统，更多的渠道则由不同主管部门通过办文系统甚至微信、QQ等方式分拨，导致基层负责处置的工作人员需要花大量时间去梳理和整合。比如，一位群众通过热线、网络和现场反映等多种渠道提出同一个诉求，因为这些渠道分属不同的管理部门，办理流程、办理规则、考核指标等各有不同，基层工作人员对同一个问题就需要根据不同的标准编制多个版本的处置意见，分别在不同的平台进行答复，常常疲于应付。此外，不同渠道对口不同业务科室。比如，一个单位里面负责信访和负责热线的为不同的业务科室，由不同的工作人员负责，导致同一个问题，不同的人办有不同的答复口径。一个诉求多人办理，造成了大量的重复劳动，既浪费了人力物力，又增加了基层负担。

民生诉求领域这种多渠道、多平台的存在，还导致诉求事件分类标准不一，难以形成统一的统计口径，无法开展精准、高效的数据分析，热点、敏感问题感知能力弱、传导时效差，大量尚不尖锐、处于发酵期但处理不好很可能升级为群体性事件的问题没有及时引起足够重视，群众好的意见建议也难以让决策层及时感知，民生诉求与社会治理之间的良性循环生态圈难以构建。因此，资源整合、流程优化，是当前民生诉求领域急需破题的内容。

（二）城市运行态势感知能力仍需加强

在城市运行过程中，常常会伴随各种各样的问题，而能够感知这些问题的方式主要可以分为"人感""物感""数感"三个部分。"人感"主要分为被动受理和主动采集两个部分。各类民生诉求渠道收集的群众诉求，属于被动受理部分；网格巡查及消防、交通、环保等专项采集则属于主动采集部分。"人感"信息是当前各级政府管理中最主要的信息来源，群众诉求即被动受理部分，往往会因为信息集成难、跨部门协同难、数据治理难等而被排除在城市感知体系之外；而主动采集部分通常需要配备庞大的采集队伍，经济成本较高，投入产出比较低。"物感"顾名思义主要为物联感知，即摄像头、水文监测仪、噪声监测仪等各类感知终端反馈的各类异常感知数据信息，这部分信息基本上掌握在各行业主管部门手中，且建设及运维成本较高，主要适用于在经济较为发达、城市化程度较高、人群密集的地区推广，并不适合在经济较不发达地区普及。"数感"则是对大数据的统计分析，从而实现对城市运行中周期性问题的预判、潜在问题的主动发现等，但需要建立统一的大数据平台，有效整合各行业领域运行数据，再进行挖掘研判，但因受数据质量、数据治理能力等限制，目前"数感"部分的功能较少有成功探索。"人感""物感""数感"各板块的实际能力水平差异较大，且问题信息分散在各个层级、各个领域，部分地方政府也尝试将其中一些问题信息进行汇聚，归口管理，但整体来说，三感融合仍有较大的提升空间，城市运行的全域感知网络尚未完全建立。

（三）数据资源能力平台集成效果仍不突出

在数据管理方面，城市运行过程中不同部门或业务系统的数据无法有效共享和互通，"数据孤岛"现象依然存在。国家数据局成立后，数据管理工作的重要性再次凸显，但目前甚至未来较长时间内城市运行数据仍存在数据质量低下、数据集成度不高、算法模型不够完善等短板，无法对各类城市运行数据进行有效融合和关联分析，难以形成政府精准施策的有效助力。此外，从较多地方经验探索中不难看出，更多地方政府仍较侧重大数据系统建设，而非在转变各级各部门工作人员数据思维能力上发力，因此，数据质量、数据安全、数据应用等仍是未来数据融合发展的重要挑战。在资源平台方面，政府部门各大业务领域自建平台整合难度大，协同机制仍不健全。比如，视频资源可能分散在公安、交通、住建、城管等各个领域，想要整合就必须打破部门壁垒，构建统一的视频资源平台，建立统一的建设运行标准体系；又比如，噪声、扬尘、水位等各类监测传感器可能分别在生态、水务等业务部门，其执行各自的预警响应闭环流程，数据不通、相互独立，难以有效协同，资源利用率不高。在能力平台方面，往往存在单一能力平台建设标准高、成效好，但在其他业务系统集成效果不佳、应用不足，有效促进其他业务能力提升这个最终目标还没有达到。比如，CIM平台的建设发展在一些城市的实践是比较成功的，但CIM平台作为区域管理底层能力的作用尚未得到充分体现，与其他业务系统之间的互联互通、共促共建的效果仍未凸显。

二　城市基层治理智慧化改革举措

深圳市坪山区按照国家、省、市对未来智慧城市和数字政府建设的要求，坚持以人民为中心的发展思想，把握中央支持深圳实施综合授权改革试点的重要契机，综合考虑当前城区运行管理中存在的上述不足，按照智慧坪山总体架构及"互联互通、资源共享、数据融合、业务创新"的建设要求，推动机制创新、技术创新、数据创新、业务创新，以民生诉求改革为切入点，以民生诉求系统为载体，探索了一条基础设施集约高效、能力平台支撑有力、城区运行一网统管的新型管理路径：构建全区统一事件中台、管理对象实体底板和全覆盖感知网络，促进城区治理能力提升。

2017年以来，深圳市坪山区以打造"民有所呼、我有所应，民有所需、我有所为"的服务型政府为目标，坚持科技赋能，聚焦流程再造，持续推进"小切口、深层次、渐进式"的改革，有序推进公众参与城市管理和社会治理。坪山区通过持续流程优化，构建起"集中受理、统一分拨、多网合一、多元共治"的民生诉求全周期管理体系，通过数据资源整合和应用系统升级，实现城区治理的数字化呈现、智能化管理、智慧化预防。

（一）以民生诉求系统为基础，构建全区统一事件中台

1. 整合渠道平台，建立科学的事件分拨架构

渠道畅通是各级管理者实施"听民声、察民意、汇民智"的重要保障，是构建新型政民关系，实现公众广泛参与、多元共治的前提条件。深圳市坪

山区自 2017 年开始，陆续整合了区内"12345"热线、"@深圳—民意速办"、"@坪山—民意速办"、政府信箱、企业诉求、智慧网信、人大代表解民忧、110 非警务警情、妇儿维权等诉求收集渠道及网格采集、安委督办、区交警登记、大气污染管控等采集渠道和党群服务中心、政务服务大厅、信访登记室、人大联络站等线下阵地收集的各类诉求信息，同时整合了视频采集、工地扬尘与噪声监测等物联感知告警信息。以系统对接、批量导入、实时录入等方式汇聚到区民生诉求系统（即智慧管理指挥平台），最大限度地实现了"人感+物感"的有机整合，实现区内全量事件归口管理，畅通民意渠道，助力执政者更真实地感知施政反响从而进行科学决策。

受理渠道形式多样，处置部门层级繁杂，面临的群众更是千千万万。要实现"一站式"服务，实现全程留痕、可追溯、可追责，就必须牢牢把握"统一分拨"这个核心点，打破传统部门壁垒，消除碎片化管理弊端，实现跨区域、跨部门、跨层级的高效协同，包括统一的分拨队伍及分拨系统，这是串联一切的根基。2018 年初，深圳市坪山区民生诉求系统上线运行，整合了区内数字城管、网格管理、"12345"热线、政府信箱等事件受理分拨平台，深圳市坪山区城区运行事件中台自此初具雏形。基于统一的事件受理分拨平台，深圳市坪山区配套构建了"1+6+N"（即"区+街+职能部门"）的事件分拨体系，并为区、街两级统一配备 24 小时专业分拨队伍，各职能部门则安排专人负责单位内部事件分拨流转。

2. 规范业务标准，构建高效的事件转办体系

统一事件分类分级、处置流程等标准，是建立良好运转秩序的关键，是实现高效管理、协同配合的必要条件，是开展数据统计分析的重要前提，是牢固"流程+IT"改革主线的黏合剂，还可为社会治理的精细化、智能化、法治化提供有力支撑。对此，深圳市坪山区转变以部门定职责的思路，从群众具体诉求出发，与《深圳市民生诉求职责清单》融合对接，对不同渠道、不同平台的事件分类分级标准和处置责任主体进行全面梳理，归纳整理出足够颗粒度、准确度的《坪山区"一网统管"职责清单》，逐类制定事项说明和操作指引，建立事项动态调整规则，形成了编办、政

数、司法三方联合的疑难事项裁定机制,通过将清单做到系统中,实现事件精准分拨、高效运转。比如,针对保障房、产业园区物业管理"模糊地带",区民生诉求服务中心仅3天就厘清住保、工信、街道等单位主管责任;对于国有土地上绿化管养、道路破损等确权难的问题通过三方快裁迅速明确了分拨规则。

群众诉求的高效处置需要有清晰的职责体系作保障,还需要科学、简便、高效的流程体系作支撑。深圳市坪山区学习借鉴物流行业包裹位置信息呈现的特点,在全市首创事件处置全流程公开可视机制,打通上报前端和分拨后端,结合当前用户使用习惯,在微信端同步呈现5~13个贯穿受理、分拨、处置、反馈等事件处置全过程的标准化流程节点,方便市民更直观掌握处置进度,挤压了"灰色空间",为效能评价和监督创造了条件,化解了市民对诉求"石沉大海"的担忧。同时,还通过持续修订《坪山区民生诉求管理办法》,规范事件受理、处置、协调、督办、办结、考核等业务标准,保障事件转办规范、高效。创新建立事件处置满意度五星评价体系,市民可从处置速度、处置效果、服务体验、反馈质量等维度开展评价,拓展开发问卷调查、建议征集模块,在畅通诉求表达的同时也把诉求渠道作为问政于民、问计于民的联系纽带,大大提升了政府形象及公信力。

聚焦民生诉求"量大情急"的特点,坚持攻难点、疏堵点、补短板、强弱项的思路,深圳市坪山区全面引入人工智能技术,为民生诉求系统植入了智能"芯片"。在受理分拨环节,通过智能文本分析,自动匹配事件分类、填充事件要素信息,实现自动登记、智能分拨;升级后,单个事件分拨操作用时从原来的近10分钟,提速到现在的最快10秒,大大减轻了分拨压力,提升了事件转办效能。在处置环节,通过余弦相似度算法技术,智能推荐相似度高的事件,实现并案办理,当前相似件匹配精准度超95%;通过推荐同类事件历史办理意见,一键引用回复,助力责任部门实现处置、答复"双重"减负。在答复环节,建立可配置式词库,智能检测责任单位办理意见中错别字、敏感词等信息,自动提醒修订完善,提升反馈质量。在回访环节,实现回访规则定制管理,在人工回访基础上,新增自动短信回访、智能语音回访等方式，建立更高效、更规范、更全面的满意度回访体系。在标签标打环节，使用语义分析大模型技术，对被诉主体、诉求话题、高频热点、敏感词等进行深度分析，实现智能打标，同时通过挖掘事件内部逻辑及外在联系，形成标签智能关联图谱，精准掌握事件演变规律。

3. 融合诉求信息，打造完整的民情数据底座

全面掌握社情民意，能为政府和相关部门的决策提供更充分、更准确的数据支持，实现资源共享和部门协同，及时回应群众关切、化解矛盾。深圳市坪山区依托区民生诉求系统，融合了公安、信访、舆情等线上线下社情民意、矛盾隐患等问题数据，搭建了诉求信息数据底座，建立了实时互联互通的信息交互机制，实现民情预警信息的全面汇聚、实时同步。为辅助各部门全面掌握、精准判断矛盾风险等级，实现治理工作的前置和主动，坪山区政务服务和数据管理局依托大数据和人工智能技术，对海量社情民意数据进行了分析和预测，提前发现潜在的社会问题。各部门各渠道诉求信息的融合推动城区治理从传统的粗放式、经验式向精准化、智能化转变。同时，依托大、中、小屏开发的诉求实时预警数据模型等，全面呈现了预警事件处置全过程动态，建立"预警提级+常规转办"的"双轨制"事件处置体系。坪山区依托民生诉求系统绘制的预警信息、发展态势"一张图"，根据不同媒介特质，定制化推送不同类型预警信息，借助粤政易、政务微信、OA短信等媒介开辟专题预警路径，形成了多元化预警网络。

然而，预警信息若只是单向推送，没有形成闭环，则等于白费了前端感知部门费力抓取的预警信号，因此，必须形成"发出预警—预警响应—事件处置—跟踪落实"的闭环流程，借助技术手段予以固化，建立流程完整、过程透明、层级分明、权责清晰、监督有力的预警体系，避免预警效能丧失。为此，深圳市坪山区探索建立了民生诉求"预警+治理"双闭环流程，充分运用大数据挖掘信息的能力，强化问题归纳分析预判预警能力，总结规律，为职能部门开展源头治理做好支撑和辅助；推动将"主动治理、未诉先办"从构想转变为行动，寻求短、中、长期治理目标的有机平衡，形成"问题归纳—根因分析—源头治理—成果评价"的闭环治理流程，推动"一

件事"向"一类事"的治理模式转变，把民生诉求作为激发需求供给侧自我变革的源头活水，形成系统性、制度性解决措施，最终通过制度创新和治理创新来减少问题和诉求的产生。

（二）"民生诉求+CIM"，构建管理对象实体底板

2023年6月，深圳市人民政府办公厅印发《深圳市数字孪生先锋城市建设行动计划（2023）》，提出建设"数实融合、同生共长、实时交互、秒级响应"的数字孪生先锋城市。深圳市坪山区将"时空云"平台作为深圳市坪山区数字孪生城市建设的基础平台，持续完善空间数字底板，完成56.4平方公里区域规划和现状三维精细建模，持续导入BIM模型，构建城市实体要素，将土地、树木等要素处理成可被计算机系统理解、管理的数据，推进政务数据上图，实现虚实结合、关联映射；持续推进要素融合工作，基于城市实体要素成果，根据管理关系、空间关系开展不少于10类业务数据的融合，建立基础地理实体与业务数据要素的关联图谱，实现数据赋能；持续推进底座数据统一空间编码，在全区范围实施北斗网格空间编码，应用统一编码，实现跨图层、多要素的秒级查询检索统计。

深圳市坪山区以民生诉求系统为场景，深度探索数字孪生技术的现实应用，为政府、企业和市民提供更加高效、便捷、智能的支撑服务。民生诉求往往具有数据量大、渠道纷繁复杂的特点。在传统的处理流程中，市民上报的诉求事件由人工在后台受理并判断被诉对象，以被诉对象的权属划分来进行分拨处置，也因此，被诉对象经常出现无法找到监管对象的情况。为解决此类问题，深圳市坪山区在平台中构建管理对象实体，将民生诉求的事件与被诉对象实体进行关联绑定，依托数字孪生时空实体，支撑事件快速受理、精准分拨、高效处置和规律分析，开展集约化开发和应用生态集成，助力打造"实体+应用"的智慧城市建设模式。

1.优化地址语义库，精准识别诉求事件位置

为破解民生诉求事件地址位置描述模糊、错误情况等导致的分拨效率低下问题，深圳市坪山区以市级标准规范为指引，统一优化了地址语义库，全

面分析现有地名地址数据，深入开展质量评估，充分利用互联网数据实现一址多义关联，实现诉求事件位置准确匹配、快速分拨。截至 2023 年，已完成 644066 条地址数据质量评估及建库。

2. 建立被诉对象实体库，快速明确诉求事件权属

参照自然资源部相关标准，坪山区全面梳理辖区城市管理对象，分类分级建立被诉对象实体库，关联融合多维度语义信息，实现管理对象数字化、实体化、语义化，推进诉求事件和被诉对象的快速匹配，解决管理主体多元、权属不清晰等难题，实现诉求事件的智能快速分拨和高效处置。截至 2023 年，已完成 10 个大类 56 个小类共计 304322 个实体的建设。

3. 强化时空分析法，有效捕捉事件演变规律

基于全区基础实体和民生诉求领域实体，坪山区从民生诉求业务需求出发，重点分析民生诉求事件空间分布规律、时空态势和事件知识图谱，探寻事件数据蕴含的空间格局和演变规律，实现"发现一件事，解决一类事"，打造"未诉先办"模式。同时，利用数字孪生技术时空大数据分析预警能力，细化时空分析范围，将热点区域分析延伸至热点路段、热点时段，实现占道经营等典型易回潮事件的精准治理。

（三）"民生诉求+物联网平台"，构建全覆盖感知网络

物联感知是现代城市治理的重要手段，物联感知能力的提升和应用，如监控摄像头、烟雾报警器、环境监测设备、智能水电表等感知设备的广泛使用，能够实时监控城市的各个角落，及时发现安全隐患和异常情况，助力相关部门实时感知城市运行状态、合理配置资源，为城市可持续高质量发展提供有力支撑。深圳市坪山区坚持以数字思维纾解民生难题、以智能技术赋能社会治理的改革思路，充分利用物联网平台在城市运行预警、监管整治生态环境、关爱老年群体居家安全、应对自然灾害等多方面取得明显效果，推进物联网平台与民生诉求系统的深度融合。

1. 智能监控，精准治污

伴随着经济发展和城区建设的强劲势头，工地噪声和扬尘问题突出。为

解决工地噪声和扬尘引发的市民投诉和大气环境质量下降等问题，2020 年以来，深圳市坪山区首创"远程喊停"非现场监管体系，利用噪声自动监测、颗粒物激光雷达、喷淋工况、无人机巡查、扬尘 AI 识别、TSP 监测对工地围挡喷淋运行情况及污染排放情况进行实时量化监管，实现工地噪声和扬尘的全流程、全要素、全方位 AI 非现场监管。为实现"发现、告警、处置、结案"全业务闭环和全过程留痕，坪山区打通了"远程喊停"及区民生诉求系统，实现预警信息实时推送、闭环处置，大幅节约工地监管成本。

2. 精准感知，合力治水

由于坪山独特的地理位置，台风、暴雨等自然灾害多发，深圳市坪山区依托区物联网平台接入城市内涝、河道水文等水务监测设备 136 台，在台风、暴雨等重要防护期间，可快速定位重要路段、危险路段，合理调配应急资源。坪山区通过打通民生诉求系统与智慧水务系统，实现水情事件的实时互通，并在民生诉求系统创建"暴雨台风"主题标签库，依托标签及事件分类，构建"防汛防涝"主题大屏，助力应急、水务等部门实时监控。

3. 全域监测，AI 治区

深圳市坪山区城区治理和治安管理并重，建成区级视频资源管理平台，收集公安部门及城管、水务、生态、应急等业务部门视频建设需求，合理布局视频前端点位，实现"一点多用"，避免反复开挖和重复建设，推动各类视频数据跨层级、跨部门高效共享，纵向打通市、区、街道、社区四个层级，实现"一次建设、全区复用"。截至 2023 年，已接入 25 家单位 20237路视频资源，包括 98 家工地、24 家危化企业等社会视频资源。同时，把视频识别作为民生诉求系统"物感"部分的重要信息来源，打通视频资源管理平台及民生诉求系统，实现 AI 识别事件一键上报，依托视频探头完成事前发现、事后核查，形成全业务闭环和全流程留痕管理模式。截至 2023 年，已实现城管、水务、生态、应急等领域"垃圾堆放""占道经营""沿街晾挂""黄土裸露""道路障碍""车轮清洁"等 20 余类事件的 AI 识别上报，对人流密集场所治安管理、三防应急、道路交通、工地监管等提供全天候的动态监测手段，最大限度前移管理端口，有效赋能城区治理提质增效。

（四）"民生诉求+大数据"，促进城区治理能力提升

数据是构建数字政府的基石。民生诉求数据的变化，构建出的是一个微观、高清的社会。数据分析可以更精准地把握民心民情，更清晰地了解管理短板，洞察民众在教育、医疗、就业、住房等各个领域的具体需求，更直接地掌握矛盾根源，继而发现公共服务中的短板和不足，从而合理分配资源，提高服务质量和效率。比如，某片区居民反复反馈周边公交运力不足的问题，交通部门就可以针对性分析该片区居住人口、线路规划、站点设计等方面存在的缺陷与不足。民生诉求数据分析也同样可以为各部门制定政策、获取资源提供有力支撑，从而优化公共服务供给，增强政府决策的科学性和民主性，提高政府的公信力和治理水平。比如，某片区居民对公共文体设施的诉求较多，那文体部门就可以有侧重地去分析该片区周边配套文体资源的配置，从而有针对性地进行规划、建设。为了更科学、全面地呈现民生诉求数据分析结果，深圳市坪山区统筹推动民生诉求系统与大数据平台的深度融合，按照《坪山区公共数据分类分级管理办法（修订）》，实现民生诉求数据标准化治理。

1.数据关联分析，构建灵活、定制、多维分析模型

坪山区运用大数据分析技术，将民生诉求系统中收集到的各类诉求数据，如投诉内容、诉求类型、诉求时间、诉求人等基本信息，通过数据聚类、关联规则挖掘等方法，发现潜在的诉求模式和趋势。比如，将诉求数据与地理信息数据结合，分析不同地区的诉求热点和分布情况；与人口统计数据结合，了解不同人群的诉求特点。基于历史诉求数据和相关的大数据分析，对未来可能出现的民生诉求进行预测。平台具备数据分析模型的"自主建模"能力，可适应不同用户的个性化需求，灵活设计分析模型，新建劳资纠纷、生态环保、企业诉求等17个专题，涵盖事件类型、满意度、处置用时等共118个分析模型，实现实时统计、精准分析。依托高性能、高可用的大数据分析和共享能力，融合集成民生诉求、人口、法人等基层治理数据，建立基层治理运行分析和预警监测模型。通过大数据分析，动态感知基

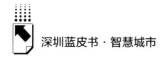

层治理状态和趋势，预警监测、防范化解各类重大风险，切实提升社会治理水平。

2.标签要素互通，建立数据应用与质量反馈机制

按照"一套规范统一标准、一套指标全区复用、一数一源确保质量"原则，坪山区以大数据平台为底座，在民生诉求系统构建了庞大的事件标签体系。截至 2023 年，该体系共有标签 78742 个，并实现了标签信息的实时更新，能够从多维度、深层次对事件进行数据分析，提升了分析研判的精准性。比如，把大数据平台中"小区"主题标签信息全部同步至民生诉求系统，即可以在诉求分析时增加对小区建设单位、物业管理公司、入住时间、房屋间套数等要素的关联分析，更易精准分析出小区事件的演变规律及涉事单位。事件标签标打贯穿事件办理全过程，系统还支持各部门各街道自行构建专属标签；同时，在诉求内容中发现的新增被诉主体或主体标签要素缺失等问题，可实时回传大数据系统，在大数据系统完成标签的新增、完善，实现双系统数据标签的实时汇聚、深度融合。

3.资源共建共享，构建多维度、全方位"驾驶舱"

坪山区依托大数据平台利用现有数据资源，构建了"一数一源"责任清单体系，该体系已涵盖基础情况、经济运行、社会治理、公共服务、安全保障五大领域共计 1600 余个数据指标，关联人、法、房、事等数据，形成智能标签分析、图谱分析、诉求人画像、责任主体画像、热词分析等多维度、全方位的数据场景，依托数据大屏、PC 中屏、移动端小屏等载体，打造随时可看、随地可批的数据看板。比如，对辖区 62 个小区、149 所学校、31 个重点项目工地的民意数据进行归类分析，诉求量、反映人次、关键热词等信息得以一屏呈现。

三 城市基层治理智慧化改革经验与体会

经过多年改革和系统优化，深圳市坪山区以民生诉求系统为内核的城区运行架构已基本成熟。聚焦"高效办成一件事"，依托民生诉求系统持续推进数据资源整合和应用系统升级，实现城区治理的数字化呈现、智能化管理、智慧化预防，推动线上线下联动，部门相互赋能，做到早发现、早预警、早研判、早处置，在最低层级、最早时间，以相对最低成本，解决最突出问题，取得最佳综合效应，实现主动治理、源头治理、系统治理。深圳市坪山区这条"从问题出发、从基层出发"的逆向改革路径，看似一个"小切口"，实则是一次"深层次、渐进式"的改革，是社会治理能力现代化的一项创新举措，具有较强的创新性和可复制性。其中也有一些经验值得探讨。

（一）全域感知是基础

只有将所有城市运行管理事件信息全都归拢，才能更快、更准做出决策判断和指挥调度，及时发现风险隐患并将其消除在萌芽状态，实现城市管理由被动向主动转变。

（二）职责清晰是关键

权责不匹配是基层治理缺乏效能的根源之一，哪怕只是一个很简单的事项，部门之间都可能会推诿扯皮。把"民生架"吵在前面，把职责以清单明确下来的做法，为部门履职提供了依据，助推政府精细化管理。

（三）高效协同是保障

以民生诉求为核心的城区运行管理架构的建立，实际是以"高效办成一件事"推进体制机制创新和业务流程再造，支持各部门和基层街道、社区高效协同完成事项处置，此过程要充分考虑技术保障和机制保障的双融双促，两者缺一不可。

（四）多元共治是目标

"人民城市人民建，人民城市为人民"，城市治理的数字化转型，除了需要政府自身的管理创新以外，也离不开市民、企业、社会组织等多元主体

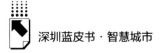

的充分参与。因此，城区运行管理过程中要尤为注重引导社会各方积极参与治理，"化管理对象为管理力量"，打造人民城市共建、共治、共享新局面。

深圳市坪山区以民生诉求系统为切入点，持续深耕流程优化，逐步融合CIM、视频、物联、大数据等各类资源，注重技术创新与应用成效，推进数据资源整合和应用系统升级，已基本形成一网统管全区、一网统一指挥、一网统筹决策的城区运行新格局。深圳市坪山区这条"从问题出发、从基层出发"的逆向改革路径，看似一个"小切口"，实则是一次"深层次、渐进式"的改革，是社会治理能力现代化的一项创新举措，具有较强的创新性和可复制性。然而，随着城市高速发展，新的问题和挑战不断涌现，城市运行体系的构建与优化必然是一个复杂、长期的过程，需要政府、企业、社会组织和居民的共同努力。深圳市坪山区将继续聚焦"高效办成一件事"的工作目标，推进城区治理精细化、智能化和高效化。

B.14
深圳市龙岗区政府数字化转型的
现状、问题与展望

乐文忠　陈帮泰　刘妃妃*

摘　要： 近年来，深圳市龙岗区以"数智一体化"为抓手，积极探寻具有龙岗特色的政府数字化转型路径和模式，初步构建集约共享的数字基础设施体系、开放共享的数据资源体系和城市数字化共性基础平台体系，实现智慧化综合服务应用水平全面提升，城市运行更加智能、高效。针对仍然存在的数据开发利用水平待提升、数字化建设效能待释放、政府数字化转型难发展等问题，就推进政府数字化转型提出对策建议。通过"数智一体化"加快政府数字化转型探索，推动新一代信息技术与政府管理和公共服务业务的深度融合，是纵深推进智慧城市和数字政府建设的可行路径。

关键词： "数智一体化"　政府数字化转型　数字政府

近年来，随着云计算、大数据、物联网、区块链和人工智能等技术的不断创新和加速发展，新一代信息技术已渗透到经济社会发展的各个领域。面对这一趋势，全球各主要国家和地区纷纷开展了数字化转型的战略部署。《国务院关于加强数字政府建设的指导意见》（国发〔2022〕14号）明确指

---

* 乐文忠，博士，广东省深圳市龙岗区大数据中心主任，高级工程师，主要研究方向为人工智能、大数据；陈帮泰，广东省深圳市龙岗区大数据中心数据资源科科长，高级工程师，主要研究方向为数字孪生、数据应用；刘妃妃，广东省深圳市龙岗区大数据中心数据资源科高级工程师，主要研究方向为数据治理、数据分析和挖掘。

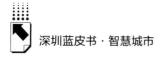

出，要全面推进政府履职和政务运行的数字化转型，创新行政管理和服务方式，以数字政府建设为引领，驱动全面数字化发展。

作为广东省大数据综合试验区、深圳市数字政府建设试点区以及深圳市数字经济强区，龙岗区在推动智慧城市和数字政府建设方面阶段性成果显著，许多创新成果在深圳全市乃至全国范围内均处于领先地位，同时也为龙岗区政府部门、企业组织和广大民众带来了实质性益处。

面对新时代政府数字化转型的新要求、新机遇和新挑战，龙岗区坚持从实际出发，通过高起点的规划、高标准的建设及高质量的统筹，以"数智一体化"为抓手，积极探寻具有龙岗特色的政府数字化转型路径和模式，提升社会治理效能，优化营商环境，并加快实现全面智慧治理和全民共享智慧成果，推动经济社会高质量发展，使城市运行更加智慧和高效。

一 深圳市龙岗区政府数字化转型现状

深圳市龙岗区围绕"全域智治、全民智享"的"数字先锋、智慧龙岗"这一规划蓝图，充分依托5G、云计算、人工智能等多种先进信息技术的创新应用，构建云、网、边、端协同的"智慧龙岗"一体化智能运行体系，推动实现城区的全领域感知、全网络协同、全业务融合、全数智赋能和全链条安全，打造"全场景智慧"，致力于让城市能感知、会思考、有温度、可进化。

（一）数字化转型加速推进，数字政府建设成效显著

1.集约共享的数字基础设施体系基本形成

（1）政务通信网络

龙岗区已建成覆盖全域的政务通信网络。截至2023年底，累计自建管网光纤1.3万皮长公里，光纤长度逾50万芯公里，覆盖了区、街道、社区等各类政务办公场所超1000个；率先建成面向政务、教育、安全、民生等

领域的区、街道、社区三级全覆盖的 OTN 光传输环网，实现了全区政务、教育、公安以及视频业务的高可靠、高安全、大带宽统一承载，并且可满足未来 5~10 年龙岗区网络基础支撑需要。该项成果作为优秀案例入选了国家信息中心和华为公司联合编制的《城市一张网研究报告》。

（2）政务数据中心

龙岗区在全市率先构建"鲲鹏+昇腾"政务大数据生态，建成了新一代政务大数据中心和 AI 算力资源中心，打造了具备初级 CSDR（容灾）能力的统一云平台，稳定承载全区 52 个委办局 162 个业务系统。

（3）算力资源中心

龙岗区统筹建设政务算力平台，当前已部署通用服务器 419 台，智能服务器 43 台，为全区各委办局业务系统提供通用算力和智能算力服务，其中智能算力规模为 24.7PFLOPS（FP16）。

（4）网络安全和数据安全设施

龙岗区不断健全网络安全管理机制，实行"7×24 小时"安全监测；制定完善网络安全应急处置预案，构建形成集防御、检测、监测、响应于一体的安全架构。对全区党政机关业务系统开展常态化渗透演练，2023 年实现全年网络安全"零事故"，全区信息系统安全漏洞总体呈下降趋势；逐步建立自主可控的基础支撑体系，有序开展政务云平台安全防护系统建设、特权行为管控与审计以及商用密码测评等工作，推进应用安全可控的技术和产品，实现核心领域、核心设备、核心系统逐步升级改造。

（5）物联感知基础设施

龙岗区遍布视频探头超 20 万路，通过全面梳理形成视频预案 94 套，实现对重点区域全覆盖快速视频巡查；加快建设并接入关键领域感知终端，其中危化品应急管控平台、三防等专题初步建成，有序接入危化品企业、重大危险源、积水内涝点位、森林防火智能化监控等前端数据。

2. 开放共享的数据资源体系加快构建

（1）标准规范

龙岗区编制并发布《标准库管理与应用规范》《数据服务管理制度》等

8 项城市数据资源体系标准，加快完善公共数据管理和授权运营的机制体制，在推进政府数字化转型中发挥着基础性、引领性作用。

（2）公共数据库

龙岗区初步建成全区统一的公共数据库技术平台和运营平台，实现数据集中融合处理，通过安全有序的政务数据共享交换功能和机制，打破部门间数据壁垒，打破"数据孤岛"，打通覆盖全区的数据资源共享交换通道。同时，深圳市龙岗区基于公共数据库的基础底座，全面构建政务数据共享开放的标准和机制，优先开放与民生紧密相关、社会迫切需要、行业增值潜力显著的政务数据，有效实现数据"进得来、落得下、管得住"。

（3）基础数据库

龙岗区基础数据库建设已初具规模，当前累计接入市区系统 125 个、对接数据超 260 亿条，梳理形成了人口、房屋、法人三大基础数据库，并及时响应各部门应用需求，累计提供基础数据服务接口 337 个、接口调用次数 1.03 万次、调用数据量 4.08 亿条。

（4）主题数据库

龙岗区自然人、企业、房屋、信用、经济、基层治理等主题数据库逐步完善，为智慧警务、公共信用、智慧社区、"一网统管"等应用提供了全方位的数据共享交换服务。同时，深圳市龙岗区通过打造"数据超市"，发布数据资源目录 5623 项、业务和空间数据服务接口 617 个、业务数据订阅使用总量超 158 亿条，接口调用次数超 8.77 亿次，数据共享水平进一步提升。

（5）中文语料库

龙岗区基于政务服务、民生诉求、企业服务等业务领域数据，初步构建形成了中文语料库。其中，政务服务语料包括政务事项、办事指南、政务问答；民生诉求语料包含民生诉求事项、民生诉求标签、疑难事件；企业服务语料包括企业服务事项、营商惠企政策。目前，民生诉求语料库已应用于"一网统管"智能分拨大模型训练，政务服务语料库正在用于研发基于 AI 大模型的政务服务办事助手，并已取得较好的预期成效。

3. 城市数字化共性基础平台体系逐步完善

（1）大数据管理服务平台

龙岗区建成全区统一的大数据管理服务平台，建设了数据资源门户、数据采集、数据治理与质量管控、数据服务管理、数据资源综合支撑管控等业务功能模块，并梳理形成人口、房屋、法人三大基础数据库以及自然人、企业、房屋、信用、经济、基层治理等主题数据库，为全区提供了数据采集、数据管理、数据共享的"数据一门式"服务。

（2）城市信息模型（CIM）平台

龙岗区建成包含覆盖全区 388.21km^2 的三维倾斜摄影模型、超 15 万栋逻辑单体化建模、6426 栋逻辑分层分户模型和 327 个重点建筑 BIM 模型的全域数字孪生基础底座，融合了 101 类重点业务数据、8.56 万路视频数据及 1.10 万条物联网数据，实现了二三维一体化、空天地一体化、室内外一体化、地上下一体化、虚实一体化、动静一体化的全空间信息表达和数据融合展示。深圳市龙岗区全面构建了区级时空大数据中心，建成按季度更新的卫星遥感影像、按半年度更新的数字正射影像图和电子地图，以及汇聚整合了全区地理信息资源，可从时空动态的角度生动反映龙岗区城市规划演进历史，当前已汇聚整合人口、法人、房屋面、安全隐患、城市事件等 35 类专题 509 个数据图层，为全区 25 个部门、11 个街道 111 个社区提供实时在线的地理信息服务 280 余项，并重点支撑了物联网管理平台、视频分析赋能平台、"一网统管"、智慧应急、智慧水务等 15 个领域的应用。该平台获得"2018 新型智慧城市建设创新成果金奖""2018—2019 年新型智慧城市建设评价典型优秀案例""2021 中国地理产业大会'地理信息优秀工程'金奖"。

（3）人工智能赋能平台

龙岗区积极探索人工智能创新应用，率先打造基于"鲲鹏+昇腾"全国产硬件架构的人工智能赋能平台，实现数据、算法和算力分层解耦，支持智能任务调度和自主学习优化。平台全面开放数据、算力、算法仓和训练工具，有效支撑区级各部门人工智能应用快速落地，已推动智慧城管、智慧交通、智慧市监等六大领域 31 个应用场景的人工智能创新应用，有效赋能全区城市精细化、智能化治理，该平台获国家政务服务平台工作门户"应用推广中心"首批推广。深圳市龙岗区借助该平台在全市率先搭建 AI 算法训练基地，提供"数据资源+算力供给+训练工具+应用场景"四位一体的开放算法训练服务，鼓励人工智能企业和科研机构创新创业，带动人工智能产业生态蓬勃发展。截至 2024 年 6 月，已有 5 家企业参与试用且研发完成 22 项算法成果，算法平均准确度超 90%，比以往算法训练周期压缩约 80%。

（4）物联网管理平台

龙岗区建成区级物联网管理平台，对全区物联感知设备数据的集中汇聚、共享和智能化进行分析处理，实现设备数据模型化、标准化、开放化。深圳市龙岗区汇聚全区已建物联感知设备，实现统一管理、共建共享，累计接入全区烟雾感应、电气火灾监测等设备 162 类 71.28 万套，累计汇聚数据量 64.30 亿条，并先后打造森林防火、用电安全和智能井盖等示范应用，对接应用至区应急监测预警指挥平台、区园林监管平台、区 CIM 平台等 12 个业务系统。

（5）"龙慧视"平台

龙岗区建成稳定运行、在线率高的视频专网，汇聚各领域近 600 个高空全景影像采集点、超 23 万路视频资源，动态采集数据超 1167 亿条，初步形成"全域覆盖、全网共享、全时可用、全程可控"的智能视频监控体系，提供视频汇聚、实时查看、电子地图、标签中心及矩阵服务等功能，梳理形成 11 个大专题、51 个主题预案、14 万余个标注标签，方便龙岗区政府各部门分门别类快速查看视频并根据业务需求灵活生成主题，在三防应急、节假日（重大活动）保障、城市基层治理等方面发挥重大作用，实现从"人找信息"到"信息找人"的创新转变。

（6）政务云资源管理平台

龙岗区建成国内领先的区级政务云平台，在全市率先构建"鲲鹏+昇腾"全国产架构的政务云底座，推进全区各部门业务系统应用云化和迁移上云，打造全区政务"一朵云"，支撑全区 57 个委办局共 228 个业务系统高效安全运行。该项成果荣获中国信通院颁发的"深度用云先锋案例"奖。

（7）网络安全运营综合平台

龙岗区建设基于"132"体系的网络安全运营综合平台，实现网络安全态势全面感知、网络安全事件高效管理、网络安全监管全面统筹落实，为龙岗区智慧城市和数字政府建设保驾护航。一是打造 1 个大数据安全底座。提供海量安全数据采集、加工、存储等能力，为安全监测分析、安全监管、安全公共服务等能力建设提供支撑。二是构建 3 个安全能力子系统。网络安全监测分析子系统实现对网络安全事件的深度监测分析和安全威胁预警；网络安全监管子系统实现对网络安全事件的统一管理、安全检查和监督；网络安全运营整体展示子系统展示全区各类网络资产、脆弱性、攻击事件、安全风险等多维态势，实现网络安全态势及时捕捉、实时掌握。三是构建 2 个辅助支撑子系统。通过网络安全应急处置子系统实现对网络安全事件的应急协同处置、资源派遣等工作的协同管理；通过群测服务子系统为全区各部门提供统一的漏洞检测服务，强化全区安全风险和脆弱性的识别能力。

（8）智慧中控平台

龙岗区智慧中控平台按照"1+4+5+N"的总体架构进行设计搭建，即围绕 1 个数字底座，聚焦"数据集成、运行监测、指挥协同、分析评价"4 个维度，赋能"规划、建设、运行、服务、产业"5 个领域，部署 N 个应用。经过近几年的持续优化建设，区中心、街道分中心智慧中控平台功能得到进一步完善，通过整合视频会议系统、视频监控、运行数据等资源，形成了"1+11+111+N"运行体系的中枢神经，初步实现对城区运行的日常指挥协同功能。在区级层面，龙岗概况、数据集成、经济运行等 45 个专题实现数据动态更新、视频联动显示，区、街道部分模块数据互通共享；在街道层面，初步完成交通安全一张图、安全生产一张图、应急指挥等 24 个功能的开发，服务于基层日常业务工作和应急处置决策。

4. 智慧化综合服务应用水平实现全面提升

（1）全域智慧的"一网统管"

龙岗区数字化应用场景在城区运行、民声回应、社会治理等领域落地开花，智慧城区运行管理指挥体系初步构建，实现城区运行"一网统管"。全区事件实现"一网采集"，覆盖全区 4201 个网格，汇聚"@龙岗—民意速办"、"12345"热线、书记在线等线上群众诉求和各部门线下收集的群众来电来访等多渠道民生诉求，以及物联网感知、AI 视频分析等智能生成的预警信息等 146 类事件。"一网分拨""接诉即办"模式基本形成，依托"1+11+111+N"运行体系，平台实现"7×24 小时"即采即拨，全天候响应社会治理需求，实现城市管理"不打烊"。自平台上线运行以来，事件分拨时长从最初的 5.40 个小时降至 1.32 个小时，分拨时长压缩 76%。建成数据分析中心、数据看板、个人中心等功能模块，对核心数据信息分领域、分专题等进行呈现，实时监测突发事件、持续热点、重复投诉、苗头事件、集中性事件等，为科学决策提供支撑。

（2）便捷高效的"一网通办"

龙岗区行政服务大厅目前支持办理事项 1065 个，年均业务量约 45 万件，日均人流量 3000 人次；建成 24 小时无人值守大厅，提供"单点式"超市服务，建成 64 个 24 小时自助政务服务区，构建全天候"15 分钟政务服务圈"；"适老八条""小龙帮办"服务创新推出，为老、孕、军、残等特殊人群提供优质服务；持续优化"5G 视频办"服务，累计实现"5G 视频办"210 项；"秒批秒报一体化"服务有序推行，累计实现"秒批"事项 383 项、"无感申报"202 项、"秒批秒报一体化"75 项；主动式服务模式初步建成，成功探索"免申即享"方式，惠及企业 1519 家；"信用+政务服务"模式持续推进，完成全区 14 类 284 万条信用数据与一窗式系统对接，累计使用各类信用数据 61.5 万条次；移动政务服务门户作用更加凸显，依托"i 深圳"App，"i 龙岗"专区建设力度持续加大，上线民生服务地图、龙码等特色服务栏目。龙岗区成为全国政务服务线上线下融合和向基层延伸工作试点区之一，相关经验获得国家、省、市充分肯定。

（3）善政智治的"一网协同"

龙岗区建成政务办公统一门户，包括一证一码、一文一档、一会一档、辅助办公、内务管理等 35 个功能 500 多个功能点，推行千人千面，提供一屏统揽、个性定制的专属视窗服务，实现"指尖"办文、办会、办事。龙岗区"一网协同"应用场景持续拓展，依托区 OA 平台开发科创内控、预算编制执行、区电子会议系统等应用，提升办公效能。政府部门数字化行政效能逐步提升，完成智慧办公系统升级改造，基本满足部门间公文流转无纸化、档案管理电子化、文档管理一体化的需求。龙岗区智慧国资系统初步建成，国有企业财务管理、经营分析平台和人事管理完成数字化建设。龙岗区大数据办案协同平台正式落地，实现了刑事案件从公安侦查到检察院起诉再到法院审判的全流程网上协同办案；人大、政协提案系统完成立项，政协委员管理、会议管理、委员统计、提案统计等智能管理实现全覆盖。

（4）其他特色应用

龙岗区智慧城市管理水平有效提升，龙岗街道智能垃圾分类投放管理设备投入使用，"不见面执法""AI 违法识别"等新模式成效显著，入选"广东城管执法这十年"优秀案例。龙岗区智慧交通体系建设协同推进，智能可变车道、潮汐车道、右转渠化安全警示等交通科技创新工程全面落地。智慧应急发展模式逐步完善，25 个无人机自动机场完成部署，形成"5 分钟时效圈"无人机全覆盖，满足区应急管理监测预警指挥中心 24 小时应急值守、巡查巡检、应急救援等需求。智慧消防建设稳步推进，建成燃气安全监管系统，部署全区烟感和消防栓水压等物联网设备超 40 万套、森林防火系统智能前端 26 套，实现全区 80% 的林区覆盖。布设覆盖全域的 10 个生态环境无人机机场，上线远程生态环境无人机机场调度系统，开启智慧环保监管新模式。初步形成龙岗区水务监测感知网，形成水务全要素"一张网""一张图"；初步实现工程巡检远程可视化，危大工程视频远程监控、全程记录 20 余处；打通减污降碳线上线下闭环服务，上线"龙岗环助手"微信小程序和"清废宝"手机 App 应用程序，助推循环经济和绿色低碳生活加速发展。

（二）聚焦三方面布局，铸就数字化转型升级新引擎

1. 以数据要素为驱动，夯实数字化转型新基石

龙岗区在"数智一体化"探索政府数字化转型过程中，积极践行数

据驱动的城市治理和服务模式，确保数据的质量和安全，构建全面的数据收集与分析平台，全面汇聚结构化数据以及视频、图片等非结构化数据，通过运用先进的数据处理与分析技术，及时洞察复杂问题并在早期预防潜在风险。这一基于数据驱动的城市治理和服务模式不仅提高了政府决策的科学性和精确度，也为市民带来了更高质量的服务体验，能够更快速地响应市民需求。

2. 以应用创新为支撑，构建数字化转型新动力

新技术的应用创新是龙岗区数字化转型的关键支撑。通过应用区块链、人工智能和物联网等信息技术，龙岗区政府运作效率得到了显著提高，公共服务的透明度和普惠度也得到了明显提升。例如，区块链技术在确保政府文件与数据的安全存储和传输方面发挥着至关重要的作用，能够有效防止信息被篡改或伪造；人工智能驱动的智能交通系统能够进一步优化交通流量管理；运用物联网技术实现设备之间的互联互通，推动了城市基础设施向智能化管理和运行的转变。各类先进技术的综合应用不仅有效促进了公共服务的高效化和透明化，也直接提升了市民的服务体验和满意度。

3. 以长效运营为目标，创新适数化发展新模式

龙岗区积极推动政府、市场、社会和市民等多元主体参与智慧城市建设和运营。坚持经济与社会效益并重、建设与运营并重，从主要依靠政府投资建设与自主化运营向政企共同投资建设与专业化运营转变，从政府财政投入"输血"模式向政企合作"造血"模式转变，构建合作共赢长效发展格局。一是组建区大数据公司，发挥国有资本的基础性、引导性和功能性作用，支撑应用系统迭代升级，保障核心能力安全可控，释放数据资产价值红利，促进数字化转型能力演进。二是成立区数字化转型专家委员会，指导年度工作方案、重点项目、任务实施方案的编制及相关工作机制的建立。三是深化"政产学研"合作，与鹏城实验室、深圳市大数据研究院等合作共建大数据与人工智能联合实验室、城市量化管理研究中心，针对智慧治理、智慧警务、城市量化指标梳理、政务服务"知识图谱"等方面进行一系列合作，共同参与政府大数据资源开发利用。四是逐步打造"一局、一中心、一国

企、一生态"多元运营格局，探索由区大数据公司牵头通过股权、数据资产经营等多种形式开展融资，通过使用者付费、特许经营方式等实现数字化项目盈利，形成可持续"造血"能力。

二 深圳市龙岗区政府数字化转型存在的问题

龙岗区在政府数字化转型工作中也面临诸多的问题和挑战，主要包括以下三个方面。

（一）数据质量不高、共享机制不畅等因素，限制了数据开发利用水平的进一步提升

龙岗区在数据采集、汇聚、存储等环节开展了卓有成效的工作，但数据质量不高、共享机制不畅等问题依然存在。源头部门数据治理水平不高，数据标准规范不统一，大量汇聚后的数据"不能用、不敢用"。跨部门、跨层级的数据共享机制尚未有效建立，"数据孤岛"现象依然严重，基层数据无法有效回流、共享与整合，"数据能上不能下"依然是最难解决的问题之一。

（二）专业人才短缺、协同障碍等问题，制约了数字化建设效能的进一步释放

很多部门数字化人才队伍建设不足，缺少既懂业务又懂数字技术的复合型数字人才。各委办局信息化部门局限于技术支持和系统维护的职能定位，在数字化转型中话语权不足。很多部门信息化项目无法有效赋能部门业务开展，数字化与业务之间依然存在"两张皮"现象。街道社区依然存在"应用系统多、数据重复填、职责不清晰、业务不协同"等问题。

（三）项目统筹不足、模式落后等难点，阻碍了政府数字化转型的长效发展

一方面，跨部门、跨层级的一体化统筹机制缺失，各部门"系统林立、

割裂分散、重复建设"现象依然存在，"一网统管"平台尚未实现对协同治理场景的"应统尽统"，惠企便民服务平台分散，缺乏公共服务的统一入口。另一方面，数字化项目管理、建设、运营模式落后，项目审批周期长、效率低，无法满足各部门各行业领域快速变化的业务创新发展需求，无法适应数字技术快速创新迭代趋势，市场主体在投融资、建设、运营等环节的深入参与还有待加强，尚未全面形成政府与市场合作共赢的长效发展格局。

三 深圳市龙岗区政府数字化转型的展望

党的二十届三中全会审议通过的决定明确提出"培育全国一体化技术和数据市场""建设和运营国家数据基础设施，促进数据共享"等战略部署。全会审议通过的决定中出现28处"数字"元素，包括首提"数智"一词、12次提到"数字"、7次提到"数据"、4次提到"人工智能"等，可以预见，数字化和智能化发展浪潮将以不可阻挡之势迅速普及到各个行业和领域。通过"数智一体化"加快政府数字化转型探索，推动新一代信息技术与政府管理和公共服务业务的深度融合，是纵深推进智慧城市和数字政府建设的可行路径。

（一）加强适数化制度创新

制度创新是数字化转型的基石，有序推进适数化制度创新应当作为基层政府数字化转型的首要任务，构建一套既符合时代发展要求又具有地方特色的数字化治理制度体系，为数字化转型提供坚实的制度保障。

（二）完善数字基础设施

整合现有各类平台资源，以共性组件、模块化等方式推进数据、算力、算法、模型等数字资源一体集成部署，构建面向未来的数字城市底座，提升重要数据基础设施、共性支撑平台运行的安全性、稳定性，方能筑牢数字化转型发展根基。

（三）创新应用场景

数字化转型的最终目的是提升政府治理效能和服务水平，应当围绕政务、经济、文化、社会、生态等各个领域全面推进数字化转型，培育一批标志性应用场景，提升政府工作人员、企业和群众的获得感与体验感，倒逼数字化转型持续深化。

（四）创新建设运营模式

推动构建"一专班、一公司、一智库"（"一专班"指数字化转型长效运营专班，"一公司"指一个运营平台公司和 N 个专业化运营公司，"一智库"指长效运营专家咨询委员会）的组织架构，建立专业化、常态化建设运营机制，激发创新动能，聚集运营资源，保障数字化建设成果长效运营。

（五）强化数字人才队伍建设

通过专家培训授课、论坛交流、调研学习等途径，增强各级领导干部数字化思维和数据分析应用能力，为推进政府数字化转型打好基础。设立数据咨询委员会，引进培育一批具备大数据、云计算、人工智能等新技术运用能力的高精尖人才。进一步推进与辖区高校、科研机构的"政产学研用"深度融合，搭建人才创新生态服务平台，推进人才保障落地，促进产才融合发展。

案 例 篇 ▶▶

B.15
捷顺科技数字化转型路径及影响
因素分析

陈晓宁　袁义才　李友艳*

摘 要： 捷顺科技是国内领先的智慧停车服务提供商和智慧城市数字生态运营商，推动停车业务沿着自动化、信息化、数字化、智能化轨迹发展。捷顺科技通过数字化转型，在不断做强智慧停车运营、停车资产运营等数字化主营业务的同时，将数字业务拓展到软件及云服务，逐步实现智慧停车领域的全生态覆盖，带动整个停车业务体系升级发展。为推进停车数字化发展，建议政府制定出台智慧停车规划和管理指导文件，加快完善城市停车行业标准，大力推动车位级数字化，推进数字停车位资源的市场化运营。

关键词： 智慧停车　数字停车位　行业标准

* 陈晓宁，硕士，深圳市特区建设发展集团董事会秘书，高级工程师，主要研究方向为智慧城市规划设计；袁义才，博士，深圳市社会科学院粤港澳大湾区研究中心主任兼国际化城市研究所所长，研究员，主要研究方向为区域经济、公共经济、科技管理；李友艳，南方科技大学全球城市文明典范研究院硕士研究生，主要研究方向为城市文明。

深圳市捷顺科技实业股份有限公司（以下简称"捷顺科技"）创立于1992 年，从出入口道闸生产商起步，经过 30 多年创新与数字化发展，到2024 年已经成为国内领先的智慧停车服务提供商和智慧城市数字生态运营商。捷顺科技在 2011 年成功登陆深交所中小板（股票代码：002609），以面向客户提供智慧停车全生态建设运营、智慧社区或智慧园区等智慧物联解决方案与运营服务为主营业务，在深圳乃至全国城市数字化进程中发挥着日益重要的作用。

一　捷顺科技数字化发展历程研究

停车行业作为一个有着长期历史的行业，随着技术的不断创新，沿着自动化、信息化、数字化、智能化轨迹发展，持续更新迭代，如今已进入智慧停车时代。智慧停车涉及无线通信技术、移动终端技术、GPS 定位技术、GIS 技术等，它们综合应用于城市停车位的信息采集、管理、查询、预订与导航服务，能够实现停车位资源的实时更新、查询、预订与导航服务一体化，这样借助信息技术赋能，对提高停车位资源利用率、停车场利润以及提升车主停车服务的体验，具有重大意义。智慧停车行业的发展离不开技术的不断创新，并且随着物联网、大数据、云计算、AI 等新技术的加持，智慧停车系统不断升级，运行更加便捷化、智能化。近几年来，智慧停车行业在积累和沉淀海量的停车数据资产的基础上，通过大数据、AI 等技术的深入应用，挖掘停车数据资产的内在数据要素价值，不仅进一步提升智慧停车行业数字化发展水平，而且正加快形成数字资源应用新发展方向、利润增长点。

（一）率先开启企业信息化数字化发展进程

捷顺科技以出入口道闸硬件产品起家，是国内最早进入停车行业的企业之一。随着数字技术的不断发展，20 世纪末捷顺科技就围绕停车应用场景，以业务数字化和数字业务化为双轮驱动，开启数字化转型发展进程。

一方面将停车业务过程数字化，实现实时监控和数据分析，从而更好地掌握业务状况和做出决策；另一方面利用数字技术和平台，创新业务模式，打造新的数字化产品和服务，开拓新市场、新模式，实现企业的数字化转型和升级。

1995年，捷顺科技研发出我国第一套"IC卡"停车管理系统，率先踏上了停车行业信息化发展新征程。2002年，捷顺科技研发出行业第一套数字道闸，开启停车管理系统的数字化进程。依托领先的信息技术，2009年捷顺科技就被认定为国家高新技术企业，并在2011年成功上市，成为我国停车行业内首家上市公司。

（二）探索智慧停车数字资源深度应用

为深化停车数字资源开发和研究，捷顺科技通过加大外部合作力度，补齐和增强数字化技术能力。一是以股权合作获取数字化技术。捷顺科技投资上海捷弈、雅丰科技、墨博云舟等几家数字类技术公司，快速获得数字化产品及技术，助力主业的数字化发展。二是开展校企合作加强前沿技术研发。捷顺科技与吉林大学、哈尔滨工业大学、大连理工大学等知名学府重点针对大数据、AI等领域开展校企合作，并推动在捷顺科技挂牌"捷顺科技—吉林大学产学研基地""捷顺科技—哈尔滨工业大学联合研究中心"等合作平台。三是加大与知名企业的合作力度，增强其数字技术引领力。捷顺科技近期持续加大与知名企业间的数字化业务合作力度。比如，"捷停车"系统与华为鸿蒙的深度合作，借助华为鸿蒙平台助推数字化发展；捷顺科技与中国联通成立联合大数据实验室，双方基于各自的数字能力和优势，共同开拓数字化产业。

二 捷顺科技主要数字化产品及服务分析

捷顺科技通过数字化转型，在不断做强智慧停车运营、停车资产运营等数字化主营业务的同时，将数字业务拓展到软件及云服务，逐步实现智慧停车领域的全生态覆盖，带动整个停车业务体系升级发展。

（一）国内领先的智慧停车运营业务

智慧停车运营业务以捷顺科技控股子公司顺易通为主体，以"捷停车"为品牌，依托捷顺科技主营业务，借助母公司强大的市场、推广服务网络及技术研发实力，整合与停车相关的各类资源，重点围绕线下 B 端停车场景建设和线上 C 端用户拓展，形成以智慧停车为核心的互联网运营业务，打造中国最有价值的智慧停车运营企业。"捷停车"智慧停车业务经过几年的发展，应用规模持续快速扩大，已经成长为国内领先的智慧停车运营公司。

"捷停车"在不断扩大线下停车场景覆盖和线上应用规模的同时，不断探索和发展各项运营收入业务。截至 2024 年 9 月，智慧停车运营业务已经形成了包括停车费线上交易服务业务、车位运营业务、广告运营业务、其他增值运营业务等在内的多项具备持续性的收入模式。截至 2024 年 9 月，"捷停车"在全国 398 个城市实现智慧停车场景覆盖，智慧联网车场近 5.2 万个，涉及车道数近 14 万条，车位超 2560 万个；累计用户数近 1.3 亿人，年线上交易流水 120 多亿元，已成为国内智慧停车运营领导品牌。2023 年，"捷停车"通过交易佣金、广告运营、增值运营等业务获得 1.3 亿元的运营收入。

1. 高效的线上交易服务

捷顺科技线上交易业务为停车场管理方和车主提供方便、快捷、安全的停车费线上支付和结算服务。该项服务公司一般只会向停车场管理方收取千分之六的线上交易服务费。

2. 挖潜增效的车位优选业务

车位是停车场的核心资产，捷顺科技通过时间与空间的错峰转移，实现固定车位的使用裂变，实现车位的高效高频利用，在最大限度提升车位利用率的同时，解决不同业态之间不同时间段的车位互补需求问题。当前捷顺科技重点推广车位优选（错峰停车）业务，捷顺科技发挥平台的优势，通过对线下不同业态的车位进行整合，利用线上平台推出闲时月卡、固定时段停车卡、夜间或周末停车卡等众多错峰停车业务。例如，日夜错峰停车，住宅小区的日间车位资源共享给写字楼，写字楼的夜间车位资源共享给住宅小区；工作日/休息日错峰停车，工作日商业购物中心车位资源共享给写字楼，休息日写字楼车位资源共享给商业购物中心；闲时车位长租停车，个人车主选购车场固定数量闲时车位资源包，供个人车辆长期停靠。一方面，车位运营业务的开展为 C 端用户提供停车便利，增加捷顺科技线上交易流水，捷顺科技获得平台分润收益；另一方面，该业务的推出在为停车场管理方创造附加价值的同时，进一步增强了捷顺科技业务的竞争力。

3. 精准推送的广告业务

智慧停车业务具有刚需、高频、客户精准、覆盖面广等特征，为广告运营提供了很好的市场基础。捷顺科技"捷停车"拉通 App/公众号/H5/生活号等线上应用和线下车场的空间，实施基于位置、业态、人群画像的精准广告推送和触达。捷顺科技基于停车平台采取线上线下互动的模式，进行大规模、精准化广告覆盖，充分整合利用车场显性和隐性广告资源，使广告运营投放直接有效触达连接。

4. 延伸增值业务

智慧停车业务刚需、高频的特征，与每一位车主高度关联，是连接一切的线，更是互联互通的面。基于智慧停车开放平台的建立，以平台为端口与银行、保险、汽车后市场、车生活服务、本地生活服务等连接，将线下的停车行为转化为线上的服务，同时，连接线下的消费行为进行转化和变现。目前，捷顺科技"捷停车"主要开展包括电子发票、停车卡券、"捷停车"会员权益、充电运营等多项延伸增值服务。随着停车场规模和用户规模的持续扩大，增值业务也成为"捷停车"收入主要增长来源之一。

（二）拓展与深化型停车资产运营业务

依托庞大的线上停车客户规模和交易流水规模，捷顺科技与停车场管理方或所有者开展业务合作，目前这种拓展与深化型停车资产运营业务主要包括停车时长业务、停车场运营业务。

1. 停车时长业务

停车时长业务是捷顺科技重点发展的新业务，该业务模式改变了"捷停车"的角色定位。在停车费线上交易中，"捷停车"不仅仅是作为平台方的角色，还成为停车费交易的主体。具体来讲就是，捷顺科技"捷停车"依托庞大的线上停车客户规模和交易流水规模，向停车场管理方以一定折扣价规模化采购其经营停车场未来的停车时长，并在未来的一段时间内将采购的时长通过线上的方式销售给"捷停车"用户，"捷停车"在此过程中获得停车时长收入。该停车时长业务在为停车场管理方提前实现停车费销售收入、获得发展所需资金的同时，还能通过"捷停车"的线上引流提高车场的车位周转率，创造更好的经济、社会效益。目前捷顺科技停车时长业务主要通过合同置换和直接采买两种方式进行。

据初步计算，捷顺科技"捷停车"至2024年9月已与众多停车场达成合作，在停车时长业务方面取得了显著成果，累计合作项目合同数已经有1000多份，累计合同金额达5.7亿元。

2. 停车场运营业务

在车位普遍紧张的大环境下，停车场属于优质的经营性资产。捷顺科技在业务开拓的过程中，有针对性地通过承包等方式获得目标停车场的经营收费权，整体性承接停车场运营业务。捷顺科技通过对所承包的停车场进行综合改造，重点依托捷顺科技的停车场数字化运营能力，通过云托管、车位运营、场景运营、充电运营等运营手段，提升管理停车的服务质量和经营效益，获得停车场经营收费收入，实现与停车场资产方的共赢。

截至2024年9月，捷顺科技停车场运营业务总计签了40份合同，涉及60个停车场，合同总金额达84458万元，泊位数有70635个。捷顺科技停车场运营项目类型涉及商业综合体（如上海家乐福超市、天津大岛商业广场、上海百联吴淞生活中心、重庆龙湖U城天街、重庆龙湖魔方、广安融恒时代广场等）、产业园区/写字楼（如广州中洲中心、湖北十堰国际金融中心、上海万都中心、龙岗酷石科创中心等）、公租房（如重庆公租房等）、城市空间（如上海万科金色华亭、江门江南街道等）等。

以重庆公租房为例，具体来说，捷顺科技通过"兜底承包+增量分成"的合作模式，中标了"重庆公租房停车场经营权合作项目"。该项目建设内容为 11 个组团停车场/库的投资建设、运营服务，涉及 4 万多个车位、300多条车道。捷顺科技在该停车场采用了行业领先的无人值守云托管数字化运营管理模式，通过采用"停车+充电+运营"一揽子智慧停车运营管理解决方案，实现降本、提质、增效，有效盘活资产，提升资产的价值。

（三）日臻完善的软件及云服务业务

软件及云服务业务是捷顺科技在智能硬件业务的基础上，重点培育发展的新主营业务。软件及云服务业务主要包括停车场云托管服务、智慧社区/智慧园区平台、城市智慧停车管理平台等具体业务。软件及云服务业务的交付形式包括 SaaS 服务和本地部署两种模式。

1. 提质增效明显的停车场云托管服务

捷顺科技停车场云托管服务是向停车场运营方提供的一种无人化智慧停车场建设及托管服务。云托管服务通过互联网集中管理车场岗亭的云服务系统，采用捷顺科技自主的"硬件+平台+服务"一站式服务以打造无人值守智慧车场，助力车场运营方实现运营降本、提效、增效，同时提升车主的停车体验。云托管服务采用 SaaS 服务模式，按月收取托管服务费，一般托管合同服务期限为 5 年。业务内容上，捷顺科技云托管服务依托前端智能识别、后端 AI 大脑、线上缴费、无感支付、巡逻岗、云坐席，构建停车场景完整闭环，全面了解车道现场情况及解决车主碰到的问题，构造无人值守全场景，在提升车主服务体验的同时，大幅减少车场岗亭人员的数量，可以为客户平均节约高达 85%的人力成本。捷顺科技通过"捷停车"系统形成的车位运营、错峰停车、广告运营、商户引流、营销推广等业务对停车场进行运营赋能，实现停车场客户增值运营，平均每个项目年度营收增长可达40%。同时，捷顺科技云托管服务提供全天候运维监控、主动巡检以及高效售后响应等服务，全方位保障停车场运营方的无忧运营，让管理更加省心省力。

经过数年的高速发展，捷顺科技云托管服务现已为全国超过 4000 个项目/客户提供无人值守智慧停车场的建设及托管服务，累计覆盖并服务于15000 多条车道，为众多客户实现降本、提质、增效。这方面已经有了多个极为成功的案例，比如，2019 年底深圳宝安国际机场上线的捷顺科技云托管服务，使该停车场实现数字化转型，整个停车场的通行效率显著提升了67%，同时成功精简了车场管理流程，取消了部分岗亭及收费人员，由此每年为机场节省了 300 万~400 万元的人力成本。再比如，深圳领展中心城，该项目位于深圳福田 CBD 核心区域，自 2018 年起引入了捷顺科技云托管服务，既提高了数字化增收能力，有效地解决周边上班族的停车难题，还带动了商业人流的增加，从而实现了年增收 250 万元。另外，北京华贸中心、上海浦东国际机场、广州太阳广场、北京方正国际大厦、西安西北国金中心、昆明螺蛳湾国际商贸城、深圳印力中心、宁波环球银泰城等也都是捷顺科技云托管服务非常成功的案例。

2. 功能强大的智慧社区/智慧园区平台

捷顺科技智慧社区/智慧园区平台是基于互联网、物联网技术，将企业的物与物、物与人、人与事进行有机在线连接，从而形成统一业务管理大脑，助力提升客户的管理效率和经营质量，其应用重点聚焦于社区和园区两个场景，形成了智慧社区/智慧园区平台业务。

智慧社区平台将捷顺科技业务延伸到物业运营服务领域，通过平台软件与前端智能硬件的紧密结合，实现传统物业管理软件不具备的很多功能和服务，助力客户提升物业缴费率、实现多元化增收、提高内部管理效率、提升物业服务满意度。

截至 2024 年，捷顺科技智慧社区平台已在全国落地 15000 余个社区，通过"捷生活"小程序连接了 600 万余个业主用户，全面提升了物业服务满意度；平台云收费系统账单缴费金额达 3 亿元，助力集团物业将物业费收缴率提升至 85%。

智慧园区平台基于捷顺科技具有的全体系产品能力、线上化运营能力、停充一体增收能力，重点针对园区客户当前的经营需求，通过数字化招商、多元化增收、品质化服务三个维度为客户提供差异化的智慧园区运营服务。

捷顺科技智慧园区平台在产业园区、生产园区、企业总部等全业态园区不断落地应用，构建智慧互联、管理高效、运营卓越的数字化园区。其中典型例子是捷顺智慧园区平台应用于国家级科技企业孵化器示范基地——深圳U8产业园。该平台使租户缴费时限缩短了50%，通过园区数字化运营引流手段，助力商业收益提升20%以上。

依靠打造数字化业务，捷顺科技找到一条高质量增长之路。2021~2023年，数字化业务实现收入11.71亿元，年均增长率为46.29%，数字化业务占总收入比重逐年提升，2023年超过30%，成为企业的新增长点（见表1）。

表1　2021~2023年捷顺科技数字化业务收入及占比

单位：亿元，%

数字化业务	2023年		2022年		2021年	
	金额	占比	金额	占比	金额	占比
停车资产运营	2.20	13.35	0.92	6.74	—	—
软件及云服务	2.13	12.96	1.58	11.48	1.84	12.23
智慧停车运营	1.32	8.03	0.92	6.73	0.80	5.33
合计	5.65	34.34	3.42	24.95	2.64	17.56

资料来源：根据捷顺科技提供的数据整理。

三　捷顺科技数字化发展的特点及经验分析

（一）转变观念，建立数据思维

管理者对数字化转型的认知是非常重要的，是促进数字化发展的重要前提，数字化发展涉及企业业务的战略、财务和人才三个方面。捷顺科技的管理层对数字化转型有着清晰而深刻的认知，将企业的数字化发展自上而下地融入企业的发展战略、产品规划、客户方案、合作模式等业务运作的各个方面，系统化推动捷顺科技不断向数字化转型前进。

一是发自内心地认同并尊重数字化的观念。数字化不仅仅是新技术的变革，也是管理的变革。如果观念没有转变，即便使用了新技术、安装了新系统，拥有大量的数据，也无法真正推动企业的数字化转型，数字化转型的观念渗透到捷顺科技的方方面面，在业务、技术、资源分配和人才培养等方面的观念转变将成为数字化转型的核心。

二是数字化转型不是"大而全"的计划，而是在实践中不断试错，在失败中总结经验，逐渐摸索到合适方法的过程。企业的数字化转型不是凭空想出来的计划和战略，而是一点点试出来、干出来的，需要用心，久久为功。

三是数字化转型虽从单个项目入手，但绝不局限于该项目的局部，而是需要建立一个顶层的框架，其中涵盖明确切入点，判断哪些环节应该加快推进、哪些环节应当放缓节奏等内容。这个框架务必是以业务为核心、客户为导向、结果为目的，绝对不能脱离业务讲数据。

（二）创新业务流，重塑商业逻辑

捷顺科技从销售传统停车场设备起家，市场同类产品竞争日趋激烈，同时，客户在停车场管理方面降本增效的需求不断提升，倒逼捷顺科技从产品端开始寻求突破。最初，捷顺科技聚焦于提高硬件产品的质量。自 2017 年以来，其云托管服务通过 AI、智能物联平台等数字化技术升级传统停车场，助力客户实现停车场无人化管理，大幅降低客户的运营成本。同时，运用互联网、大数据分析等技术，构建共享停车、错峰停车、预约停车、专位停车等服务模式。在实现停车场硬件设备质量不断提升的同时，为客户提供增值运营服务，助力客户实现降本、提质、增效，创造更大价值。捷顺科技从一次性产品销售获取收入，逐步转向通过停车场管理服务取得长期现金流，商业模式发生了根本性变化，在此过程中，捷顺科技也实现了从产品到方案、从产品到运营的业务数字化转型升级。

（三）重构组织架构，建立与数字化业务匹配的管理模式

数字化转型并非一个项目，而是一场波及全公司资源的变革。在企业数

字化转型过程中，通过结构调整来引导整个企业体系进行内外变革。那么，变革的领导者或者牵头组织，则成为数据战略的"发动机"，其关键职责在于通过合理设置组织架构更有效地推动公司数据体系的变革，协助连接各种数据资源并进行重新分配。这时一个跨部门的组织——企划部应运而生，由企划部按照董事会的战略目标要求，拉通信息平台开发部、财务部、经营管理中心横向协同，更好地统筹管理，指导跨部门的数据治理工作。

在适配组织的前提下，建立跨部门的机制是落实数字化战略的保障，制定可执行的追踪机制、有效的沟通机制、有力度的奖惩机制、有效的冲突和仲裁机制必不可少。

（四）加大研发及人才投入力度，支撑企业数字化转型

推进数字化转型的关键是研发和人才。数字化转型依赖技术的研发和创新，同时需要大量具备专业数字技能的人才。近年来，捷顺科技通过技术创新和人才培养，有效推动了企业的数字化转型，提高企业的竞争力和市场适应能力。截至2023年，捷顺科技研发人员总计482人，其中硕士及以上学历52人、本科学历400人、大专及其他学历30人，并建立了有序的研发职级职位体系，其中总工3人、经理/主管67人、架构师15人、高工102人、工程师292人、助理工程师41人。2021~2023年，捷顺科技研发投入金额累计近4.5亿元，保持年均1.5亿元，年均研发投入强度10%（见表2）（2024年上半年，A股上市公司的整体研发投入强度为2.15%，其中创业板、科创板、北交所的研发投入强度分别为5.02%、11.61%、4.87%）。

表2 2021~2023年捷顺科技研发投入金额及强度

单位：亿元，%

	2023年	2022年	2021年
研发投入金额	1.46	1.48	1.53
研发投入强度	8.90	10.79	10.20

资料来源：根据捷顺科技提供的数据整理。

（五）抢抓政策机遇，加速企业数字化转型

停车行业是近几年国家政策大力支持进行数字化发展的行业，2021年以来，国家层面各部门出台了一系列政策支持智慧停车建设和发展，推动停车行业的数字化发展（见表3）。捷顺科技也是抓住这一有利时机，快速布局，率先在行业内实现数字化转型发展，取得先发优势。

表3 2021年来政府出台的相关政策

发布时间	发布部门	政策名称	主要内容
2021年5月	国务院办公厅	《关于推动城市停车设施发展的意见》	推广智能化停车服务，加快应用大数据、物联网、第五代移动通信（5G）、"互联网+"等新技术新模式，开发移动端终端智能化停车服务应用，实现信息查询、车位预约、电子支付等服务功能集成，推动停车资源共享和供需快速匹配
2021年12月	国务院	《"十四五"数字经济发展规划》	加快既有住宅和社区设施数字化改造，鼓励新建小区同步规划建设智能系统，打造智能楼宇、智能停车场、智能充电桩、智能垃圾箱等公共设施
2021年12月	国务院	《"十四五"现代综合交通运输体系发展规划》	稳妥发展自动驾驶和车路协同等出行服务，鼓励自动驾驶在港口、物流园区等限定区域测试应用，推动发展智能公交、智慧停车、智慧安检等
2022年7月	科技部等六部门	《关于加快场景创新以人工智能高水平应用促进经济高质量发展的指导意见》	交通治理领域探索交通大脑、智慧道路、智慧停车、自动驾驶出行、智慧港口、智慧航道等场景
2023年2月	中共中央、国务院	《数字中国建设整体布局规划》	整体提升应用基础设施水平，加强传统基础设施数字化、智能化改造。推动数字技术和实体经济深度融合，在交通等重点领域加快数字技术创新应用

资料来源：根据网络公开资料整理。

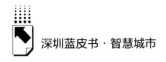
四 推进停车数字化发展存在的困难和问题

我国停车行业数字化技术已经有长足进展，特别是信息技术实力强劲的深圳，相关方面研发和创新应用全国领先。作为深圳乃至全国停车行业龙头企业的捷顺科技已经率先打造了城市的预约、共享、优选等多种基于信息技术支撑的高效停车模式。截至 2024 年 12 月，捷顺科技已在全国 398 个城市实现场景覆盖，智慧联网车场超 5.3 万个，车位超 2600 万个，累计用户数 1.3 亿人，累计服务车辆超 3.7 亿辆。在粤港澳大湾区东莞、惠州，捷顺科技停车业务的市场占有率达 60%、70%；在深圳市，捷顺科技停车业务的市场占有率也有 50% 左右。由于受制于种种因素，相关停车技术应用和推广仍然有很大空间，市民停车不便问题仍然广泛存在，解决有关问题很难靠一家或几家企业的力量完成，只有政府大力推动才能得到很好解决，甚至说有事半功倍的效果。大体梳理来看，当前捷顺科技停车业务乃至整个城市停车行业发展面对的主要困难和问题如下。

1. 停车资源管理主体多元，停车位开放接入难度大

在城市停车行业中，停车位、停车场因运营主体、所在区域等不同而普遍处于分割管理状态。从停车位类别看，有路内停车位、路外停车位（停车场）；从使用性质看，有对外开放的公共停车位、内部使用的停车位（主要包括住宅区和单位）；从权属角度看，有全体业主共有的停车位、停车场，也有已经出售或长租的停车位、停车场，种类繁多。其管理主体有政府公共部门，也有市场化主体，各不相同。

在上述这些停车位中，可以对外开放、实现预约和共享的车位主要包括路内、公共建筑、商业区、写字楼、住宅区等多种类型。然而各类停车场出于自身管理和经济利益的考量，特别是政府部门和住宅区的停车位资源基本不对外开放，造成了大量停车场、停车位开放接入难。我国城市人口、建筑密集，城市停车位是极为稀缺的资源，对于深圳这样的一线城市，停车位资源更是紧张，实现停车位资源开放、共享，达成集约、高效利用，具有重大意义。

2. 停车应用软件繁多，平台之间不能互通

虽然捷顺科技开发的"捷停车"系统非常先进，但是由于准入门槛不高等原因，整个停车行业呈现众多软件系统并存局面。与此同时，一些政府部门将停车业务与本部门系统相结合，例如深圳城市管理、卫健部门分别在"公园深圳"等系统中捆绑停车预约业务。此外，不少大型商场、物业公司等单位将停车缴费嵌入其小区的物业管理软件中。这就导致市民经常不得不下载并使用多个停车软件，手机里多个 App 共存往往给市民带来极大的困扰。种类繁多的应用软件，不仅有重复建设、重复投资问题，而且停车系统数据相互间没有互通、共享，也不支持车主跨停车场支付停车费以及停车充电一体化缴费等业务，影响车主使用也影响整个停车行业的数字化发展。

3. 停车设备硬件、软件标准建设亟待加强

停车位、停车场数字化发展方式多样，技术进步很快，潜力巨大，亟待增加和完善相关行业标准来规范和推进，以整体提升行业效率水平。停车设备硬件属于不同的厂商，而且没有按照统一的标准，所采集的车位数据种类和特征各不相同，导致无法实现硬件万物互联的快速和统一接入，影响为车主提供统一的服务和体验。停车设备平台之间也形成信息孤岛，成为停车业务数字化运营的最大障碍，导致数字化建设和运营成本居高不下。

五 推进停车数字化发展的对策建议

针对城市停车行业技术进步及应用状况，建议政府积极出台政策推动停车数字化发展，这将不仅是智慧城市建设的重要环节，还是一个重要民生工程，极大地促进城市高质量发展。

（一）制定出台智慧停车规划和管理指导文件

建议政府以市民停车便利化为宗旨，以加快推进停车数字化发展为目标，以充分应用数字停车技术为手段，制定出台智慧停车发展规划，为捷顺科技等智慧停车龙头企业提供更大支持，为停车行业发展提供更多指引，推

动城市停车事业高质量发展。研究出台城市停车行业发展与管理指导性文件，明确城市停车位资源共享原则。倡导各类停车场车位资源开放共享，包括开放政府机构、商业单位及居民小区的停车位资源，实现车位资源高效利用；指导停车行业内、跨行业应用软件系统开放互联，相互兼容，良性竞争，促进市场一体化发展，避免分割、数据隔离，力争实现车主一个 App 能贯通城市所有停车场、办理全部停车事项；推进城市停车系统集成，加强停车数据资源加工和管理，提高城市停车数据资源利用效率，提升城市停车管理水平，最大限度改善城市停车状况。

停车资源共享是解决当前停车难问题的重要途径之一。政府出台政策文件推动停车行业内、跨行业应用软件相互访问，互通数据，将促进城市停车系统的整合与优化。目前深圳市公共智慧停车平台已经上线运行，全市 8921 家经营性停车场位置、车位总数、空余车位、收费信息、开放时段等动静态信息全量接入，提升了市民停车便利性。[①] 捷顺科技开发的"捷停车"系统则功能强大，实现车位资源动态更新，支持车位预约、车位优选等新业务，极大地改善了市民停车体验。

（二）加快完善城市停车行业标准

着眼于城市停车行业数字化、系统化、高效化发展，加快制定、推广和完善城市停车行业基本标准。制定、完善停车位和停车场建设标准，鼓励建设数字化、现代化停车场所。制定停车服务和管理系统互联互通标准，对相关软件系统开放接口（包括但不限于跨车场缴费、车位查询、停充一体化、预约停车、错峰停车等影响车主体验的接口）做出明确规定。2021 年，捷顺科技牵头推出了预约共享行业标准《智慧停车 停车库（场）信息化建设规范》（DB4403/T 306—2022），作为建议性行业标准，推广难度大。建议政府牵头制定并推广统一硬件和软件接口的产品技术标准，并逐步引导行

---

① 《深圳上线公共智慧停车平台，今年还将新增 15 万个以上停车位》，《南方都市报》2024 年 10 月 14 日。

业内及不同行业之间实现数据共享，解决政府部门间存在的"数据烟囱""数据孤岛"问题。

（三）大力推动车位级数字化

建立全市数字车位数据中台，打造全市一个"停车场"的平台，在实体车位对外开放的基础上，将实体车位数字化，通过大模型和算法，结合车位资源的动态数据，精准掌握每个停车场、每个停车位资源的占用和空闲情况，为高效率利用车位资源提供基础技术支撑。

借助车位数字化，以错峰、错时等方式，实现预约共享停车，提高车位资源利用率，减少车位闲置，一方面为物业管理降本增效，另一方面也为停车场服务商带来服务费，增加经济收入。

（四）推进数字停车位资源的市场化运营

停车位是城市重要资源，市场化运营潜力巨大、效益巨大。推进城市停车资源市场化运营将带动商业模式创新，提高资源利用效率，有利于发展新质生产力。停车位与充电桩相结合，可以实现停车位缴费和充电缴费一键式服务，极大地方便车主，产生巨大效益；停车位数字化技术深度应用，可以实现车位级导航，助力无人驾驶车辆的市场开拓，极大节约市民时间与精力。数字化停车位与商业店铺地理位置相结合，特别是大型购物中心或大型停车场，引导车主就近停车，可以为车主提供极大便利。有偿预约车位可以促进数字车位资源金融化，促使其成为一种新型的金融类产品，结合数字车位的金融属性和交易模式可以探索城市经济的一个新增长点，有利于城市集约发展。捷顺科技通过车位交易、托管等业务开展以及"捷停车"系统"车位优选"业务探索，已经在数字车位资源金融化方面迈开了步子，做出了宝贵的先行示范。

B.16
前海数据赋能经济高质量发展的案例分析

张国平 袁义才 张诗琪*

摘 要： 本报告通过深入分析前海数据的发展历程与经营模式，探索其应用数据要素赋能政企发展的成功经验，研判数据要素市场未来发展趋势，以培育更多企业积极参与数据要素领域的发展，全面提高数据资源开发利用水平，推动做强做优做大数据经济，同时为政策制定提供参考，引领数据要素市场健康有序发展。

关键词： 数据要素 新质生产力 数字经济

发展数字经济是把握新一轮科技革命和产业变革新机遇的战略选择，更是推进高质量发展的内在要求。以习近平同志为核心的党中央准确把握全球发展方向，高度重视发展数字经济，做出一系列重大决策部署，不断推动数字经济发展，并取得重要进展和显著成效。

在此重要变革之际，我国率先提出将数据作为生产要素，推动理论和实践与时俱进。2019年10月，党的十九届四中全会审议通过的决定指出"健全劳动、资本、土地、知识、技术、管理、数据等生产要素由市场评价贡献、按贡献决定报酬的机制"，首次将数据增列为新的生产要

---

* 张国平，博士，深圳市社会科学院国际化城市研究所助理研究员，主要研究方向为城市管理；袁义才，博士，深圳市社会科学院粤港澳大湾区研究中心主任兼国际化城市研究所所长，研究员，主要研究方向为区域经济、公共经济、科技管理；张诗琪，深圳大学政府管理学院硕士研究生，主要研究方向为城市经济、城市治理。

素。2020年10月，党的十九届五中全会审议通过的建议指出"推进土地、劳动力、资本、技术、数据等要素市场化改革"，明确了数据作为第五大生产要素的地位；并明确提出"建立数据资源产权、交易流通、跨境传输和安全保护等基础制度和标准规范，推动数据资源开发利用"，对数据要素市场化配置工作做出更加明确的战略性部署。2022年12月，《中共中央 国务院关于构建数据基础制度更好发挥数据要素作用的意见》正式印发，标志着数据要素基础制度"四梁八柱"初步形成。2023年10月，国家数据局正式揭牌，将负责协调推进数据基础制度建设，统筹数据资源整合共享和开发利用，统筹推进数字中国、数字经济、数字社会规划和建设等。2023年12月，国家数据局等17个部门联合印发《"数据要素×"三年行动计划（2024—2026年）》，旨在充分发挥数据要素乘数效应，赋能经济社会发展。

数据要素已成为培育发展新质生产力、推动经济高质量发展的基础资源和创新引擎，在赋能经济发展、丰富人民生活、提升城市治理现代化水平等方面的价值不断凸显。各行业、各领域的数据要素典型场景应用的复制推广，对充分发挥数据要素的放大、叠加、倍增作用，释放数据要素价值，赋能经济社会高质量发展具有重要意义。

一 数据要素赋能——前海数据发展历程与经营模式

数据要素的价值释放离不开不同区域、不同领域数据资源的有序汇聚，不同行业、不同机构数据产品的合规高效流通以及不同主体对数据资源和产品的有效利用。本报告旨在通过深入分析深圳市前海数据服务有限公司（以下简称"前海数据"）的发展历程与经营模式，探索其应用数据要素赋能政企发展的成功经验，研判数据要素市场未来发展趋势，以培育更多企业积极参与数据要素领域的发展，全面提高数据资源开发利用水平，推动做强做优做大数据经济，同时为政策制定提供参考，引领数据要素市场健康有序发展。

（一）数据要素是中国式现代化的重要引擎

数据作为新型生产要素，其地位在数字化、网络化、智能化进程中日益凸显。近年来，我国数据要素市场发展迅速，数据量呈井喷式增长，预计2025年全球数据量将达到163ZB，而我国数据要素市场规模也将在2025年突破1749亿元。这一增长得益于超大规模市场、海量数据资源和丰富应用场景，以及国家政策的积极推动等。

政策环境方面，国家发展改革委办公厅、国家数据局综合司等机构通过发布一系列工作要点和行动计划，如《数字经济2024年工作要点》和《"数据要素×"三年行动计划（2024—2026年）》，明确了数据要素市场的发展方向和重点任务。这些政策旨在加快构建数据基础制度，推进产业数字化转型，推动数字技术创新突破，并优化数字经济发展环境。同时，各地也纷纷成立数据交易机构，推动数据流通和交易。截至2022年底，全国数据交易所已有近50家，标志着我国数据交易机构建设迎来新浪潮，数据流通进入2.0时代。

发展趋势方面，数据要素的应用广度和深度将得到大幅拓展。随着5G、云计算、人工智能等技术的快速发展，数据成为连接各个行业的桥梁，有力推动不同领域的跨界融合。在广度方面，数据要素的应用领域不断拓展，从传统的互联网、金融行业逐步渗透到医疗健康、智能制造、智慧城市等多个领域。在深度方面，数据分析将从表面现象深入内在规律的挖掘，为各行业带来前所未有的价值。此外，数据资产化进程也在加速推进。国家已出台相关政策，如《企业数据资源相关会计处理暂行规定》，将数据资产纳入企业会计核算体系。尽管面临数据权属制度、定价制度、分配制度等世界性难题，但随着相关法律法规的不断完善，数据资产的流通和交易将得到保障，数据交易市场规范运作的基础也将进一步夯实。同时，数据智能与实体经济的融合也在加速，推动各行业产业数字化转型和智能化升级。智能经济高端高效发展，技术赋能效应进一步凸显，使人类社会由数字时代快速走向"数智时代"。数据要素驱动政府更高效决策，并通过授权运营广泛应用于各领域，充分发挥数据要素乘数作用。各国间加强数字经济国际合作是大势所趋，我国在数字经济国际合作领域也取得了丰硕成果。未来，国际合作与治理在全球数字经济发展中将扮演越来越重要的角色，各国将持续在跨境数据流动、数字贸易规则等方面加强合作与协商，共同推动全球数字经济的健康发展。

（二）前海数据——数据赋能经济高质量发展的范例

前海数据作为智慧数字经济领域的佼佼者、国家级高新技术企业、深圳市专精特新企业及首批广东省数据经纪人，通过深入挖掘数据价值，促进数实融合，为政府和企业提供了全方位的数据赋能服务。其发展历程和经营模式充分展示了数据要素在赋能经济高质量发展中的重要作用，成为数据要素赋能经济高质量发展的典范。前海数据自 2014 年成立以来，始终秉承"数字赋能，善政兴业"的经营理念，历经十来年发展，逐步成长为数字经济领域的科创型示范企业。其发展历程可大致分为三个阶段。

数字化启航阶段（2014~2016 年）。在此阶段，前海数据敏锐洞察到数据要素市场的广阔前景，率先开启了数据领域的征程。通过研发数据采集与系统分析，为后续的数据服务创新奠定了坚实的技术基础。同时，积极参与全国多个地区的数字化建设，助力地方政府提升治理效能，推动数据资源的开放共享。这一阶段的成功实践，为前海数据确立了以数据为核心的发展方向和战略目标。

产品化拓展阶段（2017~2020 年）。随着技术的不断成熟和市场需求的日益增长，前海数据步入了产品化快速发展的新阶段。自主研发了多款创新产品，如"快策""房发发"等，并与华为等知名企业建立战略合作伙伴关系，共同推动智慧城市项目的落地实施。此阶段的产品化拓展和服务创新，进一步巩固了前海数据在数据服务领域的市场地位。

数智化引领阶段（2021 年至今）。在前两个阶段的基础上，前海数据继续深化在数据要素应用领域的布局，不断探索数智化发展的新路径。其成功当选深圳市企业评价协会会长单位，联合发布高成长企业 TOP100 榜单，举办项目路演对接会。同时，前海数据自主研发数据服务机器人 ChatData 等前沿技术产品，提升数据处理和服务的智能化水平。此外，还积极参与数据知识产权登记、智慧统计项目建设等工作，荣获多项荣誉和认证。这一阶段的发展，标志着前海数据已成为数据要素赋能经济高质量发展的领军企业。

1. 前海数据经营模式体系：以数据为核心形成了独具特色的经营模式体系

前海数据的经营模式紧密围绕数据这一核心资源，通过市场需求、产品与服务、技术创新、人才培养、生态构建和安全保障六个方面的深入布局，构建了一个既全面又独具特色的经营模式体系。

（1）市场需求：精准定位，深度挖掘，持续响应

前海数据不仅精准定位数据市场，更深度挖掘并持续响应客户需求。其服务对象广泛，涵盖了省、市、区各级领导，大数据管理部门、统计局等关键政府部门以及众多产业单位。通过构建高效的需求收集与反馈机制，前海数据能够迅速捕捉市场变化，为政企客户提供量身定制的数据服务解决方案。例如，在某市政府的统计项目中，前海数据通过深入分析政府需求，成功打造了一套符合当地特色的数据管理系统，极大地提升了政府的工作效率。

（2）产品与服务：全面覆盖，智能精准，高效应用

前海数据的主营业务聚焦于智慧经济领域和产业大数据的开发运营。依托自然语言处理、机器学习推理与大数据等先进技术，前海数据通过智能化数据内容生产和精准化推送，为用户提供便捷、迅速的问题发现与分析服务。其产品线丰富，包括数据管理及分析应用平台、地区经济预警监测系统、智慧统计、数据厨房、数据确权入表变现一揽子服务、产业研究报告以及高成长企业精准服务等。这些产品全面覆盖了数据采集、处理、分析、预警监测、政策匹配等多个领域，为政府和企业用户提供了一站式、智能化、精准化的决策支持和服务。特别是在某大型企业的数据管理中，前海数据的数据管理及分析应用平台发挥了重要作用，帮助企业实现了数据价值的最大化挖掘和高效利用。

（3）技术创新：持续投入，引领发展，前沿探索

前海数据深知技术创新的重要性，因此持续加大研发投入力度，全力推动数据处理、分析及应用等关键技术的创新。公司聚焦于技术创新的前沿阵地，积极探索并实践人工智能、区块链、云计算等尖端科技在数据服务领域的广泛应用。通过深度融合数据科学、云计算与人工智能等先进技术，前海数据打造了一系列稳定可靠、品质卓越的信息化系统、平台及自主研发的BI产品。这些技术创新成果不仅显著提升了前海数据的服务质量和效率，还为其在数据服务领域保持领先地位提供了有力支撑。例如，在某智慧城市建设项目中，前海数据利用人工智能技术成功构建了智能交通系统，有效缓解了城市交通拥堵问题。

（4）人才培养：校企合作，共育英才，提升影响力

前海数据高度重视人才培养工作，与多所知名高校建立了紧密的合作关系。作为香港中文大学深圳高等金融研究院的研究生联合培养实习基地，前海数据协助学校搭建了数据学徒平台，为数据人才与用人企业提供了精准互联和优质匹配的网络服务平台。同时，前海数据还与南开大学、武汉大学等高校积极合作，共同探索产学研合作共融的新机制。这种校企合作的人才培养模式不仅为前海数据输送了大量优秀人才，还显著提升了其在学术界和产业界的影响力。

（5）生态构建：开放协同，共赢发展，拓展资源范围

前海数据积极构建开放协同的数据生态体系，与数据企业、行业协会、律所、高校及科研机构紧密合作，促进资源共享与互利共赢。作为华为、联通等智慧城市建设生态中的重要伙伴，前海数据深耕产业生态构建，精心打造多维度的产业矩阵。同时，前海数据还积极拓展与政府、高校、研究机构及产业链上下游企业的合作渠道，通过共建实验室、联合研发项目等多种形式，不断拓展数据资源的广度与深度，进一步增强技术创新能力。这种开放协同的生态构建策略为前海数据提供了广阔的发展空间和持续的创新动力，也推动了整个数据服务行业的健康发展。

（6）安全保障：建立健全，严格保护，赢得信任

在数据驱动的时代背景下，前海数据深刻认识到数据安全与隐私保护的

重要性。因此，公司建立健全了一套完善的数据安全管理体系，并通过了多项资质认证。前海数据持续强化数据加密技术，严格遵守相关法律法规要求，对收集、处理、使用数据的每一个环节都实施严格的保护措施。同时，公司还建立了完善的安全监控与应急响应机制，通过实时监测、定期审计、风险评估等手段，及时发现并应对潜在的安全威胁。一旦发生安全事故，前海数据能够迅速启动应急预案，有效遏制事态发展，最大限度减少损失。这种严格的数据安全保障措施为前海数据赢得了客户的信任和支持，也为其在数据服务领域的持续发展提供了有力保障。

2. 前海数据经营模式特征：开放协同，智能引领

前海数据以数据驱动为核心竞争力源泉，以技术创新为持续发展动力，以开放协同为合作共赢基石，以安全保障为持续发展保障的经营模式特征，展现了其在数据服务领域的独特魅力和强大生命力。

（1）数据驱动：核心竞争力源泉

前海数据深刻理解到，在信息化时代，数据已成为推动社会进步和经济发展的关键要素。因此，它将数据作为核心驱动力，致力于深入挖掘数据的潜在价值。通过构建先进的数据处理和分析平台，前海数据能够实时捕捉、整合和分析海量数据，从而为客户提供智能化、精准化的决策支持。这种数据驱动的经营模式，不仅提升了服务的质量和效率，还使得前海数据能够在复杂多变的市场环境中迅速做出响应、抓住机遇。

在数据采集方面，前海数据利用先进的物联网技术和传感器网络，实现了对各类数据的全面、实时采集。在数据处理和分析方面，它运用了机器学习、深度学习等人工智能技术，对海量数据进行高效、精准的处理和分析，从而挖掘数据背后的规律和趋势。在预警监测方面，前海数据建立了完善的数据预警系统，能够及时发现潜在的风险和问题，为客户提供及时的预警和决策支持。

（2）技术创新：持续发展动力

前海数据深知，技术创新是推动数据服务领域持续发展的关键。因此，它持续加大研发投入力度，积极探索并实践人工智能、区块链、云计算等尖端科技在数据服务领域的广泛应用。通过技术创新，前海数据不断提升自身的服务质量和效率，也为整个数据服务行业的持续发展注入了新的活力。

在人工智能方面，前海数据利用先进的算法和模型，实现了对数据的智能分析和预测。在区块链方面，它探索了区块链技术在数据安全、数据共享等方面的应用，为数据的可信传输和存储提供了有力保障。在云计算方面，前海数据构建了高性能的云计算平台，为客户提供了灵活、可拓展的数据服务。

（3）开放协同：合作共赢基石

前海数据深刻理解到，开放协同是推动数据服务领域健康发展的关键。因此，它积极构建开放协同的数据生态体系，与各方紧密合作，促进资源共享与互利共赢。这种开放协同的经营模式，不仅为前海数据提供了广阔的发展空间和持续的创新动力，也为整个数据服务行业的健康发展贡献了积极力量。

在合作方面，前海数据与高校、研究机构等建立了紧密的合作关系，共同推动数据技术的创新与应用。它还与产业链上下游的企业建立了紧密的合作关系，实现了资源共享和优势互补。在协同方面，前海数据注重与客户的沟通和协作，根据客户的需求和反馈不断优化产品和服务。

（4）安全保障：持续发展保障

前海数据深刻认识到数据安全与隐私保护的重要性。在数据安全方面，它建立了完善的数据安全管理体系，采用了先进的数据加密技术和安全防护措施，确保了数据的安全性和完整性。在隐私保护方面，前海数据严格遵守相关法律法规和行业标准，对客户的隐私信息进行了严格的保护和管理。通过制定严格的数据安全保障措施和隐私保护政策，前海数据赢得了客户的信任和支持，也为其在数据服务领域的持续发展提供了有力保障。

二　当前发展面临的挑战

数据获取与确权难题以及应用层面的困境，是当前数据服务发展面临的主要挑战。

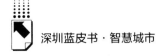

（一）数据获取与确权难题

在数字经济时代背景下，数据已成为推动社会进步与产业升级的关键要素。然而，数据资源的有效获取与确权难题，却成为其潜力充分发挥的重要瓶颈。

1. 数据确权范围狭窄：限制与价值释放

数据确权，即明确数据所有权、使用权及收益权的归属，是数据流通与交易的基础。当前，数据确权面临法律框架不完善、技术手段落后等问题，导致数据确权范围相对狭窄。这不仅增加了数据交易的复杂度与风险，还严重阻碍了数据的开发与应用，限制了数据价值的最大化释放。为破解这一难题，首先应完善相关法律法规，明确数据产权界定原则，为数据确权提供法律依据。其次应利用区块链、数字水印等先进技术，实现数据全生命周期的可追溯与不可篡改，提高数据确权的可信度与效率。最后应建立数据交易平台与中介服务机构，促进数据供需双方的有效对接，也是拓宽数据确权范围的重要途径。

2. "数据孤岛"现象：壁垒与融合创新

"数据孤岛"是指由于数据安全、隐私保护、商业利益等因素，大量企业数据被封闭在内部系统中，无法实现跨组织、跨行业的共享与融合的现象。这一现象严重削弱了数据的互联互通能力，限制了数据在更广泛范围内的价值挖掘与创新应用。打破"数据孤岛"，需从政策引导、技术创新与合作机制三方面入手。政策引导层面，政府应出台相关政策，鼓励数据开放共享，同时加强数据安全与隐私保护，为数据流通创造良好环境。技术创新层面，企业应建立高效的数据交换与共享平台，支持数据格式转换、质量评估与隐私保护等功能，降低数据共享的技术门槛。合作机制层面，建立跨行业、跨领域的数据合作机制，促进数据资源的优化配置与协同创新，是打破"数据孤岛"、释放数据潜能的关键。

3. 付费机制不成熟：盈利与挑战

在数据服务市场，尤其是 C 端（消费者端）市场，用户对于数据服务的付费意识尚未全面树立，这直接影响了企业的盈利模式与盈利空间。同时，G 端（政府端）市场受宏观经济波动和政策调整影响，数据服务需求减少，价格压力增大，进一步压缩了企业的盈利空间。针对 C 端市场，企业需通过创新服务模式、提升用户体验，逐步培养用户的付费习惯。例如，提供个性化定制服务、增强数据服务的实用性与趣味性，以及通过积分、会员制度等激励机制，引导用户形成付费习惯。针对 G 端市场，企业应灵活调整市场策略，积极开拓新的业务领域。例如，开拓智慧城市、智慧医疗等新的业务领域，以减少对 G 端市场的依赖。同时，加强与政府的合作，参与政府数据开放项目，拓展数据来源与应用场景，也是提升盈利能力的有效途径。

（二）应用层面的困境

在应用层面，数据服务面临 C 端付费习惯待培养与 G 端市场波动影响的双重挑战。这些挑战不仅考验企业的市场适应能力与创新能力，也为企业提供了转型升级的契机。

1.C 端付费习惯待培养：多样化与创新

C 端市场用户需求多样且变化迅速，对数据服务的付费意愿不强。这要求企业需不断创新服务模式，以满足用户个性化、差异化的需求。例如，通过大数据分析，精准推送用户感兴趣的数据产品与服务；利用人工智能技术，提供智能化的数据分析与决策支持；通过社交媒体、在线教育等渠道，拓展数据服务的应用场景与用户群体。同时，企业还应加强用户教育与引导，提升用户对数据价值的认知，增强其付费意愿。通过举办线上线下活动、发布数据应用案例、提供试用体验等方式，让用户亲身体验数据服务的便捷与高效，从而逐步培养用户的付费习惯。

2.G 端市场波动影响：灵活与拓展

G 端市场的预算紧缩和项目调整直接影响了数据服务的需求，导致企业来自 G 端的收入减少。面对这一挑战，企业应灵活调整市场策略，积极开拓新的业务领域与市场空间。例如，关注政府数字化转型、智慧城市建设等新兴领域的数据服务需求，提供定制化的数据解决方案与技术支持；加强与高校、科研机构等合作，参与国家科研项目与标准制定，提升企业的技术实力与品牌影响力。此外，企业还应加强内部管理与成本控制，提高运营效率与盈利能力。通过优化组织架构、引入先进的管理理念与技术手段、加强员工培训与激励等方式，降低运营成本与风险，提升企业的市场竞争力与可持续发展能力。

三　对策建议

释放数据要素潜能，驱动数字经济高质量发展。在数字经济时代背景下，数据已成为经济社会发展的重要引擎。为充分释放数据要素的潜力，促进数字经济的高质量发展，本报告提出以下对策建议：夯实数据要素底座基础、加强数据治理能力建设、提升数据要素变现能力、强化研究与宣传策略、精准搭建数据源与应用桥梁，以及引领数据应用创新。

（一）夯实数据要素底座基础：扩大数据资源范围，提升分析能力

数据要素底座是数字经济发展的基石。为构建坚实的数据底座，需围绕数字经济的新产业、新业态、新模式，全面扩大数据资源的开发范围。具体而言，应涵盖农业、工业、交通、教育、经济、海洋、环境、文旅、城市管理、公共数据等多个领域，构建全方位、多层次的数据资源体系。同时，应进一步扩大网络公开数据的采集范围，加大多模态数据的采集力度，如文本、图像、音频、视频等，以丰富数据类型和提升数据质量。

在数据汇聚融合方面，应注重生态数据的整合与共享，打破"数据孤岛"，实现数据的互联互通。此外，还需提升多模态内容分析能力，加大语义检索、稠密向量、多模态检索等方向的产品研发力度，以满足不同场景下的数据检索与分析需求。通过构建高效的数据处理与分析平台，为数据应用提供强有力的支撑。

（二）加强数据治理能力建设：优化数据管理，提升智能分析能力

数据治理是确保数据质量、安全和合规性的关键环节。为加强数据治理能力建设，应将数字技术与数据分析产业链紧密衔接，构建以数据资源体系建设、数字技术创新应用为核心的自研产品和技术能力体系。在数据管理方面，应优化数据资产的分类分级，对全量数据进行全面盘点、分类定级，并制定动态维护的数据台账。通过台账数据治理，构建全公司数据资产目录体系，实现数据的可追溯、可管理和可利用。同时，应加强数据资产的质量校核，明确数据质量度量规则和标准，健全数据中台与产品部门之间的数据服务反馈机制。通过及时核查问题数据、自动探查数据结构和数据内容、进行数据纠正等措施，确保数据的准确性和可靠性。此外，还需提高数据集成和处理能力，以适应更广泛的应用场景和复杂的数据环境。

在数据智能分析方面，应加大对各领域业务专家的引入力度。根据数据产品的实际应用情况，与业务专家紧密合作，设计具有针对性的预训练任务、算法、模型等，以提升业务场景的预警、预测指标的精准度。通过建立快速开发平台，提高针对特定行业的数据分析产品的研发效率与迭代能力，助力企业和政府客户实现基于数据驱动的决策制定和运营优化。

（三）提升数据要素变现能力：拓展应用场景，构建数据生态体系

数据要素的变现能力是衡量数字经济发展成效的重要指标。为提升数据要素的变现能力，应积极探索拓展数据应用场景，使数据赋能各行各业发展。通过深化与产业链伙伴的合作，构建开放协同的数据生态体系，促进数据跨行业流通交易。在此过程中，应专注优势产品，做精做细、做优做强，不断丰富生态布局，进一步扩大市场。

同时，应加快推进数据产品在各地数据交易所挂牌，丰富数据要素的流通与变现渠道。通过建立健全数据交易规则和监管机制，保障数据交易的合法性和安全性。此外，还应鼓励企业创新数据服务模式，如数据定制、数据咨询、数据培训等，以满足不同客户的需求，提升数据服务的附加值。

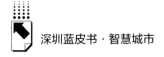
（四）强化研究与宣传策略：奠定坚实信任基石

为消除社会各界对数据开放与应用的疑虑，应深化专业研究与理论支撑，并扩大宣传影响。政府应充分依托高校及专业研究机构的力量，构建跨领域、多层次的数据研究体系。通过定期发布高质量的研究报告与白皮书等研究成果，为政府决策提供科学依据，为企业实践提供具有前瞻性和可操作性的理论指导。这些研究成果应涵盖数据技术、数据应用、数据安全等多个方面，以形成全面、系统的数据知识体系。

在宣传方面，政府应充分利用各类媒体平台，开展广泛而深入的宣传活动。通过举办高层次论坛、专题研讨会、成功案例分享会等，展示数据驱动企业转型升级的生动实践，树立行业内的标杆与典范。同时，通过表彰奖励机制，激励更多企业积极探索数据应用的新路径，营造全社会共同参与、共同推动数据发展的良好氛围。这些宣传活动应注重实效性和针对性，以提高公众对数据价值的认知度和接受度。

（五）精准搭建数据源与应用桥梁：促进高效流通与融合

数据源与应用之间的桥梁是数据流通与融合的关键。为精准搭建这一桥梁，应优化数据源供给体系，并强化数据应用能力建设。政府应扮演关键角色，推动公共数据资源的全面升放与共享。通过制定明确的开放目录、标准和流程，确保公共数据的安全、有序、高效流通。同时，鼓励和支持企业、社会组织等多元主体参与数据资源的开发利用，形成多元化、互补性的数据源供给体系。这将有助于打破"数据壁垒"，促进数据的互联互通和共享共用。

在数据应用能力建设方面，应鼓励企业加大在数据处理、分析、挖掘等方面的投入力度。通过引入先进的数据技术和工具，培养专业的数据人才团队，提升企业的数据应用水平。同时，推动企业与高校、科研机构等建立紧密的产学研合作关系，共同开展数据应用创新研究。这将有助于推动数据技术与业务场景的深度融合，拓展数据应用场景的广度和深度。

（六）引领数据应用创新：推动产业高质量发展

数据应用创新是数字经济高质量发展的核心驱动力。为引领数据应用创新，应争取国家级科研项目支持，并发布权威研究报告。政府应与企业、高校、科研机构等形成合力，紧密围绕数据要素挖掘、应用创新等前沿领域展开深入研究。通过设立国家级科研项目，推动数据技术的突破和应用场景的拓展。同时，政府应设立专项基金，支持科研项目的实施，降低企业的创新成本和风险，激发企业的创新活力。这将有助于形成产学研用一体化的创新体系，推动数据技术的快速发展和广泛应用。

此外，政府还应组织专业团队定期发布数据应用领域的研究报告和行业动态。这些报告应涵盖数据技术的最新进展、应用案例的深入分析、市场趋势的精准预测等内容，为企业和社会各界提供全面、准确的信息参考。通过发布权威研究报告，可以营造良好的数据应用氛围，推动数据应用的深入发展和广泛普及。同时，这些报告还可以为政府决策提供科学依据，为数据产业的健康发展提供有力支撑。

B.17
深圳国资投资入股软通智慧的案例分析

李佳峰 杨 扬 林燕妮*

摘 要： 软通智慧是中国领先的城市数据智能服务提供商，专注于城市大数据平台和城市治理，以"数据智能+信创"双轮驱动城市数字化转型，通过城市数据处理与分析，提升数据在城市治理场景中的处理能力。软通智慧的平台产品获得华为等核心生态伙伴的高度认可，盈利能力与营运能力正逐步体现。软通智慧高度契合深圳国资数字化产业升级的需求，未来将在市域治理综合解决方案领域进行业务布局和拓展，推动深圳智慧城市产业发展。深圳国资投资入股软通智慧后，软通智慧将总部迁至深圳市罗湖区，充分发挥龙头企业辐射带动作用，全面推进深圳市数字经济、战略性新兴产业发展，助力罗湖区产业转型升级，做大做强深圳数字经济产业。深圳国资投资入股软通智慧的战略意义清晰，投资价值较大，基本达成了各方多赢的预期成效。

关键词： 智慧城市 数字政府 投后赋能 数据智能服务

　　智慧城市和数字政府建设是推进国家治理体系和治理能力现代化的重要环节，在粤港澳大湾区、深圳先行示范区"双区"驱动背景下，深圳智慧

---

* 李佳峰，博士，深圳市鲲鹏股权投资管理有限公司投资部执行副总经理，副研究员，高级经济师，主要研究方向为数字经济、资本运作、私募股权投资；杨扬，博士，深圳市社会科学院国际化城市研究所助理研究员，主要研究方向为城市管理、营销学；林燕妮，王牌智库（深圳）有限公司研究总监，主要研究方向区域经济发展。

城市建设和数字经济发展有着更高的定位。随着城市和企业数字化转型发展步入深水区，越来越需要高品质的数据服务能力作支撑。软通智慧科技有限公司（以下简称"软通智慧"），是中国领先的城市数据智能服务提供商。2022 年 12 月，深圳市鲲鹏股权投资管理有限公司（以下简称"鲲鹏资本"）管理的国资协同基金，联合深圳市特发集团有限公司（以下简称"特发集团"），通过投资入股软通智慧，并将其引入深圳市罗湖区。这不仅支持了数据科技企业稳健发展，也成为一项国资布局战略性新兴产业的切实举措，更有助于深圳建成国际新型智慧城市标杆和"数字中国"城市典范。

一 软通智慧技术经济分析

软通智慧是中国领先的城市数据智能服务提供商，原为上市公司软通动力的一个做智慧城市产品的业务部，于 2017 年 5 月分拆设立并独立运营，成为一家行业地位重要的民营科技企业。软通智慧自成立以来专注于智慧城市行业，秉承"数据赋能城市治理，场景释放数据价值"的理念，以"数据智能+信创①"双轮驱动城市数字化转型，致力于利用城市海量数据的管理与智能分析服务，释放数据在场景应用中的价值，全面提升城市治理现代化水平。软通智慧通过提供先进的产品与解决方案，不断优化业务流程和交付结果，全面支撑新型智慧城市建设，助力中国城市数字化转型与发展。

（一）主营业务分析

按照技术类型分类，软通智慧以城市数据基础设施服务、城市数据管理与应用服务和城市数据智能服务三大核心为业务基础，构建城市智能体，为城市提供全方位的智慧服务。按照应用场景产品线分类，可将软通智慧的主营业务

---

① 信创（信息技术应用创新产业）是指通过自主研发和创新，实现技术自主可控，保障国家信息安全的产业。信创产业的核心是建立自主可控的信息技术底层架构和标准，特别是在芯片、传感器、基础软件、应用软件等领域实现国产替代。它是数字经济和信息安全发展的基础，也是推动中国经济增长的关键力量。

分为五个部分：数字政府、城市治理、智慧安平、鲲鹏计算和其他业务。

1. 按技术类型分类

（1）城市数据基础设施服务

城市数据基础设施服务主要为各地人工智能计算中心、高性能计算中心和一体化大数据中心等场景提供方案设计、建设、运维、运营等相关服务。软通智慧在以绿色低碳节能、高性能高效利用、建设快速交付等为核心要求的算力基础设施建设上经验丰富。

软通智慧依托华为鲲鹏计算生态，提供服务器等硬件技术与运营服务。2017年，软通智慧通过华为CSSP[①]认证，是第一个同时通过大数据和云计算两个领域认证的厂商，成为华为同舟共济的合作伙伴；2018年，软通智慧与华为在多领域全面深化合作，共同推进了100多个智慧业务合作项目；2020年，软通智慧成为鲲鹏生态合作伙伴，不断拓展新基建业务；2022年，软通智慧加入昇腾万里伙伴合作计划，与华为共同推动昇腾产业发展。软通智慧通过与华为合作，利用鲲鹏数据中心有效提升了提供数字基础设施服务能力。目前，软通智慧布局新基建战略，聚焦"数据中心"业务，提供从咨询到运营的全流程服务。

华为聚焦ICT主航道，软通智慧与华为政务一网通军团合作，聚焦智慧城市业务，先后在济南落地首个国产EDA研发平台项目和"鲲鹏+昇腾"生态创新中心，未来也将持续与华为在多领域全面深化合作。

（2）城市数据管理与应用服务

软通智慧TongBase[②]数据中台以城市各部门数据为源，通过数据采集汇总、交换融合、存储计算、分析形成统一标准和口径的数据资产服务，打破"数据孤岛"，统一数据标准，促进数字政府建设，是智慧城市的智能中枢。

---

① CSSP是通过华为政企业务对合作伙伴服务解决方案能力认证的一类伙伴。

② TongBase是一款基于数据中台的私有云解决方案，拥有强大的异构数据源集成能力、完善的数据治理体系和快速的数据服务能力，包括了数据融合集成、数据湖、数智开发、数据治理等软件，贯通数据全生命周期，具有全流程、国产化、包容性强、可操作性强的特点，可应用于城市政务服务、社会治理等多领域，覆盖应用程序、视频、物联网等数据，是智慧城市数据建设环节的重要基础。

在此基础上，打造各类行业应用，为业务处理和决策提供数据支撑，实现数据治理。TongBase 是大数据、人工智能等共性技术通过提炼、模块化形成的标准化产品，为细分行业应用提供平台支撑力，产品在提升软通智慧综合毛利水平的同时经过行业多年、百余个项目持续的验证和优化，其稳定性、可靠性受行业内部认可。

以"一网统管"为抓手的城市数据与应用，以城市数据资源融合共享为主线，以城市能力开放平台为支撑。通过全面汇聚城市运行中的各类数据，辅助开展全局分析和科学调度，广泛赋能城市治理和民生服务等各领域，助力城市数字化变革。

软通智慧行业应用服务主要为数字政府、公共安全、环保水务和园区社区（如表 1 所示），其中数字政府应用服务在国家"电子政务""互联网+政务服务"等政策的推动下得到了极大的发展；公共安全应用服务经历了国家从"平安城市"到"雪亮工程"再到"智安社区"建设的迭代，市场增长显著。在新冠疫情和我国城镇化建设背景下，智慧社区建设的必要性凸显，并在短时间内实现了催化，未来将迎来更大的发展空间。软通智慧在 TongBase 数据中台的基础上发展行业应用服务，未来行业应用发展战略将聚焦于软通智慧产品线，整合产业链中游垂类厂商，以专业的集成交付能力为政府客户提供优质服务。

表 1　软通智慧行业应用服务及产品矩阵

主管 BU	数字政府事业本部	安平事业本部	城市治理事业本部	
细分行业	数字政府	公共安全	环保水务	园区社区
行业软件产品	• "互联网+监管"平台 • "互联网+政务服务"平台 • 卫健大数据平台 • 疫情大数据平台	• 社会管理综合治理"9+X"智慧服务平台 • 视频综合应用平台 • 警务大数据平台 • 综合交通运行监测与应急指挥平台 • 安全生产综合管理平台 • 突发事件情景构建系统 • 建筑安全监管平台	• 城市生态环境网络化监测系统 • 环境云服务平台 • AI 环境大脑 • 河湖管家 • 城市内涝监测预警系统	• 社区大脑 • 智慧社区 • 社区智能运营调度平台 • 慧园园区通 App • 智慧园区"1+6"管理平台

主管 BU	数字政府事业本部	安平事业本部	城市治理事业本部	
细分行业	数字政府	公共安全	环保水务	园区社区
行业终端硬件	• 政务一体机	• 安防网络摄像机 • 智能人脸 NVR • 边缘智慧视频终端机 • 车路协同智能路侧终端	• 餐饮油烟监测系统 • 大气环境微型监测站 • 车载移动空气检测仪 • 管网水位流量监测仪	• 智慧共同杆 • 智能门禁 • 智能抄表 • 电梯监控 • 雷神之锤 • 宙斯之盾

软通智慧的城市数据管理与应用服务基于对数字政府、公共安全、环保水务、园区社区产品和平台的积累，行业属性强，附加属性高。

（3）城市数据智能服务

软通智慧的城市数据智能服务以数字孪生①和仿真技术的算法、模型为支撑，运用城市各类历史数据在虚拟网络空间 1∶1 映射再造一个现实物理城市，对城市全要素进行数字化、虚拟化、全状态实时化和可视化管理，为城市管理者和决策者提供规划、治理方案的最优解，实现城市运行管理协同化、智能化。软通智慧以城市仿真云为算法商城，通过数字孪生平台的分钟级快速城市建模，提供城市智能服务。2021 年 3 月公布的《中华人民共和国国民经济和社会发展第十四个五年规划和 2035 年远景目标纲要》明确提出要"探索建设数字孪生城市"，首次将数字孪生纳入国家发展规划。截至2024 年，软通智慧仿真算法平台已积累超过 50 种仿真算法，覆盖城市宜居、灾害、安防、工业、交通等多个领域，并已在雄安新区、花果园社区一期二期建设中落地使用，未来软通智慧将持续加大对城市数字孪生和仿真技术的研发力度，确保行业领先地位。

---

① 数字孪生是充分利用物理模型、传感器、运行历史等数据，集成多学科、多物理量、多尺度、多概率的仿真过程，在虚拟空间中完成映射，从而反映相对应的实体装备的全生命周期过程。数字孪生技术是指综合利用传感器、物联网、虚拟现实、人工智能等技术，对真实世界中物理对象的特征、行为、运行过程及性能进行描述与建模的方法。

软通智慧城市数据智能服务与城市数字孪生和仿真技术相结合，这使得潜在建设的发挥空间更广阔。截至 2023 年，该业务虽然收入占比较小，但是增长率很高，毛利率超过 80%。软通智慧将加大数字孪生业务的发展和研发力度，更加聚焦行业应用，深入挖掘细分场景，全力打造标杆产品。

2. 按应用场景产品线分类

（1）数字政府业务

软通智慧数字政府业务分为数字政务、智慧园区，主要按照政府标准规则做大数据相关业务，包括数字孪生与数字仿真。其核心产品为 TongBase，核心业务框架为"1 平台 1 中心 N 场景"（平台指数字融合平台、中心指 AI 能力中心），即"平台+服务"。软通智慧主要通过招采或其他方式获取业务。

软通智慧数字政府业务成立最早，起初为支撑业务，前期收入占比较高，产品线增加后，其收入结构占比逐年下降。2018~2020 年，软通智慧数字政府业务的毛利率整体呈上升趋势，前期以系统集成、运维服务项目收入为主，而随着纯软件开发项目的增加，毛利率也随之不断上升。

软通智慧数字政府业务经过多年与政府共同的探索，发展道路越发清晰。数字政府的需求相对缺乏刚性，其预算受到其他紧急事件影响较大。在 2020 年，受疫情影响，软通智慧数字政府业务在收入量和合同签约量上都出现较大的下滑。

从合同情况看，软通智慧的数字政府业务发展方向越来越清晰，且与客户的合作方向也越发清晰。

江苏镇江项目的发展规划是企业数字政府业务的典型。2017 年，软通智慧与镇江政府签署并实施智慧镇江平台项目。该项目实施后，软通智慧在 2018 年、2019 年持续与镇江政府相关部委优化沟通。其间，镇江政府也经历了从经信委到大数据局，再到现阶段的市域指挥中心的运作模式变更。如今政府层面已经对如何切实利用智慧平台越发清晰，软通智慧也成为镇江政府亲密无间的合作伙伴。在此基础上，2020 年软通智慧围绕该平台签署了合计几千万元的合同，预期后续每年都有合计亿元级别的合同规模。

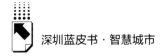

（2）城市治理业务

软通智慧城市治理业务分为智慧环水、智慧社区，主要是做中央政法委推行的物联网业务，该业务线产品典型案例为贵阳南明区花果园项目。2018年，城市治理业务处于初创期，收入占比较低。

软通智慧城市治理业务已打好了坚实的垂类基础，放量发展迅猛。单从收入量看，2020年疫情防控期间，其收入水平仍与2019年持平。2020年毛利率有所下降，主要受运营期特大项目收入确认，以及疫情防控期间无偿为政府实施项目等因素影响。从合同签约量看，2018~2020年，软通智慧大型合同签约总额持续高速增长。

更重要的是，从合同情况看，软通智慧的城市治理业务质量在不断提升。

软通智慧深耕环境治理领域，尤其在水治理场景积累了坚实的垂类基础，其服务及产品得到广泛应用。以可持续服务为例，2019年软通智慧为深圳市罗湖区提供智慧水务服务，2020年该项目二期得以继续开展。

软通智慧城市治理业务开展顺利，且在项目上成功落地数字孪生应用。在结束第一期项目后，顺利启动第二期合同，证明该业务和产品服务得到了客户认可，具备良好的复制发展前景。

2019年和2020年两期的花果园大型社区治理项目以及2020年在安宁市签下的合计2.12亿元智慧城市项目，表明软通智慧的城市治理业务已经从水务、环境治理，成功迈向大型综合治理领域。

（3）智慧安平业务

软通智慧智慧安平业务分为公共安全、智慧交通、软通制造，主要是做视频相关业务，涉及AI、创新、硬件等方面，并获得了公安部认证。该业务线产品典型案例为湖南益阳雪亮工程项目。

软通智慧的智慧安平业务在尽调期内收入份额占比相对稳定，为20%~30%。该业务的毛利率较高，主要由于当年纯软件开发项目按照完工百分比法确认收入的项目占比较大，自主人工研发投入较高，获利空间较大。

软通智慧智慧安平业务在视频追踪、AI追踪排查领域积累显著，成功从车联网的路侧智慧建设切入。从合同签约量及合同结构看，软通智慧在安平交通领域重大机会点均保持了占位。

2018~2019 年，软通智慧抓住了国家雪亮工程①的实施带来的项目机会。完成了合计约 3.5 亿元的项目。2020 年，其签约合同量有所下降，其中重要影响因素是国家雪亮工程第一期在 2020 年阶段性结束。预计后续第二期项目实施时，软通智慧也会持续占有一席之地。

2020 年，软通智慧承接了多个智慧道路相关项目。如"沙吴高速公路智能化项目"，这是一个车路协同的实验测试路段。软通智慧承建内容包括路侧的传感设施设备，以及用于实验域内自动驾驶控制的云控平台。除了直接承接的项目外，软通智慧也作为垂类服务商，被集成到其他的智慧道路项目中，承建感知平台、车速引导平台等专业项目。车路协同是我国自动驾驶领域的重要实现路径，在测试实验阶段，软通智慧的占位为后续的发展打下了基础。

（4）鲲鹏计算业务

软通智慧鲲鹏计算业务主要是做华为信创相关业务，云化技术服务包括集成、迁移、咨询、运维等，该事业部员工均需取得华为认证，该业务线产品典型案例为齐鲁软件园发展中心项目。鲲鹏计算业务从 2018 年开始发展，尽调期内收入占比逐年增加。

鲲鹏计算业务是可以直接绑定华为迅速放量的业务方向。其业务操作由两部分构成，一是前述三个事业部项目里的基础设施部分，这部分统计分别计入其他三个事业部里；二是由鲲鹏事业部直接承接的基础设施建设项目。该部分业务有以下几个特点。

从事业部合同内容看，鲲鹏事业部直接承接的基础设施项目，多数由大型数据中心建设。其后续具体应用场景不在鲲鹏事业部考虑范围内。

由于任何智慧城市建设都离不开基础设施，因此基础设施建设可复制性

---

① 国家雪亮工程是一个群众性治安防控工程，旨在通过县、乡、村三级综治中心的建设，将治安防范措施延伸到群众身边，发动社会力量和广大群众共同参与治安防范，实现"全覆盖、无死角"的治安防控。

增长是最明确的。软通智慧绑定华为，紧跟华为扩张目标，其发展速度很大程度取决于软通智慧的资源能力。华为提出"三年落地 100 个城市智能体"的战略目标，软通智慧跟随华为并同步确立"三年落地'30+'个城市"的战略目标。

基础设施建设是智慧城市平台建设很好的切入点。以总集"基础设施+基础底层软件"为切入点，为后续参与数据平台和智能应用的建设打下坚实基础。

（二）软通智慧的核心竞争力分析

软通智慧是中国领先的城市数字化技术及仿真企业，主要技术人员深耕城市数字化及仿真领域超过 13 年。软通智慧专注于城市大数据平台和城市治理，以"数据智能+信创"双轮驱动城市数字化转型，通过海量城市数据处理与分析，提升数据在城市治理场景中的处理能力。软通智慧项目经验丰富，业务覆盖数字政务、智慧公安、智慧交通、智慧水务、智慧环保等应用场景。软通智慧已在全国 170 多个城市完成 700 多个智慧城市项目，拥有较强的行业影响力。

1. 行业实践经验丰富，已探索出明确发展方向

2013~2023 年，软通智慧与市场一起探索试错，付出了较大的成本，因此在财务上形成了一定的历史负担。截至 2023 年，已经基本清理完历史负担，开始轻装上阵。在新兴市场中，探索的成本是软通智慧到达目前状态的基础，在探索中软通智慧明确了自身发展方向，同时积累了丰富的项目和业务经验，在以下几个方向凸显优势。

（1）发展战略

软通智慧的优势在于城市大客户资源分布在新一线至四线市场。通过实施市场下沉策略，软通智慧与大型集成商、央国企、互联网公司进行错位竞争，这与其市场定位高度契合。

（2）政府业务

智慧城市行业以政府业务为核心，软通智慧通过多年行业经营，积累了

大量项目经验和标杆案例，在政府端拿项目上有极大优势。同时对政府委办局职能、审批流程、项目推进的关键风险点有深刻理解。但与政府端关系不对等，签订合同存在权利义务不完全对等的条款，或在项目利润上做出较大折让。

（3）合作伙伴关系

智慧城市行业参与者之间呈现既竞争又合作的状态。软通智慧在竞争中深度绑定华为生态，为华为同舟共济战略合作伙伴，能够获得其在技术上、资源上的有效支撑。其产品技术，包括总集和部分垂类领域，经过多年来几百个大小项目的验证，已被政府方及核心生态合作伙伴高度认可。

2. 研发投入占比位居行业前列，技术产品受市场认可

软通智慧研发人员和知识产权数量处于行业平均水平，研发投入占比位居行业前列。软通智慧研发人员数量占比处于行业中游水平，管理层多为技术出身，对软通智慧的研发和技术发展起到促进作用。

截至 2022 年底，软通智慧累计拥有专利 73 项，拥有软件著作权 480项。此外，软通智慧已颁证商标 55 件、域名 26 个。享有的知识产权为软通智慧产品开发、项目实施打下了良好基础。软通智慧融合 AI、大数据、物联网和数字孪生等技术致力于提升智慧城市服务能力。同时，软通智慧已获得 28 项智慧业务相关资质，其中技术认证/集成资质 13 项，企业生产经营/安全/信用资质 12 项，云网业务相关资质 3 项。

2019~2021 年，软通智慧研发投入占营业收入的比例逐年递减，但在2019 年和 2020 年软通智慧亏损情况下仍保持较高的研发投入。未来，软通智慧计划在城市数字孪生和仿真云领域持续加大投入。其研发投入/营业收入、研发投入/净利润的指标较可比公司属于较高水平。软通智慧处于持续研发投入阶段，同时体现了其以技术驱动业务发展的理念。数字孪生是智慧城市发展的必然趋势，随着相关技术进入回报期，其将对软通智慧业务产生极大的驱动作用，助力业务实现爆发性增长。

标准化产品 TongBase、CitySim 等有利于提升毛利率，产品稳定性已得到市场验证。软通智慧的专业交付团队提供端到端一体化服务，其七大区域布局覆盖全国，能够满足本地化运营与服务需要。软通智慧的平台产品经过数百个大小项目验证，拳头产品和重点战略区域均已成型，并获得了客户以及核心生态伙伴的高度认可。

3. 管理团队经验丰富，股东资源加持

软通智慧的核心团队实力强劲，经验丰富。其企业运营管理制度化、流程化程度较高，管理规范。核心团队成员背景优秀、领导能力出众，管理层和技术专家在行业内均有丰富经验，高管司龄均在十年以上。

软通智慧脱胎于软通动力，原是软通动力内部一个做智慧城市产品的业务部，与原母公司为同一实控人。软通动力是中国最大的软件工程师外包公司，拥有一支超过71000人的工程师队伍，服务超过1000家国内外公司，其中超过200家为世界500强或中国500强企业。软通智慧与华为、阿里巴巴、腾讯、百度等行业巨头建立了长期合作关系，覆盖了6家国有大型商业银行、12家全国性股份制商业银行、50家保险公司、31家央企财务公司。

软通智慧管理制度成熟。研发管理上，通过严格的代码权限管理和精细化运营，降低因人员流动引发的核心技术外流风险；客户管理上，自建客户信用评级模型，在项目投入前把握客户质量、管控风险；项目管理上，聘请造价审计专家，避免政府竣工验收中出现不必要的项目审减、多次投标造成销售费用激增等情况；项目结算上，软通智慧法务部设催收专班，负责解决与政府间的诉讼问题，寻求司法途径解决回款难问题，追缴有所成效；销售考核上，对销售人员从签约额、回款额、毛利率等多维度进行评定，每年动态调整权重，提升项目质量。

软通智慧在传统经营模式上不断推陈出新，以贴合市场发展趋势。2017~2021年，软通智慧经历了从以城市为单位拓展业务，到积极构建政企长期战略合作关系，再到推广成熟产品、加强产品层面合作的演变过程。未来，软通智慧着重于加大平台和运营服务的投入力度，以实现在科创板或者创业板上市的目标。

4. 绑定华为，发展前景广阔

软通智慧战略方向清晰——"绑定华为"。其生态支撑合作伙伴华为，

是中国最优秀的科技企业。长期以来，软通智慧作为华为重要的核心伙伴之一，相继通过了华为行业应用集成服务伙伴、业务运营伙伴、ICT 服务伙伴、优选级解决方案开发伙伴身份认证，并在 2024 年成为政务一网通军团同舟共济联盟级伙伴。过去十多年里，软通智慧已与华为在文化及组织结构层面建立了深度对接，且华为坚定执行"被集成战略"，只要软通智慧有能力抓住与华为合作的机遇，一定能在未来紧跟华为在智慧城市领域的扩张步伐。

二　深圳国资投资入股软通智慧项目分析

鉴于软通智慧的技术和财务状况，深圳国资发起对软通智慧的投资项目。鲲鹏资本联合特发集团与软通智慧及其创始人等签订系列投资协议，通过"直投+基金"方式投资入股软通智慧。

软通智慧项目从 2020 年 10 月中旬起接触，到 2023 年 2 月完成交割，用时超两年（其间受疫情等客观因素影响）。整个项目过程事项繁杂，交易方案复杂，涉及内容多，工作难度高。软通智慧与特发集团会同专业第三方机构围绕软通智慧业务、财务、法务、人力资源等方面进行了细致全面的尽职调查及资产评估。鲲鹏资本与特发集团、湖南兴湘资本等共同投资方均严格按相关制度履行投资决策程序。

在软通智慧项目中，鲲鹏资本与特发集团通过"直投+基金"方式，带动湖南兴湘资本、前海母基金等市场化基金共同参与此次投资。鲲鹏资本与特发集团通过"鲲鹏特发专项基金与特发集团一致行动"的设计实现对软通智慧的控股并表；同时，通过各投资方在对项目形成一致判断下的联合参与，降低项目的投资风险。特发集团与鲲鹏特发专项基金于 2022 年 12 月签署一致行动人协议，保证双方在软通智慧股东会和董事会行使表决权时，采取相同的意思表示，以巩固双方在软通智慧中的控制地位。综上所述，鲲鹏资本与特发集团推动实施了对软通智慧的并购。

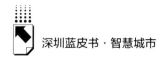

三 深圳国资投资入股软通智慧项目效益分析

（一）投后管理及产业赋能支持软通智慧发展

特发集团作为深圳市国资企业中通信信息产业链单位，近年来大力发展新一代电子信息技术产业，现已形成以新一代电子信息技术产业投资运营、珠宝与文旅时尚产业投资运营、房地产开发经营与物业管理为主营业务的三大产业体系。"十四五"期间，特发集团围绕产业图谱、业务板块、上市公司，进行强链补链，通过外延并购与内生发展共同提高新一代电子信息技术产业的地位与能力。

特发集团对软通智慧的整个投资入股过程，充分体现了产业集团对投资入股企业的整合与赋能。特发集团运用自身产业集团的能力与资源在投资进入期、投后管理期为软通智慧进行深度赋能。

投资进入期，完成对上饶市领英信息产业投资中心 2.83 亿元明股实债的股权转让，减轻软通智慧的高利率债务压力；同时偿还短期债务近 6 亿元，降低企业负债率；补足流动性资金近 5 亿元，让软通智慧可以无后顾之忧地加速拓展业务。

投后管理期，特发集团联合各投资机构为软通智慧进行深度赋能。

1. 建立健全董事会，支撑公司决策

由特发集团总裁出任软通智慧董事，特发集团分管战略并购副总裁出任董事长，并推荐 3 名行业专家作为独立董事，打造能高效协调集团资源、更好推动软通智慧发展的董事会。

2. 导入特发集团6S 战略管控体系，助力业务发展

特发集团为软通智慧导入 6S 战略管控体系，通过商业计划、管理报告等手段，让其更好借助特发集团管理能力，为其把握方向、解决问题。

3. 增派财务总监、审计经理，选派挂职副总裁

通过增派财务总监、审计经理，进一步规范其财务与内部管理；选派挂

职副总裁，降低软通智慧管理成本，为其业务赋能。

4. 降低企业贷款成本

2023年，软通智慧获得大额银行授信，贷款利率由原来的非金融机构借款利率下降至3.5%左右，2023年的利息支出同比大幅度减少。

5. 推动与特发系企业协同合作

推动软通智慧与特发信息公司、特力公司、特发地产公司的项目在数字经营分析等方面展开协同合作，特发集团为软通智慧的发展几乎倾囊相授。

6. 推动数据要素业务发展

特发集团领导多次带队与深圳交易集团、深圳数交所推进战略合作，为软通智慧推进其他各地市数据交易工作站及数据交易平台的建设等业务提供支撑。

7. 构建软通智慧在深圳市场的业务基础

特发集团领导多次带队推进与宝安区、坪山区、龙华区、大鹏新区的业务对接；与深投控、深燃气、深水务、深智城、深圳交易集团、深圳特区建工、深圳安居等深圳国资进行业务对接，构建起软通智慧在深圳的业务基础与业务机会，为后续业务的开展奠定基础。

（二）加强软通智慧与深圳国资的产业协同

智慧城市项目建设需要管理多维度、高密度的城市数据，此类数据不仅在经济应用上颇具价值，而且在国防安全层面也被加以重视。特发集团作为国企入股民营企业，能为软通智慧在数据安全管理上做强有力的背书，从而极大地增强软通智慧在政府端项目合作上的谈判优势，国资属性对软通智慧未来业务上的拓展有着极大的助力作用。软通智慧与深圳国资的产业协同还包括以下几个领域。

一是联手智慧城市集团。软通智慧已与深圳智慧城市集团签订了战略合作协议，专注于打造深圳市国资国企云以及鲲鹏产业生态。软通智慧与智慧城市集团可在建设智慧国资国企专网及私有云平台、建设宽带无线专网、承接建设粤港澳大湾区大数据中心等项目上展开合作。结合软通智慧的软件开发能力和智慧城市集团的需求规划能力，双方合作将对深圳市国企的信息化建设起到积极推动作用。

二是承接特区建发集团项目。特区建发集团是软通智慧进入深圳市场强有力的支持方，其主营业务之一是科技园区开发建设运营业务，已有留仙洞创智云城、光明云智科园等多个科技园区项目在开发中。与此同时，软通智慧在智慧园区板块也有一定布局，其拥有通用的视频监控设备、智能灯杆等成熟产品，在全国多个城市已有成功案例，并且湖南益阳的制造工厂也逐步投入使用。根据深圳市规划，至 2025 年，智能灯杆的资源总规模不低于4.7 万根，特区建发集团可与软通智慧共同参与深圳市智能灯杆的建设。

（三）推动形成参与各方多赢格局

对于软通智慧来说，特发集团作为国企入股民营企业，能为软通智慧在数据安全管理上做强有力的背书，从而极大地增强软通智慧在政府端项目合作上的谈判优势，国资属性对软通智慧未来业务上的拓展有着极大的助力作用。软通智慧盈利能力与营运能力正逐步体现。2018~2021 年，营收年均增长较低，引入国资力量之后，2021 年毛利率、应收账款周转率、存货周转率有较大好转，已经与已上市的对标公司处于一个身位。

对于特发集团来说，投资软通智慧符合其主业方向。软通智慧位于特发集团 ICT 产业图谱当中，对特发集团各板块业务，如特发服务、特发信息、麦捷科技、特发地产等均有协同加强作用，可打通特发集团战略性新兴产业链的关键环节，能与特发集团城市空间板块形成有效的战略协同，进一步提升特发集团在新一代电子信息技术领域的产业地位与能力，践行特发集团"信息尖兵"目标定位，对特发集团升级产品模式，打造城市市域治理综合解决方案，也有至关重要的作用，同时特发集团可为软通智慧提供丰富的应用场景。

对于鲲鹏资本管理的国资协同基金来说，软通智慧是深圳市 2022 年招商引资推荐项目，引入深圳有助于国资提升服务能力，推动深圳建成国际新型智慧城市标杆和"数字中国"城市典范，这是国资布局战略性新兴产业的切实举措。

对于深圳市来说,有助于罗湖区做大做强深圳数字经济产业。作为本次投资入股的条件,软通智慧总部于 2022 年 12 月底迁入深圳市罗湖区,助力罗湖区产业转型升级,并完成国资协同基金导入产业、返投罗湖的要求,是市区联动、政企联动的成功尝试和良好示范。

软通智慧将全国总部迁至深圳市罗湖区,旨在推动其成为城市数据与人工智能领域的国内龙头企业。软通智慧与特发集团旗下深圳市罗湖安居特发棚改服务有限公司具有大量潜在的合作机会。2020 年,特发地产旗下特发棚改服务团队接连作战,继罗湖莲塘景福项目后,边检项目成为罗湖区又一个签约、收房"双 100%"的棚改项目。展望未来,特发地产在深圳储备的"30+"个城市更新项目将逐步释放,为智慧城市业务发展提供了良好的平台。软通智慧落地后充分发挥龙头企业辐射带动作用与自身产品方案优势、技术服务优势,与特发集团等战略合作伙伴深度合作,全面推进深圳市数字经济、战略性新兴产业发展,助力罗湖区产业转型升级,做大做强深圳数字经济产业。

综上所述,深圳国资投资入股软通智慧的战略意义清晰,投资价值较大,基本达成了各方多赢的预期成效。

B.18
云天励飞人工智能发展模式
及其影响因素分析

陈庭翰　郑文先　隋钰冰*

摘　要：　云天励飞是深圳政府引导基金参与孵化的高科技企业，是中国人工智能发展模式的典型。云天励飞选择以构建自进化城市智能体为焦点战略和方向，瞄准边缘 AI 领域，推动算法芯片化，建立了基于自主研发的多模态大模型和神经网络处理器平台，在硬件、行业解决方案、新形态服务等各个领域实现深入发展，打造融个人、家庭、行业为一体的 AI Copilot 商业模式，构建涵盖公共、商用、个人用全生态链的 AI 产业链条。针对外部环境的冲击，为支持云天励飞人工智能业务探索，推进中国人工智能发展，建议走"群体智能"路线，制定场景开放标准以推动自进化城市智能体建设，加大政府资源对受影响企业的倾斜力度，强化人工智能人才支持机制，建立科技研发型企业的金融帮扶机制。

关键词：　人工智能　群体智能　边缘 AI　自进化城市智能体

　　过去十年来，特别是以 ChatGPT 为代表的大模型出现以来，各类人工智能技术及产品正在以惊人的速度进化迭代，可能在不久的未来引发一场类似蒸汽机、电力和计算机技术同等量级的产业革命，成为新一轮工业革命的核心技术和关键生产要素。人工智能正在引发一场新的生产力变革，不仅能

---

* 陈庭翰，博士，深圳市社会科学院国际化城市研究所副研究员，主要研究方向为区域合作与城市产业发展；郑文先，博士，深圳云天励飞技术股份有限公司副总经理，主要研究方向为人工智能；隋钰冰，博士，深圳信息职业技术学院讲师，主要研究方向为信息科学。

够让机器代替人完成体力工作，还能够帮助人类完成写作、画图等创造性的脑力工作。在当下人工智能技术竞争中，美国在全球独占鳌头，拥有最先进的大模型算法技术和全球顶尖半导体产业所支撑的算力体系。我国人工智能虽然仍处于追赶状态，但一直保持高速发展的态势，并正在孵化属于自己的独特产业技术优势。在人工智能发展的关键六大要素中，尽管美国在算法、芯片和人才等方面有领先优势，但在数据、应用和系统集成这三个方面，中国具有明显的差异化优势。中国应该抢抓当前人工智能发展窗口期，发挥群体智能的作用，利用应用、数据、集成的长板补核心技术的短板，遵循"应用生产数据、数据训练算法、算法定义芯片、芯片规模化应用"的逻辑，以多行业大模型协同发展的"群体智能"为重点进攻方向，打造中国特色的人工智能发展路径，加快实现人工智能自立自强，建成人工智能强国。深圳云天励飞技术股份有限公司（以下简称"云天励飞"）作为本土培育的人工智能领军企业，是中国人工智能发展模式的典型，在不断探索中砥砺前行，笃行致远。

一　云天励飞企业基本情况分析

云天励飞成立于 2014 年，是深圳政府引导基金参与孵化的高科技企业，由于其初创团队具有国际影响力的技术背景，其自成立之初就受到广泛关注。云天励飞拥有自主可控的芯片和算法技术平台，已经建立了基于自主研发的多模态大模型和神经网络处理器平台，在硬件、行业解决方案、新形态服务等各个领域实现深入发展，并积极打造融个人、家庭、行业为一体的 AI Copilot 商业模式，着眼于构建涵盖公共、商用、个人用全生态链的 AI 产业链条。

云天励飞拥有一支有着国内外一流学府、研究机构经历背景的国际化研发团队，在短短十年时间实现了跨越式的技术发展。2015 年，云天励飞获得了深圳"孔雀计划"团队第一名，并落地"深目"系统，开始研发第一代深度学习处理器。2016 年，云天励飞成为 G20 峰会安保服务供应商之一。之后陆续成为博鳌亚洲论坛、上合组织峰会、中国国际进口博览会安保服务供应商。2020 年，云天励飞董事长兼 CEO 陈宁博士凭借对人工智能的突出贡献，入选"深圳经济特区 40 年 40 人"，并获习近平总书记接见。虽然 2020 年和 2022 年云天励飞两度被美国商务部打击制裁，企业研发和生产受到影响，但经过自强不息的发展，在芯片和大模型研发上实现突破，成为近十年来为数不多成功突围的人工智能企业之一。2023 年，云天励飞登陆上交所科创板，推出自研大模型"云天天书"，发布 DeepEdge10 大模型边缘推理一体芯片。2024 年，云天励飞推出大模型边缘训推产品 AI 模盒，并开始进军 AI 大模型 C 端市场。2024 年 6 月，云天励飞签下 16 亿元的算力大单。

云天励飞的技术发展实现了多个领域的首创和突破，在技术上实现了较大收获。截至 2024 年 6 月，云天励飞已获授权专利 800 余项（含境外专利 30 项），其中发明专利 600 余项，已登记的软件著作权 180 余项。同时公司入选 2018 年度中国知识产权领域最具影响力创新主体百强，荣获 2019 年、2020 年、2023 年深圳市科学技术奖（专利奖），2020 年、2021 年广东省专利奖，2019 年、2020 年、2022 年中国专利奖优秀奖，国家知识产权优势企业等荣誉称号。

也正因为云天励飞贴近市场需求的技术路线，其多项国内应用在我国人工智能领域是先行者之一，因而也深度参与了我国人工智能行业标准的制定。云天励飞是由中国电子主导的"自主安全计算产业生态链"的重要参与企业，参与我国人工智能领域第一批国家标准的编写。截至 2024 年，云天励飞参与并发布 10 项国家标准、27 项团体标准、6 项地方标准、9 份白皮书、1 项国际标准，涉及人工智能、芯片、生物特征识别、具身智能等多个战略性新兴技术领域。2020 年，云天励飞当选全国信息技术标准化技术委员会可信赖研究组副组长单位，并入选人工智能分技术委员会单位委员名单。2023 年 12 月，工业和信息化部发布了《关于公布 2023 年团体标准应用示范项目的通告》，人工智能领域 5 项团体标准入选 2023 年百项团体标准应用示范项目，该 5 项团体标准云天励飞均深度参与编制。

二 云天励飞人工智能发展模式分析

（一）瞄准边缘 AI 领域

边缘 AI 指的是在边缘计算环境中实现 AI 功能，生成数据的设备不将数据集中在云计算或远程数据中心，而是直接在本地进行计算。由于这些设备大多处于 AI 生态下的边缘地带，因此称之为边缘 AI。换句话说，边缘 AI 是一种 AI 时代下的本地化处理方式。边缘 AI 提供了边缘环境实现 AI 的路径。在边缘 AI 中，计算任务通常在生成数据的设备上，比如摄像机、汽车等。在当下 AI 生态下，AI 能力主要部署在云端，通过集中的计算实现 AI 功能。但随着 AI 生态的逐步深化，集中的数据处理中心只是生态的一部分，其他无数可承载 AI 功能的设备，也将是 AI 生态的关键组成部分。比如无人车、无人机、机器人这些具备自主判断、自主运动能力的智能体，将决定 AI 生态的拓展边界，以及 AI 赋能行业的广度和深度。

云天励飞在企业成立之初，就确立了扎根边缘 AI 的竞争战略，是其短短几年内能实现核心技术实力快速攀升的关键因素。云天励飞选择不去攻坚 AI 生态中的通用大模型，而是先选取 AI 碎片和边缘应用场景作为公司的技术发展路线。围绕类似于 AI 视觉类公司的业务模式，云天励飞建立了包含自研的"边缘终端推理芯片+算法+摄像头+服务器"的解决方案，成功建立了一套自研智能设备、边缘端设备。通过 AI 应用平台系统，云天励飞对边缘端设备的数据进行属性分析、目标检测、视频结构化分析、数据存储、数据挖掘，形成完整技术设备生态闭环。基于此闭环，云天励飞再提供适配解决方案结构的各类算力硬件设备与其他支持性软硬件，进一步拓展边缘 AI 应用生态。现在，云天励飞发布了基于国产工艺的边缘 AI 芯片，支撑大量自研的边缘 AI 设备，满足个性化需求，如今正服务于政府、公安、园区、社区等复杂应用场景，"深目"系统、"云天天书"警务大模型等各种细分 AI 齐头并进，成为我国商用 AI 领域的佼佼者。

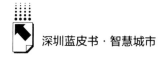
（二）算法芯片化

算法芯片化是云天励飞独特的技术路线，被云天励飞称为"核心技术能力"，意为基于设计者对算法的理解，将其中共性的操作标准和要求提炼出来，作为设计芯片架构的指导路线。因此这是一种算法与芯片的融合发展道路，追求软件与硬件、应用场景与技术布局在设计理念和设计流程上实现统一。基于我国的 AI 生态应用具体需求，云天励飞推出自研多模态大模型"云天天书"以及系列 AI 芯片，这些构成了云天励飞的核心技术竞争力。

云天励飞根据算法需要自研训练框架，建立可全栈适配国产算力的"云天天书"系列大模型，在可伸缩训练、断点续训等领域取得突破。大模型采用了其自创的 SPACE 高性能推理引擎，极大提高了推理速度，具备边缘端硬件在线微调学习能力，其边缘应用性能走在了国内同领域的前列，可支撑大模型在边缘设备上的应用。"云天天书"大模型于 2023 年底通过中央网信办备案，可广泛应用于智慧政务、城市治理、智慧安防、智慧交通、智慧商业、智慧教育等领域。

为了支撑大模型和 AI 生态服务系统，云天励飞基于算法芯片化模式所确立的技术，持续推进其神经网络处理器研发，成为我国该领域的领先企业。截至 2024 年 10 月，云天励飞已完成 3 代指令集架构、4 代神经网络处理器架构的研发，且已被陆续商用。2023 年底推出的 AI 芯片 DeepEdge10 基于自主可控的先进国产工艺打造，搭载云天励飞第四代自研神经网络处理器 NNP400T，主要用于大模型在边缘场景的推理部署。支持 Chiplet 技术，可实现单芯片算力的灵活扩展，满足不同场景的算力需求。目前 DeepEdge10 已在摄像头、边缘服务器、机器人、汽车等边缘设备落地应用。

（三）拓展业务应用场景

云天励飞业务重心之一是公共智慧和大型综合商用智慧项目，深度参与城市综合治理平台、智慧交通、智慧园区、智慧商圈 AI 建设，为政府部门和运营机构提供综合公共场景协同的 AI 生态服务，形成了一系列全国领先的公共与综合商用 AI 项目，包括深圳多区域的智慧安防项目、青岛市公安局崂山分局 AI 大数据应用中心项目、深圳巴士集团智慧公交 OD 项目、深圳道路智慧巡检项目、深圳龙岗 AI 视频分析赋能平台、成都新津智慧城管平台、深圳出版集团数字化转型项目、上海大宁中心广场园区项目、深圳福田智慧商圈项目、印力集团智慧商业大脑平台、深圳市中小学人工智能联合实验室等。为了持续拓展和加强公共智慧和综合商用智慧业务，云天励飞积极延伸人工智能产业上下游链条，构建广泛的合作伙伴网络。例如投资智慧互通、臻识科技、神州云海等企业，这些企业分别在动态停车、静态停车、全息路口、智慧工地及清洁机器人等领域处于领先地位。

（四）着重开发智能硬件和智算服务

云天励飞另一个业务重心在智能硬件和智算服务方面，主要服务于企业用户和消费者。云天励飞主要围绕"端、边、云"链条部署产品矩阵。在端侧，公司拥有自研 AI 芯片，并通过收购智能穿戴头部方案设计公司岍丞技术，开展可穿戴设备的探索；在边侧，公司推出"深目"AI 模盒，推动大模型部署便捷化、应用平民化；在云端，公司与华为昇腾合作，推出了"天舟"大模型训推一体机，通过与昇腾硬件加速平台的深度优化，集成开箱即用的系列训推工具，满足各类业务场景快速上线大模型的需求。不仅如此，云天励飞已建成大规模异构高性能算力集群，将"云天天书"大模型研发过程中积累的算力调优、模型训练相关工具与平台融入 AI 算力服务中，帮助客户提升模型训练及算力利用效率。此外，云天励飞还通过收购智能穿戴头部方案设计公司岍丞技术，进军大模型 C 端应用市场，围绕边缘 AI 不断拓展上下游产业链及生态。

三 云天励飞人工智能发展模式的影响因素分析

（一）外部国际环境的挑战

人工智能一直是国际科技竞争的焦点，是美国制衡我国科技发展的关键领域之一。美国对我国在人工智能以及人工智能相关领域的制裁措施，不仅打击了中国人工智能企业，更限制了产业的发展、生态的培育，恶化了云天励飞的外部发展环境。2022年，美国商务部更新《出口管理条例》，该条例对我国多家人工智能行业领军企业实施制裁，从人才、技术、工具、生产、软件和芯片等方面进行封锁，是严重影响国际科技产业链的政策。包括云天励飞在内，被美国商务部列入"实体清单"的企业未来无法招聘海外高层次技术人才，包含美国技术的用于研发和经营所采购的软件、芯片、工具和设备都面临断供风险。美国这一制裁政策具体从芯片和新兴技术领域两个方面，威胁我国人工智能发展。

第一是芯片断供。人工智能发展以算力为基础，而算力首要体现在芯片上。以ChatGPT的研发为例，其使用了上万颗最先进的芯片，总算力消耗高达3640PF-days，即假如每秒计算一千万亿次，需要计算3640天。当下中央处理器（CPU）芯片和图形处理器（GPU）芯片主要由美国英伟达、AMD、英特尔等公司生产供应，我国该领域研发起步晚，整体还处于追赶状态，现阶段尚无法对人工智能起到足够的支撑作用。2021年，美国政府明令禁止特定美国企业的特定型号芯片出口我国，这极大限制了我国建设高性能计算集群的能力。第二是在新兴技术领域对我国企业打压。神经网络处理器（NNP）能够让人工智能发展所需的算力得到更好的分配和更高效的利用，因此被认为是未来人工智能时代处理器的发展方向。中美在这一领域的差距相对较小，而且我国在神经网络处理器领域已经培育出一批领先的企业。因此美国不断加大对我国神经网络处理器领域领军企业的打压力度，从人才、技术、工具、生产、软件和芯片等方面进行封锁，防止我国在神经网络处理器这一领域出现超越美国的苗头，显著增加了我国在算力层面突破的难度。

（二）国内技术的局限

我国长期作为全球人工智能发展的第一梯队，人工智能发展迅速，但我国本身行业发展所面临的局限，也会影响云天励飞等国内代表性人工智能企业的发展可依赖路径和模式。

一是基础理论和底层技术研究相对滞后。人工智能自诞生以来的各项技术突破大都源于美国公司、研究机构或高校。我国虽然在论文数量上已经超越美国成为世界第一，但在基础理论和底层技术研究方面的突破相对有限，研究成果在学术界和产业界的影响力也有待进一步提升。二是自身优势发挥不充分，在前沿技术竞争中处于追赶状态。人工智能发展离不开六大要素：算法、芯片、数据、人才、应用、系统集成。美国在算法、芯片和人才领域占据优势，而我国在数据、应用和系统集成领域占据优势。但我国尚未找到能够发挥自身优势的发展路径，未能将优势转换为发展动能，难以实现赶超。比如，在算法应用落地方面，我国更成熟，但底层创新有待加强。我国拥有比美国更丰富的算法应用，美国的算法应用主要在线上场景和机器人等智能个体，而我国的算法应用覆盖线上线下，规模可覆盖整座城市，这样的体量和规模是美国无法达到的。但我国在数据方面的优势还未充分转化为发展动能。数据是人工智能发展的重要"原料"。以 ChatGPT 为例，该工具在训练过程中使用的数据量高达 45TB，覆盖了全网页爬虫数据集（4290 亿个词符）、维基百科文章（30 亿个词符）、两个不同的书籍数据集（共 670 亿个词符），还包含了人类评价和反馈数据，因此 ChatGPT 能够生成符合人类思考和逻辑的答案。而我国的优势恰恰在于拥有海量数据。根据权威机构国际数据公司（IDC）的预测，随着我国新型基础设施不断完善、互联网人口持续增加，预计到 2025 年我国将成为全球拥有最大规模数据的国家。但我国目前尚未盘活海量数据资源，也并未找到将数据转化为人工智能发展动能的有效路径。

（三）行业发展趋势变化

一是人工智能应用问题更加突出。人工智能行业的未来几年发展焦点将是解决大模型"如何用"的问题，尤其是大模型如何与传统行业结合，为传统行业的高质量发展赋能。预计各行业将出现大模型应用的"百家争鸣"。

二是边缘推理芯片需求将大幅增加。伴随人工智能大模型的发展重心从训练走向推理应用，边缘推理芯片的需求将大幅增加。人工智能芯片分为训练和推理两类，训练芯片主要用于云端支撑大模型的生产研发；推理芯片主要用于边缘端和终端，解决大模型在实际场景应用最后一公里的问题。当前行业普遍聚焦在训练芯片上，但随着大模型研发重点逐渐向应用倾斜，边缘推理芯片需求将大幅增加。

三是在应用场景中呈现大模型"训推一体"的趋势。无论是传统人工智能算法还是大模型，训练和推理一直是先后关系，通常是先在云端完成训练，再把训练好的模型转移到推理框架上，最后将推理计算放到各种硬件上。这中间存在训练与推理的转换过程，影响了模型在场景的应用效果。随着边缘推理芯片的逐渐成熟，2024年出现了大量解决场景问题的"训推一体机"。这类设备可直接部署在场景中，在本地完成训练和推理工作，提高模型的应用部署效率，更高效地为行业和场景赋能。

四　推进人工智能发展的对策建议

云天励飞对中国人工智能发展模式做出了有益探索，建议采取一些切实有效的政策措施，支持云天励飞人工智能业务发展，推进中国人工智能发展。云天励飞发展边缘AI的技术路线，让人联想到科技发展史上IBM凭借研发方便个人消费者操作的电脑而战胜技术先行者王安电脑、腾讯研究更多受众的QQ而淘汰掉功能更强大的微软MSN等故事，完全可以期待它成为新的华章。

（一）主攻群体智能发展

充分发挥中国数据和应用优势，走"群体智能"路线。人工智能可分为单体智能和群体智能。单体智能是美国主要发展路径。单体智能是指单一平台、介质、设备、单元所能表现的AI功能，比如通用大模型、单一的机器人等。群体智能概念来自生物界的生物群落观察，最初是对自然界群居生物的智慧模拟，后来逐渐演变为服务于人类社会的聚态性 AI 功能表达。它的 AI 介质是群体性的，包括同类应用场景下各种 AI 平台、设备、工具的生态性功能表达。它的 AI 服务对象也是群体性的，主要包含复杂的公共服务、综合服务等具有生态耦合和搭便车性质的 AI 服务表达。

现今，美国的单体智能优势非常显著，得益于其在芯片、算法框架等底层技术，以及人才数量、产业生态方面有短期难以超越的优势。美国具有通过底层应用突破带动下游应用创新的能力，在通用大模型、机器人、无人车等单体智能介质上的研发能力最为强大。我国则可以采取率先重视群体智能的路径。虽然从长远看，群体智能是单体智能不断集聚并实现一定生态编码分布后的结果，单体智能实际上决定着人工智能底层技术实现水平。比如更先进的通用 AI 大模型是群体智能的中枢神经，高度智能的 AI 机器人是群体智能体系的重要"工兵"。但是，群体智能同样需要丰富的应用场景和商业模式来搭建，而这具有更强的"干中学"属性。我国拥有大量的应用场景和丰富的数据，这都能为厂商探索新商业模式和新技术路线提供素材和灵感，通过数据飞轮构建"应用生产数据、数据训练算法、算法定义芯片、芯片赋能应用"闭环。其中，自进化城市智能体具有代表性。以人工智能作为城市系统有机运转的核心机理，智慧城市、智慧社区、智慧政务、智慧交通等无数场景可由 AI 赋能，从而为国内厂商发展 AI 提供核心支撑。

（二）制定场景开放标准，推动自进化城市智能体建设

数据是人工智能进步的重要"原料"，场景是数据的核心来源，因此建议政府牵头开放城市各类场景，为有自主研发能力的中国本土人工智能企业提供技术的试验田，以场景和数据驱动人工智能技术进步和迭代。在此基础上，发挥中国海量数据和丰富应用场景的优势，探索出中国特色人工智能发展道路——建设自进化城市智能体。

自进化城市智能体的核心内涵是基于群体智能驱动的人工智能技术演进与城市数字化转型发展相互作用、融合和推进。其技术核心路径是以城市为载体，发挥中国在场景应用方面的优势，采用分布式人工智能技术突破大算

力芯片的限制，充分利用城市丰富场景产生的海量数据，推动人工智能技术的快速迭代与演进。

建设自进化城市智能体，其关键是厂商可以从应用中获取数据，然后用数据训练算法、算法定义芯片、芯片推动人工智能技术规模化应用，最终实现通用人工智能。开放场景是"四位一体"飞轮启动的"原点"，没有场景，芯片、算法、大数据等技术就难以进步，产学研合作也缺乏抓手。建设自进化城市智能体，在城市中打造各类智慧应用，从应用中获取数据，再用数据反哺中国人工智能产业发展，循环往复，不断推动中国人工智能技术向自进化的最高级阶段发展，这也有望成为中国特色的人工智能发展道路。同时，打造"行业自进化智能体"标杆，通过标杆项目的打造，为自进化城市智能体探索可行路径和方法论。

作为中国特色社会主义先行示范区和全球科技创新高地，深圳率先建成鹏城自进化智能体，对于开辟中国特色的人工智能发展路径具有重要的意义。目前深圳已经在公共安全、公共交通、城市治理等多个领域初步建立自进化城市智能体的行业标杆，希望未来能够继续支持和鼓励深圳深入探索鹏城自进化智能体建设，形成有效经验，为其他城市乃至全国的发展提供借鉴。为此，建议深圳大力推动应用场景开放，集聚产学研力量为鹏城自进化智能体建设服务。具体方法：一是定义场景开放测评标准，确保场景有效开放，保证场景开放反哺人工智能技术发展；二是推动各部门制定开放应用场景的行动计划或实施方案；三是在交通、政务服务、城市治理、城市安防等领域重点探索场景开放标准，推进人工智能技术在重点领域的深入应用。

（三）加大政府资源对受影响企业的倾斜力度

美国的贸易战和行业封锁政策裹挟日本、韩国、荷兰等世界半导体先进产业链，对我国人工智能企业发展带来了很大的影响。由于这些手段都是反全球化、有违市场竞争原则的，政府需要通过倾斜资源，帮助企业渡过当下难关。一是实施"一企一策"。针对被美国列入实体清单的企业，提供有针对性、个性化的帮扶政策，减轻美国出口管制新规对企业的直接冲击。二是帮助维持企业"造血能力"。打破常规，创新扶持模式，通过政府定向优先采购的方式，为被制裁企业提供项目和市场，保障被列入实体清单企业的业务稳定。加强内循环市场的培育，通过政策、补贴等方式鼓励市场优先采购自主研发芯片及相关产品，为市场和生态的培育提供土壤。

（四）强化人工智能人才支持机制

一是建立芯片、人工智能等关键产业外籍人才库，对相关组织、人才部门进行摸底掌握。二是为有意愿"站队"中国的美籍人才，以及愿意退出美绿卡的专家人才，提供法律援助。三是形成工作机制，成立人才工作组对接企业和重点专家，建立相对安全的沟通机制。四是搭建"稳人才""引人才""抢人才"的绿色通道，落实配套安排、建立工作预案、加快入籍进度。

（五）建立科技研发型企业的金融帮扶机制

云天励飞是通过"科技创投孵化+研发型"企业模式成长起来的企业，这类企业在粤港澳大湾区，尤其是深圳比较普遍。在云天励飞的天使轮投资中，深圳政府引导基金参与其中，牵动社会资金联合投资云天励飞项目。在企业实现 IPO 上市后，云天励飞采取的是研发型企业模式，科研投入占比很高，企业现阶段并不将实现盈利作为首要目标，而是将实现技术愿景和构筑核心技术优势作为首要目标。2021~2023 年，云天励飞年营业收入分别为 5.65 亿元、5.46 亿元和 5.06 亿元，三年都是亏损状态，分别亏损 3.89 亿元、4.47 亿元和 3.83 亿元，但依然维持着极高的科研投入占比，占比分别为 52.7%、63.4% 和 58.3%。对于云天励飞而言，建构边缘 AI 的芯片、大模型、平台和生态更为重要，在人工智能领域，赢者通吃是常态，企业只要能够提供高于市面行业水准的综合性解决方案，就能实现业务的快速覆盖，而边际成本可以忽略不计。因此，短暂的营业收入不是企业追求的目标，能够更快使得自己在主营领域上成为技术和商业模式上的"赢者"才更为重要。云天励飞能突破融资轮实现上市，靠的就是初创团队的技术背景和其未来的技术发展愿景。云天励飞的成长，也是依靠高研发投入以实现技术愿景，当其积累足够的技术优势时，企业扩展的阶段才正式开始。有鉴于此，对于云天励飞这类研发型企业，建议建立专门的金融帮扶机制：一是进一步帮助企业拓宽融资渠道，降低融资成本，获取更多的资金支持；二是引导金融机构加大对这类企业的支持力度，政府出台风险补偿政策，促进形成"愿投""愿贷"的良好局面；三是针对上市公司的保护政策，推动监管部门制定区别于一般上市公司的财务指标考核制度，以保障这类研发型企业能够专注于科技发展。

B.19

深圳数字化改革大事记（2010~2024）

一 2010年

2010年5月，深圳市第五次党代会提出建设"智慧深圳"概念，旨在通过以城市智慧化为特征的新一轮城市现代化建设，促进各种创新要素智慧交融，使深圳成为智慧城市示范区、智慧产业领跑者。

2010年6月30日，经国务院审批，深圳市入选首批三网融合试点城市。

二 2011年

2011年1月19日，《深圳市国民经济和社会发展第十二个五年规划纲要》明确提出"加快建设智慧深圳"的战略目标。

2011年12月23日，深圳市印发《深圳市信息化发展"十二五"规划》，旨在全面提升深圳社会各领域的信息化水平，推动智慧深圳的建设。

三 2012年

2012年5月18日，深圳市发布《智慧深圳规划纲要（2011—2020年）》，这一规划纲要是指导深圳城市智慧化建设和智慧产业发展的行动纲领和编制相关专项规划的重要依据，对于推动城市智慧化进程具有深远影响。

2012年7月，深圳市发布《深圳市社会建设"织网工程"综合信息系统建设工作方案》，就全市范围如何推进"织网工程"进行顶层设计。同年8月，龙岗区南湾街道被选定为"织网工程"改革试点街道。

四 2013年

2013年9月26日，深圳市发布《智慧深圳建设实施方案（2013—2015

年）》，进一步细化了智慧城市建设的重点工作任务和具体措施。

2013 年 11 月，深圳市被国务院办公厅评选为首个国家政务信息共享示范市。

2013 年 12 月，深圳市人民政府在《关于加快信息化发展的若干意见》中提出了制定全市电子政务总体框架的目标。随后在 2014 年，该框架正式发布。这一框架确定了基于信息共享的集约化建设模式，实现了对全市电子政务的技术统筹。

2013 年 12 月 31 日，深圳市被工信部评选为首批国家信息消费试点城市。

五　2014 年

2014 年 6 月，深圳市被国家发展改革委确定为首批国家信息惠民试点城市。

2014 年 10 月 9 日，深圳市入选工信部评选的首批国家"宽带中国"示范城市。

2014 年 11 月 19 日，在第十六届高交会上，由深圳市智慧城市研究会、深圳市智慧城市建设协会、中国智慧城市专家委员会和深圳智慧城市企业标准联盟牵头编制的全国首部《智慧城市系列标准》正式发布。该标准是我国首个针对智慧城市全生命周期规划、设计、建设及运营的标准体系。

六　2015 年

2015 年 5 月，深圳市在第六次党代会明确了"打造国家新型智慧城市标杆市"的部署，并积极推进新型智慧城市建设有关工作。

2015 年 10 月 22 日，深圳市人民政府印发《深圳市政务信息资源共享管理办法》，进一步规范和促进深圳市政务信息资源共享。

2015 年 12 月 14 日，深圳市主要领导听取了深圳新型智慧城市建设中急需解决的问题和对策，并指示要扎实推进深圳智慧城市建设。

2015 年 12 月 17 日，在第二届世界互联网大会上，深圳被中央网信办确立为首个一线城市代表试点"新型智慧城市"标杆市建设。

七　2016年

2016年1月，《深圳市创建新型智慧城市标杆市工作方案》通过中央网信办专家评审，深圳成为国内首批国家新型智慧城市标杆市试点城市之一。

2016年4月，深圳成立了由市委书记任组长、市长任副组长的新型智慧城市建设领导小组。

2016年5月15日，国家信息中心在京发布《中国信息社会发展报告2016》，深圳市信息社会指数为0.8510，是我国唯一进入信息社会中级阶段的城市。

2016年11月8日，深圳新型智慧城市建设领导小组第一次会议召开，会议通过了深圳市新型智慧城市建设领导小组工作规则，以及新型智慧城市顶层设计方案。

2016年11月21日，深圳市政府数据开放平台、深圳市统一移动互联网惠民服务平台正式上线运行，为个人、企事业单位和科研机构等开展政府数据资源的社会化开发利用提供支撑。

2016年12月27日，全国首个新型智慧城市运营管理平台——深圳市城市运营管理中心完成建设并投入试运行，标志着深圳进入信息社会发展中级阶段。

八　2017年

2017年11月15日，深圳交警建设的"城市交通大脑"在西班牙巴塞罗那举行的"2017年全球智慧城市博览会"上荣获2017全球智慧城市博览会平安城市大奖。

2017年11月19日，在第十九届高交会上，福田区发布智慧福田顶层设计成果，树立了区级社会治理现代化的新标杆。

2017年12月11日，广东省政府印发《广东"数字政府"改革建设方案》，深圳市政府将推进"数字政府"纳入议事日程。

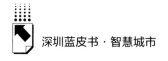
九　2018年

2018年3月，深圳市成立了由市长任组长的"数字政府"改革建设领导小组。

2018年7月12日，发布《深圳市新型智慧城市建设总体方案》，提出"一图全面感知、一号走遍深圳、一键可知全局、一体运行联动、一站创新创业、一屏智享生活"的发展目标。

2018年11月，成立深圳市"数字政府"建设专家委员会和公众咨询监督委员会。

2018年11月29日，深圳大力推进数字政府改革，印发《深圳市"数字政府"综合改革试点实施方案》，提出了"掌上政府、指尖服务、刷脸办事"的目标愿景。

2018年11月，中国社会科学院信息化研究中心发布《第八届（2018）中国智慧城市发展水平评估报告》，深圳智慧城市发展位居全国第一。

十　2019年

2019年1月11日，深圳市统一政务服务"i深圳"App上线，实现政务服务事项100%进驻网上办事平台，全市95%以上个人事项和70%以上法人事项可实现掌上办理。

2019年2月1日，深圳市政务服务数据管理局正式成立，将政务服务、电子政务、数据管理、信息安全等管理职能进行整合，并赋予智慧城市和数字政府建设统筹职能，为建立全市统一管理体制奠定了重要基础。

2019年3月，深圳市政府数据开放平台2.0版本正式上线。在"2020中国开放数林指数"评价中，该平台排名全国第一。

2019年4月，以原深圳市电子政务资源中心为基础成立深圳市大数据资源管理中心。

2019年5月8日，深圳在《省级政府和重点城市网上政务服务能力调查评估报告（2019）》中总体排名居全国重点城市之首。

2019 年 6 月 19 日，2019 深圳开放数据应用创新大赛正式启动。

2019 年 8 月 8 日，深圳市智慧城市科技发展集团有限公司揭牌成立，定位于深圳市唯一法定授权的数字底座建设运营单位、深圳市智慧城市综合建设运营生态盟主和深圳市智慧城市产业创新链链长。

2019 年 8 月 9 日，中共中央、国务院出台《关于支持深圳建设中国特色社会主义先行示范区的意见》，要求"加快建设智慧城市，支持深圳建设粤港澳大湾区大数据中心。探索完善数据产权和隐私保护机制，强化网络信息安全保障"，支持深圳建设中国特色社会主义先行示范区，创建社会主义现代化强国的城市范例。

2019 年 10 月 31 日，深圳市第六届人民代表大会常务委员会第三十六次会议对原《深圳经济特区信息化建设条例》进行第二次修正，以适应智慧城市和数字政府的发展。

2019 年 10 月 14 日，工信部发文支持深圳市建设国家人工智能创新应用先导区，要求深圳聚焦智能芯片、智能无人机、智能网联汽车、智能机器人等优势产业，充分激发人工智能的"头雁"效应，培育新一代人工智能产业体系。

2019 年 10 月 18 日，科技部发文支持深圳市创建国家新一代人工智能创新发展试验区，要求深圳试验区建设要围绕国家重大战略和深圳市经济社会发展需求，探索新一代人工智能发展的新路径新机制。

2019 年 12 月 30 日，深圳人工智能应用创新服务中心暨福田区政务数据开放实验室正式启动，在全国率先形成集政务数据开放、测试环境、资源对接于一体的人工智能应用开发验证测试"沙盒"，将政务数据这一宝贵的资源向人工智能应用开放。

十一 2020 年

2020 年 2 月 1 日，深圳市政府数据开放平台主动及时上线"深圳市新型冠状病毒感染的肺炎疫情数据"专题，成为广东省内第一个发布疫情相关结构化数据的地市级政府数据开放平台。

2020 年 2 月 14 日，《广东省人民政府办公厅关于印发广东省数字政府改革建设 2020 年工作要点的通知》将深圳"推广无人干预自动审批（秒批）改革"作为数字政府改革建设复制推广经验。

2020 年 3 月 27 日，"2020 深圳开放数据应用创新大赛"正式启动。

2020 年 5 月 27 日，深圳市网上政务服务能力蝉联全国重点城市第一。

2020 年 8 月 11 日，深圳市政务服务数据管理局印发《关于推进"秒报秒批一体化"的通知》，制定了《深圳市"秒报秒批一体化"推广实施标准化指引》《深圳市"秒报秒批一体化"通用目录（第一批）》，进一步规范了"秒报秒批一体化"概念和实施流程。

2020 年 10 月 11 日，中共中央办公厅、国务院办公厅出台《深圳建设中国特色社会主义先行示范区综合改革试点实施方案（2020—2025 年）》，赋予深圳在重点领域和关键环节改革上更多自主权，支持深圳在更高起点、更高层次、更高目标上推进改革开放。

2020 年 11 月 18 日，深圳市在第十届巴塞罗那全球智慧城市大会上荣获"全球使能技术"大奖，成为全球首个获此殊荣的城市。深圳市福田区的"AI-HUB（SZ）（深圳人工智能应用创新服务中心）"项目荣获中国赛区"包容与共享城市大奖"。

2020 年 12 月，深圳市政府管理服务指挥中心开始投入使用，指挥中心接入了深圳全市 82 套系统，汇集各部门 100 类业务数据，初步形成了市—区—街道三级联动指挥体系。

2020 年 12 月 11 日，工信部正式批复深圳市人民政府，支持在前海设立"国家（深圳·前海）新型互联网交换中心"。

2020 年 12 月 24 日，深圳市龙岗区被列为全国 14 个"一体化政务服务平台建设工作联系点"之一。

十二　2021 年

2021 年 2 月，深圳市印发《深圳市开展数据生产要素统计核算试点工作实施方案》。

2021年4月9日，国办政务办在深圳召开全国电子证照应用推进工作交流会，向全国推广深圳电子证照建设及政务服务"免证办"工作。

2021年4月20日，2021全球开放数据应用创新大赛暨未来城市场景大会正式启动。

2021年5月27日，深圳再次蝉联全国重点城市一体化政务服务能力第一名。

2021年6月，国家（深圳·前海）新型互联网交换中心对外提供互联网流量交换服务，成为深圳市首个国家级信息通信基础设施。

2021年6月9日，深圳市人民政府成立深圳市智慧城市和数字政府建设领导小组，承担深圳市智慧城市和数字政府建设顶层设计，审定相关建设规划、实施方案和政策措施等。

2021年7月，深圳市主要领导提出以实现"全领域一网统管"为目标，围绕产业发展、城市运行、应急指挥、民生服务等领域，推出一系列好用实用管用的智能化应用。

2021年7月5日，广东省人民政府出台《广东省数据要素市场化配置改革行动方案》，提出"推动深圳先行示范区数据要素市场化配置改革试点"。

2021年7月6日，深圳市第七届人民代表大会常务委员会公告（第十号）公布《深圳经济特区数据条例》，自2022年1月1日起施行。该条例内容涵盖了个人数据、公共数据、数据要素市场、数据安全等方面，是国内数据领域首部基础性、综合性立法。

2021年7月15日，深圳市委召开综合改革试点攻坚推进大会，《深圳经济特区数据条例》作为深圳推进综合改革试点进程中，善用特区立法权、在要素市场化配置方面取得的重要改革成果。

2021年7月21日，《国家发展改革委关于推广借鉴深圳经济特区创新举措和经验做法的通知》公布，推广党的十八大以来深圳经济特区的创新举措和经验做法，其中实施"5G+工业互联网"工程、打造"深i企"政策精准直达企业服务平台、推出"秒报秒批一体化"智慧审批等多个创新举

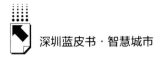

措入选。

2021 年 10 月 14 日，国务院新闻办公室举行新闻发布会，介绍深圳综合改革试点实施一周年主要进展成效情况，将《深圳经济特区数据条例》作为有力度、有分量的改革成果之一。

2021 年 10 月，深圳市政府七届十九次常务会议审议通过《关于加快推进建筑信息模型（BIM）技术应用的实施意见（试行）》。

2021 年 11 月 18 日，国家发展改革委同意深圳市开展基础设施高质量发展试点，要求深圳打造系统完备、高效实用、智能绿色、安全可靠的现代化基础设施体系，尽快形成可复制可推广经验，发挥先行示范作用。

2021 年 12 月 7 日，深圳市人民政府办公厅印发《关于加快推进建筑信息模型（BIM）技术应用的实施意见（试行）》，提出，到 2025 年末，全市所有重要建筑、市政基础设施、水务工程项目建立 BIM 模型并导入空间平台。

十三　2022 年

2022 年 1 月 5 日，深圳市智慧城市和数字政府建设领导小组 2022 年第一次会议召开，要求扎实推进智慧城市和数字政府建设。

2022 年 1 月 20 日，国务院办公厅出台《关于加快推进电子证照扩大应用领域和全国互通互认的意见》，深圳市围绕标准规范、互通互认机制、共享服务体系、应用场景等方面，实施扩大电子证照应用领域、推动电子证照全市互通互认、提升电子证照应用支撑能力等措施。

2022 年 1 月 24 日，国家发展改革委、商务部印发《关于深圳建设中国特色社会主义先行示范区放宽市场准入若干特别措施的意见》，要求"放宽数据要素交易和跨境数据业务等相关领域市场准入"，进一步支持深圳建设中国特色社会主义先行示范区，加快推进综合改革试点，持续推动放宽市场准入，打造市场化法治化国际化营商环境，牵引带动粤港澳大湾区在更高起点、更高层次、更高目标上推进改革开放。

2022 年 2 月 21 日，深圳市人民政府办公厅印发《深圳市推进新型信息基础设施建设行动计划（2022—2025年）》。

2022年3月24日，深圳市印发《深圳市探索开展数据交易工作方案》。

2022年3月25日，深圳市人民政府办公厅印发《深圳市推进政府治理"一网统管"三年行动计划》。

2022年4月29日，中共深圳市委办公厅、深圳市人民政府办公厅印发《关于建设一体化协同办公平台促进政府运行"一网协同"工作方案》。

2022年5月24日，深圳市政务服务数据管理局、市发展改革委印发《深圳市数字政府和智慧城市"十四五"发展规划》，提出到2025年，打造国际新型智慧城市标杆和"数字中国"城市典范，成为全球数字先锋城市。

2022年6月1日，深圳市人民政府印发《关于发展壮大战略性新兴产业集群和培育发展未来产业的意见》，明确了20个战略性新兴产业重点细分领域和8个未来产业重点发展方向。

2022年6月30日，深圳市第七届人民代表大会常务委员会公告（第五十五号）公布《深圳经济特区智能网联汽车管理条例》，自2022年8月1日起正式施行。

2022年7月7日，深圳市政府七届四十八次常务会议对尽快高标准高质量组建深圳市智慧城市和数字政府建设战略咨询委员会、提升数字政府建设硬件水平、筑牢数字政府安全底线等工作做出部署。

2022年8月26日，国务院办公厅印发《全国一体化政务服务平台运行管理办法》，提及"打造无需人工填写、无需人工审核的智能申报审批模式，推动实现高频服务事项'秒报''秒批'"，推广深圳的"秒批""秒报"经验。

2022年9月5日，深圳市第七届人民代表大会常务委员会公告（第六十四号）公布《深圳经济特区人工智能产业促进条例》，自2022年11月1日起施行。

2022年9月5日，深圳市第七届人民代表大会常务委员会公告（第六十五号）公布《深圳经济特区数字经济产业促进条例》，自2022年11月1日起施行。

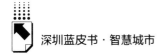
2022 年 9 月 28 日，深圳市人民政府印发《深圳市推动软件产业高质量发展的若干措施》。

2022 年 10 月 19 日，深圳市南山区被邀请作为国务院办公厅政务服务工作基层联络点。

2022 年 10 月 27 日，财政部印发《关于支持深圳探索创新财政政策体系与管理体制的实施意见》，鼓励深圳探索运用建筑信息模型（BIM）、城市信息模型（CIM）技术，拓宽财政数据智能化应用场景；探索财政数据共享和分析应用，推进部门间系统对接，深度融入城市运行"一网统管"战略布局。

2022 年 10 月 30 日，深圳巴士集团"1+6+3"公交智慧出行服务荣获"全国质量标杆"大奖，管理模式和经验向全国推广。

2022 年 11 月 15 日，在国家信息中心和深圳市人民政府指导下，深圳数据交易所正式揭牌成立。

2022 年 11 月 16 日，深圳市福田区荣获 2022 全球智慧城市大会"世界智慧城市大奖——中国区经济大奖"。

2022 年 11 月 18 日，《深圳市数据交易管理暂行办法（征求意见稿）》公开征求社会公众意见。

2022 年 12 月，深圳市"秒报秒批一体化"案例在全国示范性、区域代表性、行业代表性等方面成效突出，具有标杆示范作用，被中央党校（国家行政学院）电子政务研究中心组织评选为"党政信息化最佳实践标杆案例"。

2022 年 12 月 6 日，深圳市智慧城市和数字政府建设领导小组 2022 年第二次会议暨战略咨询委员会第一次会议召开，提出对标全球最高最好最优，以先行示范标准加快推进深圳市智慧城市和数字政府建设。

十四　2023 年

2023 年 2 月 8 日，市工信局印发《深圳市极速先锋城市建设行动计划》。

2023 年 4 月 25 日，粤港澳大湾区算力调度平台在深圳正式启动。

2023 年 6 月 2 日，国务院办公厅印发《关于依托全国一体化政务服务平台开展政务服务线上线下融合和向基层延伸试点工作的通知》，将深圳市龙岗区定为三个全国政务服务线上线下融合和向基层延伸工作试点县区之一。

2023 年 6 月 8 日，深圳市人民政府办公厅印发《深圳市数字孪生先锋城市建设行动计划（2023）》。

2023 年 8 月 18 日，国务院办公厅印发《关于依托全国一体化政务服务平台建立政务服务效能提升常态化工作机制的意见》，深圳市推动"就诊一件事"一次办成和创新"一杯咖啡办成事"服务被纳入典型经验案例在全国复制推广。

2023 年 9 月 9 日，中共深圳市委七届七次全会提出，要锚定建设现代化国际大都市这个宏伟目标，坚持人民城市为人民，努力走出一条符合超大型城市特点和规律的治理新路子，打造宜居、韧性、智慧城市，不断提升市民群众获得感、幸福感、安全感。

2023 年 9 月 26 日，《深圳市公共数据开放管理办法（征求意见稿）》公开征求社会公众意见。

2023 年 10 月 27 日，国家发展改革委等部门发布《关于再次推广借鉴深圳综合改革试点创新举措和典型经验的通知》，对深圳综合改革试点新一批 22 条经验进行全国推广。"@深圳—民意速办"被列入 22 条第二批深圳综合改革试点创新举措和典型经验之一。

2023 年 11 月 13 日，2023 数字孪生先锋城市创新大会在深圳举行，会上举行了"先锋杯"数字孪生创新应用大赛颁奖仪式，并正式启动深圳市数字孪生产业联盟。

2023 年 11 月 28 日，深圳召开加快推进新型工业化大会提出，在智能化上下功夫，推动数字化转型，大力推进人工智能创新应用，完善数字基础设施和服务体系，建设数字之城。

2023 年 12 月 5 日，市工信局印发《深圳市算力基础设施高质量发展行动计划（2024—2025）》，提出打造"多元供给、强算赋能、泛在连接、安全融通"的中国算网城市标杆。

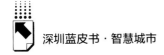

2023 年 12 月 6 日，广东省政数局同意深圳市 7 家企业为广东省数据经纪人。

2023 年 12 月 30 日，中共深圳市委七届八次全会暨市委经济工作会议提出，谋划和推进打造一个完全意义上的数字深圳，加快建设具有全球重要影响力的产业科技创新中心，全方位打造创新之城。

十五　2024 年

2024 年 1 月 1 日，《广东省政务服务数字化条例》施行，提出"政务服务机构与政务服务数据管理机构应当通过人工智能和大数据等技术，推进政务服务事项自动受理、智能审查"，推广深圳的"秒批""秒报"经验。

2024 年 1 月 14 日，广东省政务服务和数据管理局批复同意深圳规划建设广东省数据要素集聚发展区。

2024 年 1 月 19 日，深圳市福田区印发《福田区公共数据授权运营暂行管理办法》。

2024 年 1 月 27 日，深圳市人民政府办公厅印发《2024 年推动高质量发展"十大计划"》，明确全力打造极速宽带、数字能源、人工智能、数字孪生四个先锋城市。

2024 年 1 月 29 日，深圳市政务服务和数据管理局正式挂牌成立，负责统筹推进数字深圳、数字政府、智慧城市、数字社会规划和建设。

2024 年 3 月 15 日，市工信局印发《深圳市极速宽带先锋城市 2024 年行动计划》。

2024 年 5 月 6 日，深港跨境数据验证平台上线试运行。

2024 年 5 月 10 日，广东省政务服务和数据管理局印发《数字广东建设 2024 年工作要点》。

2024 年 5 月 27 日，深圳市政务服务和数据管理局印发《深圳市数字孪生先锋城市建设行动计划（2024）》。

2024 年 7 月 30 日，市工信局印发《深圳市加快打造人工智能先锋城市行动方案》。

2024 年 8 月 28 日，国家数据局召开全国数据系统交流会，发布了首批数字中国建设典型案例，"数字湾区"建设入选。

2024 年 9 月 18 日，深圳市政务服务和数据管理局宣布，龙岗区首批政务 AI 大模型应用上线。

2024 年 11 月 7 日，在西班牙巴塞罗那举行第十四届全球智慧城市大会上，深圳市作为中国唯一代表城市，荣获 2024 年度"世界智慧城市大奖"。

2024 年 12 月 18 日，市工信局发布《深圳市打造人工智能先锋城市的若干措施》。

2024 年 12 月 18 日，深圳市人工智能产业办公室、市政务和数据局发布《"城市+AI"应用场景清单（第四批）》，加快应用场景开放，推动应用项目落地。

Abstract

This report focuses on systematically summarizing the achievements of Shenzhen's smart city and digital government construction, and makes professional judgments on Shenzhen's efforts to accelerate the creation of a benchmark for an international new-type smart city and a model for a "Digital China" city. Shenzhen has carried out the construction of a smart city and digital government from eight aspects: upgrading the new energy level of the digital foundation, building a new system of intelligent hubs, creating new advantages for the digital government, depicting a new picture of the digital society, enabling new development of the digital economy, expanding the application of digital twin technology, forming a new pattern of the digital ecosystem, and innovating the work promotion mechanism. So far, remarkable results have been achieved, with the overall level ranking among the top in China and even globally. By the end of 2024, Shenzhen won the "World Smart City Award". Looking to the future, Shenzhen needs to consolidate the city-wide spatio-temporal information platform and the twin digital foundation with BIM/CIM as the core, improve the data resource governance system, promote the exploration of government artificial intelligence applications and deepen the application of smart scenarios, promote the digital transformation of all elements, step-by-step and orderly build the Pengcheng self-evolving intelligent agent, accelerate the construction of a digital twin pioneer city, and fully promote new breakthroughs in urban digital development.

Regarding the technologies and application innovations in many cutting-edge fields involved in urban digital transformation, this book contains several inspiring research reports, such as the Application of Large Models in Digital Government Governance Scenarios, "Artificial Intelligence+" Facilitating Smart City Construction.

In the section on regions, this book also selects and analyzes the practical applications of CIM digital twin construction in Qianhai, Shenzhen, and the experience and practices of the digital-enabled reform of people's livelihood demand services in Pingshan. In the section on cases, this book makes professional analyses of how Jieshun Technology promotes enterprise growth through digital transformation, how Qianhai Data successfully turns data into resources, and how IntelliFusion explores general artificial intelligence.

Keywords：Artificial Intelligence; Digital Twin City; Digital Government; Smart City

Contents

Ⅰ General Report

B.1 2024 Shenzhen Smart City Construction Research Report

Yuan Yicai, Liu Xiaojing, Guo Jing, Yang Yaying

and Zhao Yingying / 001

Abstract: With the release of the top-level design for Digital China and the establishment of the National Data Bureau, the construction of smart cities in China has entered a new stage of deepened development. Shenzhen has actively promoted the construction of Digital China's model cities, represented by digital twins and the Pengcheng self-evolving intelligent system. The city has achieved a series of successes in areas such as smart city digital infrastructure, data resource systems, digital economy, digital politics, digital culture, digital society, digital ecological civilization, digital technology innovation systems, digital security barriers, digital governance ecology, and international digital cooperation. In 2024, Shenzhen won the "City Award" at the Global Smart City Conference, becoming an internationally renowned benchmark for smart cities. In line with the latest national strategic requirements, Shenzhen's smart city construction faces new situations and challenges. There is a need to promote institutional innovations for appropriate data-driven development, advance the market-oriented allocation of data elements, accelerate the "Five-in-One" digital quality improvement, build a model of digital twin pioneer cities, and construct a new pattern of collaborative digital development, fully promoting high-quality development in Shenzhen's smart city construction.

Keywords: Digital China; Smart City; Full-Scope Digital Transformation; Data Elements

Ⅱ   Special Topic Section

B.2   Digital Government Construction and Shenzhen's Exploration

Zhao Yingying, Yang Yaying, Liu Xiaojing and Chen Xi / 023

Abstract: In recent years, the national, provincial, and municipal governments have released multiple policy measures related to the construction of digital government. To implement national and provincial directives, Shenzhen has taken the lead in exploring and testing innovative approaches to digital government construction. Centered around the "Four-in-One Network" strategy, Shenzhen has developed a path that effectively meets the needs of digital governance for super-large cities. This report analyzes the overall requirements, construction trends, experiences, achievements, and existing issues in domestic digital government construction. It also provides development suggestions for Shenzhen's digital government construction, aiming to enhance the quality and efficiency of the city's digital transformation.

Keywords: Digital Government Construction; Smart Government Affairs; Government Services; Digitalization

B.3   Shenzhen's "CIM+Data Integration" Implementation
Path Exploration and Case Analysis

Chen Zhihao, Wang Miao and Yang Yang / 038

Abstract: This report comprehensively elaborates on the theoretical significance and practical value of Shenzhen's "CIM+Data Integration" initiative, analyzes the challenges it faces, explores implementation paths, and provides case studies. Currently, Shenzhen has introduced a series of policy regulations and technical guidelines, with districts and departments actively working on the construction of CIM platforms and applications based on the "two-level platform, four-level application" architecture. This effort integrates various types of business data and advances the development of a digital twin city. However, there are still issues such as the need to improve the top-level mechanisms and systems, the need for further optimization of the platform's technical architecture, and significant barriers to the construction of smart scenarios. In response to these issues, this report explores the next steps for implementing the "CIM+Data Integration" initiative in Shenzhen, offering suggestions from multiple perspectives. The report also details the practical experience of the Dapeng New District in advancing "CIM+Data Integration." Dapeng has focused on building a digital twin model centered around BIM/CIM technologies, integrating AI, IoT, and other methods, and achieving effective applications in areas such as construction management, forest fire prevention, mountain rescue, and investment promotion. This serves as a model for other regions to implement "CIM+Data Integration."

Keywords: Digital Twin; Data Integration; CIM Scenario Applications; Data Security

B.4 Data Governance Leading Shenzhen's Digital Government Service Supply Mode Transformation

Xiong Yigang, Li Xuan, Li Kang'en and Chen Jiabo / 056

Abstract: The digital society places higher demands on government service delivery, requiring the broader application of digital technologies in government management and services, and promoting the digitalization and intelligence of government operations. As a pioneer in reform and opening-up, Shenzhen has boldly taken the lead in exploring digital government construction, using data governance to guide the deepening of government service delivery reform. This report reviews and summarizes the exploration cases of key domestic cities in using data governance to drive changes in government service delivery models. It deeply analyzes the issues and challenges faced by Shenzhen's pioneering efforts in data application, business scope, and other areas. Based on this analysis, the report provides recommendations for leading the transformation of Shenzhen's digital government service delivery through data governance, focusing on digital government reform and standardization, data security, and process re-engineering.

Keywords: Digital Government; Data Governance; "Instant Enjoyment Without Application"

B.5 Digital Empowerment in Super Large-Scale City
Emergency Management: Shenzhen's Exploration

Zhang Tao, She Yanling and Yin Jiyao / 071

Abstract: With the accelerated development of new-generation information technologies such as big data, artificial intelligence, and digital twins, digital empowerment has become an important path and tool for enhancing emergency management effectiveness. This report takes Shenzhen as an example and provides an in-depth analysis of the common challenges faced by ultra-large cities in the process of digital empowerment in emergency management. It explores the digital transformation and intelligent upgrading of emergency management in ultra-large cities, proposes new strategies for urban safety development, and constructs a new paradigm for emergency management. The report also introduces the "Shenzhen Path" for digital empowerment in emergency management, offering valuable experiences for the digital empowerment of emergency management in ultra-large cities in China.

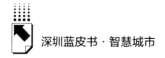
Keywords: Emergency Management; Digital Empowerment; Super Large-Scale City

B.6 Shenzhen Ecological and Environmental Protection Digital
     Transformation Development Report

Mao Qingguo, Peng Shengwei and Xu Huaizhou / 084

Abstract: To accelerate the construction of a green and intelligent digital ecological civilization, the Shenzhen Municipal Bureau of Ecology and Environment has planned and developed the Shenzhen Smart Environmental Protection Platform project. By making full use of digital technologies such as artificial intelligence, big data, and blockchain, the project aims to build an ecological environment IoT perception system covering the entire city. It promotes the foundation of smart environmental protection, making administrative management more efficient, law enforcement and supervision more precise, enterprise services more convenient, and decision-making analysis more comprehensive. The project continues to improve the system and mechanism of smart environmental protection, strengthen technological research and development, and promote the application of smart environmental protection. It provides digital support for Shenzhen to take the lead in building a socialist demonstration zone with Chinese characteristics. The construction of the Shenzhen Smart Environmental Protection Platform includes " one center," " four platforms," " two specialties," and " one app," with application scenarios covering multiple fields such as the digital foundation, smart governance, smart supervision, smart services, and smart applications. The project has achieved significant results in practice.

Keywords: Ecological Environmental Protection; Smart Environmental Protection; Digitalization

III Industry Section

B . 7 Large Model Applications in Shenzhen's Digital

Government Governance

Xiong Yigang , Li Xuan and Chen Jiabo / 096

Abstract: Large models are considered a "milestone technology towards general artificial intelligence," and their accelerated application is expected to bring a significant impact on future economic and social development. Currently, countries around the world are engaged in fierce competition in the application of large models, especially in the field of digital government, where a number of outstanding cases have emerged. Government large models are becoming an important engine driving the transformation of governments from digitization to smart intelligence. Shenzhen has unique advantages in the development of large model applications but also faces many challenges. To better promote the application of large models in Shenzhen's digital government governance scenarios, this report analyzes the advantages, current status, issues, and challenges of large model applications in Shenzhen. It proposes six key recommendations: include the expansion of large model applications as a priority task in Shenzhen's digital government and smart city development; accelerate the improvement of the large model application ecosystem in Shenzhen; cultivate the technological innovation advantages of Shenzhen's large model companies; promote the construction of a high-quality massive Chinese language corpus database; coordinate the construction of reliable intelligent computing power clusters; and improve the risk governance mechanism for large model applications.

Keywords: Large Models; Digital Government; Digital Governance; Application Scenarios

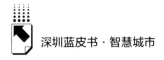
B.8 "Artificial Intelligence+" Promoting Smart City Construction: Shenzhen's Practice

Hong Jiadan, *Ding Yi*, *Shen Qining and Liu Jintao* / 117

Abstract: As one of the first national pilot zones for the development of the new generation of artificial intelligence (AI) and a leading area for AI innovation and application, Shenzhen places great importance on and actively plans to become a pioneering AI city. In recent years, it has focused on innovation in application scenarios and driven the integration of AI in the construction of smart cities. A series of notable applications have emerged in areas such as government services, healthcare, education, and meteorological forecasting, significantly promoting the high-quality development and all-around, high-level application of AI in the smart city domain. However, there are still relative gaps in areas such as computing power, data, scenario applications, talent, and ecosystems. There is an urgent need for comprehensive measures to further promote the deep integration and application of AI technology in the smart city sector.

Keywords: "Artificial Intelligence+"; Smart City; Scenario Applications

B.9 Shenzhen's "City of Libraries" Smart Construction Research

Cai Hui, *Li Dehui and Wang Weinan* / 134

Abstract: With the development of informationization and smart technologies, the automation and smart construction of libraries, both domestically and internationally, have generally evolved through three stages. Currently, libraries are entering the third stage, characterized by regionalization, systematization, and intelligence. Shenzhen's "City of Libraries" smart construction aims to build an unlimited, smart library network across the city, featuring standardization, integration, and intelligence. However, during the construction process, there are challenges such as the imbalance in the fiscal systems at the city and district levels, the lack of unified management for cutting-edge intelligent technologies, difficulties in coordinating data openness based on standards, and limited cooperation between leading high-tech enterprises and industry players. To further develop the smart "City of Libraries," it is necessary to promote the development of an intelligent ecosystem for the industry, clarify the participation model for state-owned platform companies in public welfare projects, strengthen the integration of smart base processes, promote the sustainable development of a unified technology platform, improve coordination efforts, and enhance the establishment of full-process systems.

Keywords: "City of Libraries", Smart Construction, Smart Libraries

B.10 Meteorological Technology Empowering Shenzhen's Low-Altitude Economy Innovation: Demand, Opportunities, Challenges, Strategies

Sun Shiyang, Zhang Xike, Ding Yi and Liu Donghua / 153

Abstract: Meteorological technology is empowering the innovative development of Shenzhen's low-altitude economy, which is facing strong demand and new opportunities. However, it also encounters three major challenges: the gap between the meteorological technology support and the requirements of low-altitude economic development, the weak foundation for the circulation of meteorological data elements to support low-altitude meteorology's digital capabilities, and the relative scarcity of resources for meteorological-enabled services required for the integrated development of low-altitude meteorology. To address these challenges, it is necessary to accelerate the construction of low-altitude meteorological infrastructure, enhance low-altitude meteorological monitoring capabilities, improve the digital forecasting ability of low-altitude meteorology, strengthen meteorological support for low-altitude application scenarios, and innovate the meteorological industry empowerment model to cultivate a meteorological technology-enabled industry chain.

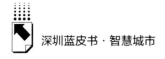

Keywords: Meteorological Technology; Low-Altitude Economy; Meteor-ological Data

Ⅳ   Regional Section

B . 11   Shenzhen Qianhai Digital Twin City CIM Platform Construction Report

Zheng Chengyi, Gu Yaozhao and Huang Huanmin / 169

Abstract: The goal of the digital twin city CIM Platform construction in Shenzhen Qianhai is to create a city information model driven by data, achieving comprehensive digitalization and intelligence of the city. The construction includes building a 3D spatial information model of the city and other five major functional modules. Currently, the digital twin city CIM Platform construction in Shenzhen Qianhai has achieved results in integrating various models, but it also faces challenges such as technical difficulties, incomplete industry standards, difficulties in cross-departmental collaboration, and insufficient data openness. To address these issues, it is recommended that Shenzhen Qianhai continue research and development to break technical bottlenecks; strengthen international communication to improve CIM standards; unify goals and establish cross-departmental collaboration mechanisms; establish a data classification and sharing mechanism to expand openness; enhance talent training and increase public participation; explore demand and deepen application scenarios; lower technical barriers to achieve scalable applications; and learn from international best practices to explore data sharing and transaction models.

Keywords: CIM Platform; Digital Twin City; Shenzhen Qianhai

B.12   Shenzhen Guangming District Grassroots Governance
Digitalization Report

Zhang Qiuming, Yang Tingting, Zheng Caiyin and Chen Hongyi / 186

Abstract: Through a comprehensive review of the grassroots informatization work in the Guangming District of Shenzhen, it is evident that there are a series of issues in the application of informatization systems at the grassroots level, including insufficient overall planning for informatization construction, a lack of information technology mechanisms in grassroots governance, and a lack of professional skills among grassroots informatization personnel. From a certain perspective, informatization work at the grassroots level may even increase the workload. Starting from the perspective of solving grassroots issues, and aiming to unify event management across the district and accurately allocate events and tasks, Guangming District of Shenzhen has developed the Grassroots Governance Digital Platform 2.0. This platform feeds data such as "people, law, housing, and events" generated at the grassroots level back to community management units, helping to improve efficiency, reduce the burden on grassroots governance workers, and enhance governance effectiveness. It also further strengthens data governance, meets the needs for standardized and orderly data usage between departments, and solves issues like scattered data resources, low data reuse, and inefficiency at the grassroots level. Finally, the report proposes policy recommendations to improve work mechanisms across departments, levels, and fields, increase the intensity of digital transformation, unify access to information systems across various business fields, establish a full lifecycle management system, and improve the digital talent training system.

Keywords: Grassroots Governance; Informatization; Data Sharing

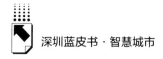
B.13 Shenzhen Pingshan District Public Demand System
Digital Empowerment in Urban Governance

Liu Yang, *Xu Weiting and Liang Xuehui* / 205

Abstract: This report analyzes the issues in urban grassroots governance and addresses problems such as the need for further standardization and improvement of the livelihood demands business system, the need to enhance urban operation situational awareness, and the insufficient integration effect of data resource capability platforms. It comprehensively discusses the solution path explored by Pingshan District of Shenzhen, which includes establishing a full-cycle management system for livelihood demands and continuous process optimization. This leads to the creation of a unified event middle platform based on the livelihood demand system. At the same time, through data resource integration and iterative upgrades of application systems such as maps and IoT perception, a management entity base and a fully covered perception network are built, promoting improvements in urban governance capabilities. This results in the digital presentation, intelligent management, and smart prevention of urban governance. Pingshan District's "problem-driven, grassroots-oriented" reverse reform path may appear to be a "small cut," but in reality, it is a "deep and gradual" reform and an innovative measure for modernizing social governance capabilities, demonstrating strong innovation and replicability.

Keywords: Livelihood Demands; Urban Governance; Digitalization

B.14 Shenzhen Longgang District Government Digital
Transformation: Status, Problems, and Outlook

Le Wenzhong, *Chen Bangtai and Liu Feifei* / 221

Abstract: In recent years, Longgang District of Shenzhen has taken "Digital Intelligence Integration" as the key approach, actively exploring a digital transformation path and model for the government with Longgang's characteristics. It has initially built an efficient and shared digital infrastructure system, an open and shared data resource system, and a common digital platform system for urban areas. This has led to a comprehensive improvement in intelligent service applications and made urban operations more intelligent and efficient. However, challenges still exist, such as the need to improve data development and utilization, the untapped potential of digital construction effectiveness, and difficulties in advancing government digital transformation. This report offers recommendations for promoting government digital transformation. Accelerating the exploration of government digital transformation through "Digital Intelligence Integration" and promoting the deep integration of new-generation information technologies with government management and public service operations is a feasible path for advancing the development of smart cities and digital government.

Keywords: "Digital Intelligence Integration"; Government Digital Transformation; Digital Government

V Case Study Section

B. 15 Jieshun Technology's Digital Transformation Path and

Influencing Factors

Chen Xiaoning, Yuan Yicai and Li Youyan / 234

Abstract: Jieshun Technology is a leading provider of smart parking services and a digital ecosystem operator for smart cities in China. The company drives the development of parking services along the trajectories of automation, informatization, digitalization, and intelligence. Through digital transformation, Jieshun Technology strengthens its core digital businesses such as smart parking operations and parking asset management, while expanding its digital services to software and cloud services, gradually achieving full ecosystem coverage in the smart parking sector and driving the overall upgrade of the parking business system. To promote the digital development of parking, it is recommended that city governments formulate and implement smart parking plans and management guidelines, accelerate the improvement of urban parking industry standards, vigorously promote parking space-level digitization, and advance the market-oriented operation of digital parking space resources.

Keywords: Smart Parking; Digital Parking Spaces; Industry Standards

B.16　Qianhai Data Empowering High-Quality Economic

Development: A Case Analysis

Zhang Guoping, Yuan Yicai and Zhang Shiqi / 250

Abstract: This report provides an in-depth analysis of the development history and business model of Qianhai Data Services Co., Ltd. in Shenzhen, exploring its successful experience in empowering government and enterprise development through the application of data elements. It also examines the future development trends of the data elements market, aiming to cultivate more enterprises to actively participate in the development of the data element sector, improve the level of data resource development and utilization, and strengthen and expand the data economy. Additionally, the report offers policy recommendations to guide the healthy and orderly development of the data elements market.

Keywords: Data Elements; New Type of Productive Force; Digital Economy

B.17　Shenzhen State-Owned Assets Merger with Softron

Intelligence: A Case Analysis

Li Jiafeng, Yang Yang and Lin Yanni / 264

Abstract: Softron Intelligence is a leading urban data intelligence service provider in China, focusing on urban big data platforms and urban governance. Through the dual drivers of "Data Intelligence+Indigenous Innovation," it drives the digital transformation of cities by enhancing the processing capabilities of data in urban governance scenarios. Softron Intelligence's platform products have received high recognition from core ecosystem partners like Huawei, and its profitability and operational capabilities are gradually being realized. Softron Intelligence aligns with the demand for the digital transformation of Shenzhen's state-owned enterprises. In the future, it will expand its business layout in the field of municipal governance integrated solutions and promote the development of Shenzhen's smart city industry. After Shenzhen's state-owned capital invests in Softron Intelligence, its headquarters will move to Luohu District, Shenzhen, fully leveraging the driving role of leading enterprises to comprehensively advance the city's digital economy and strategic emerging industries, assisting in the transformation and upgrading of Luohu District, and strengthening Shenzhen's digital economy industry. The strategic significance of Shenzhen's state-owned investment in Softron Intelligence is clear, with significant investment value, achieving the expected multi-win effects for all parties.

Keywords: Smart City; Digital Government; Post-Investment Empowerment; Data Intelligence Services

B.18 IntelliFusion Artificial Intelligence Development Model and Influencing Factors

Chen Tinghan, Zheng Wenxian and Sui Yubing / 280

Abstract: IntelliFusion is an AI industry leader incubated with the participation of Shenzhen's government guidance fund and is a typical representative of China's artificial intelligence development model. IntelliFusion focuses its strategic direction on constructing a self-evolving urban intelligent system, targeting the edge AI field, and driving the chipization of algorithms. The company has developed a multimodal large model and neural network processor platform based on self-developed technologies. It has made deep advancements in hardware, industry solutions, and new service forms, creating an AI Copilot business model that integrates personal, family, and industry applications. The company is building an AI industry chain that covers public, commercial, and personal ecosystems. To address external environmental challenges and support IntelliFusion's AI business exploration and the development of China's AI industry, it is recommended to adopt a "collective intelligence" approach, establish open standards for scenarios to promote the construction of self-evolving urban intelligent systems, strengthen government support for affected enterprises, enhance AI talent support mechanisms, and establish financial assistance mechanisms for technology research and development enterprises.

Keywords: Artificial Intelligence; Collective Intelligence; Edge AI; Self-Evolving Urban Intelligent Agent

皮 书

智库成果出版与传播平台

❖ 皮书定义 ❖

皮书是对中国与世界发展状况和热点问题进行年度监测，以专业的角度、专家的视野和实证研究方法，针对某一领域或区域现状与发展态势展开分析和预测，具备前沿性、原创性、实证性、连续性、时效性等特点的公开出版物，由一系列权威研究报告组成。

❖ 皮书作者 ❖

皮书系列报告作者以国内外一流研究机构、知名高校等重点智库的研究人员为主，多为相关领域一流专家学者，他们的观点代表了当下学界对中国与世界的现实和未来最高水平的解读与分析。

❖ 皮书荣誉 ❖

皮书作为中国社会科学院基础理论研究与应用对策研究融合发展的代表性成果，不仅是哲学社会科学工作者服务中国特色社会主义现代化建设的重要成果，更是助力中国特色新型智库建设、构建中国特色哲学社会科学"三大体系"的重要平台。皮书系列先后被列入"十二五""十三五""十四五"时期国家重点出版物出版专项规划项目；自2013年起，重点皮书被列入中国社会科学院国家哲学社会科学创新工程项目。

皮书网

（网址：www.pishu.cn）

发布皮书研创资讯，传播皮书精彩内容
引领皮书出版潮流，打造皮书服务平台

栏目设置

◆ **关于皮书**

何谓皮书、皮书分类、皮书大事记、
皮书荣誉、皮书出版第一人、皮书编辑部

◆ **最新资讯**

通知公告、新闻动态、媒体聚焦、
网站专题、视频直播、下载专区

◆ **皮书研创**

皮书规范、皮书出版、
皮书研究、研创团队

◆ **皮书评奖评价**

指标体系、皮书评价、皮书评奖

所获荣誉

◆ 2008 年、2011 年、2014 年，皮书网均
在全国新闻出版业网站荣誉评选中获得
"最具商业价值网站"称号；
◆ 2012 年，获得"出版业网站百强"称号。

网库合一

2014年，皮书网与皮书数据库端口合
一，实现资源共享，搭建智库成果融合创
新平台。

皮书网

"皮书说"
微信公众号

权威报告·连续出版·独家资源

皮书数据库

ANNUAL REPORT(YEARBOOK)
DATABASE

分析解读当下中国发展变迁的高端智库平台

所获荣誉

- 2022年，入选技术赋能"新闻+"推荐案例
- 2020年，入选全国新闻出版深度融合发展创新案例
- 2019年，入选国家新闻出版署数字出版精品遴选推荐计划
- 2016年，入选"十三五"国家重点电子出版物出版规划骨干工程
- 2013年，荣获"中国出版政府奖·网络出版物奖"提名奖

皮书数据库

"社科数托邦"
微信公众号

成为用户

登录网址www.pishu.com.cn访问皮书数据库网站或下载皮书数据库APP，通过手机号码验证或邮箱验证即可成为皮书数据库用户。

用户福利

- 已注册用户购书后可免费获赠100元皮书数据库充值卡。刮开充值卡涂层获取充值密码，登录并进入"会员中心"—"在线充值"—"充值卡充值"，充值成功即可购买和查看数据库内容。
- 用户福利最终解释权归社会科学文献出版社所有。

数据库服务热线：010-59367265
数据库服务QQ：2475522410
数据库服务邮箱：database@ssap.cn
图书销售热线：010-59367070/7028
图书服务QQ：1265056568
图书服务邮箱：duzhe@ssap.cn

社会科学文献出版社 皮书系列
SOCIAL SCIENCES ACADEMIC PRESS (CHINA)
卡号：213498185882
密码：

基本子库
SUB DATABASE

中国社会发展数据库（下设 12 个专题子库）

紧扣人口、政治、外交、法律、教育、医疗卫生、资源环境等 12 个社会发展领域的前沿和热点，全面整合专业著作、智库报告、学术资讯、调研数据等类型资源，帮助用户追踪中国社会发展动态、研究社会发展战略与政策、了解社会热点问题、分析社会发展趋势。

中国经济发展数据库（下设 12 专题子库）

内容涵盖宏观经济、产业经济、工业经济、农业经济、财政金融、房地产经济、城市经济、商业贸易等 12 个重点经济领域，为把握经济运行态势、洞察经济发展规律、研判经济发展趋势、进行经济调控决策提供参考和依据。

中国行业发展数据库（下设 17 个专题子库）

以中国国民经济行业分类为依据，覆盖金融业、旅游业、交通运输业、能源矿产业、制造业等 100 多个行业，跟踪分析国民经济相关行业市场运行状况和政策导向，汇集行业发展前沿资讯，为投资、从业及各种经济决策提供理论支撑和实践指导。

中国区域发展数据库（下设 4 个专题子库）

对中国特定区域内的经济、社会、文化等领域现状与发展情况进行深度分析和预测，涉及省级行政区、城市群、城市、农村等不同维度，研究层级至县及县以下行政区，为学者研究地方经济社会宏观态势、经验模式、发展案例提供支撑，为地方政府决策提供参考。

中国文化传媒数据库（下设 18 个专题子库）

内容覆盖文化产业、新闻传播、电影娱乐、文学艺术、群众文化、图书情报等 18 个重点研究领域，聚焦文化传媒领域发展前沿、热点话题、行业实践，服务用户的教学科研、文化投资、企业规划等需要。

世界经济与国际关系数据库（下设 6 个专题子库）

整合世界经济、国际政治、世界文化与科技、全球性问题、国际组织与国际法、区域研究 6 大领域研究成果，对世界经济形势、国际形势进行连续性深度分析，对年度热点问题进行专题解读，为研判全球发展趋势提供事实和数据支持。

法律声明

"皮书系列"（含蓝皮书、绿皮书、黄皮书）之品牌由社会科学文献出版社最早使用并持续至今，现已被中国图书行业所熟知。"皮书系列"的相关商标已在国家商标管理部门商标局注册，包括但不限于LOGO（ ）、皮书、Pishu、经济蓝皮书、社会蓝皮书等。"皮书系列"图书的注册商标专用权及封面设计、版式设计的著作权均为社会科学文献出版社所有。未经社会科学文献出版社书面授权许可，任何使用与"皮书系列"图书注册商标、封面设计、版式设计相同或者近似的文字、图形或其组合的行为均系侵权行为。

经作者授权，本书的专有出版权及信息网络传播权等为社会科学文献出版社享有。未经社会科学文献出版社书面授权许可，任何就本书内容的复制、发行或以数字形式进行网络传播的行为均系侵权行为。

社会科学文献出版社将通过法律途径追究上述侵权行为的法律责任，维护自身合法权益。

欢迎社会各界人士对侵犯社会科学文献出版社上述权利的侵权行为进行举报。电话：010-59367121，电子邮箱：fawubu@ssap.cn。

社会科学文献出版社